Brinker • Degenhardt • Kupris

Embedded Linux

Zu den Autoren

Dipl.-Ing. **Thomas Brinker**, geboren 1979, studierte Technische Informatik an der TU Berlin. Es folgte eine Beschäftigung als ASIC-Entwickler beim MAZ Brandenburg. Hier entwickelte er ein uClinux Board Support Package für ein hauseigenes MMU-loses ARM-basiertes System. Seit 2005 ist er bei der emlix GmbH in Göttingen als Embedded-Linux-Systemengineer beschäftigt und ist dort an der hardwarenahen Entwicklung von Produkten für die Medizintechnik, Automatisierungstechnik und Datentechnik beteiligt. Außerdem stellt er kundenspezifische Board Support Packages zusammen und koordiniert die Zusammenarbeit mit Partnerunternehmen. Er arbeitet im Bereich der Kernel- und Treiberentwicklung und unterstützt Kunden bei deren Applikationsentwicklung als Berater.

Dipl.-Ing. **Heiko Degenhardt**, Jahrgang 1969, studierte Elektrotechnik an der Technischen Universität in Ilmenau. Seit dem Ende seines Studiums ist er in der Industrie tätig. Von Beginn an spielte dabei das Thema „GNU/Linux" eine wichtige Rolle, zunächst aus Sicht des Netzwerkadministrators und Anwenders, später auch als Entwickler von Software für Embedded Linux. Von 1999 bis 2004 war er Hard- und Softwareentwickler bei der senTec Elektronik GmbH. Seit 2004 ist er bei der DHD Deubner Hoffmann Digital GmbH im Bereich Embedded Systeme tätig. In seiner Freizeit unterstützt er aktiv das PingoS-Projekt, das sich der Unterstützung von Schulen bei der Einführung und Anwendung von Linux widmet. Außerdem hilft er mit, im Rahmen des SelfLinux-Projekts eine freie, deutschsprachige Linux-Dokumentation zu erstellen.

Dr.-Ing. **Gerald Kupris** wurde 1965 geboren. Nach dem Studium der Elektronik-Technologie arbeitete er als Entwicklungsingenieur. 1994 promovierte er an der Technischen Universität Ilmenau und war danach bei Future Electronics tätig. Seit 1998 ist er in München Applikationsingenieur im Halbleiterbereich von Motorola, der sich 2004 als Freescale Semiconductor ausgegründet hat. Dort ist er für die Betreuung von Projekten mit Mikrocontrollern und Mikroprozessoren zuständig. Bei seiner Arbeit beschäftigt er sich u. a. mit der Anbindung von Embedded Applikationen an das Internet. Dabei spielt der Einsatz von Linux und freier Software eine immer stärkere Rolle, daher gilt diesem Gebiet sein besonderes Interesse.

Dipl.-Ing. Thomas Brinker
Dipl.-Ing. Heiko Degenhardt
Dr.-Ing. Gerald Kupris

Embedded Linux

Praktische Umsetzung mit uClinux

mit CD-ROM

VDE VERLAG GMBH • Berlin • Offenbach

Bibliografische Information der Deutschen Nationalbibliothek
Die Deutsche Nationalbibliothek verzeichnet diese Publikation in der Deutschen Nationalbibliografie; detaillierte bibliografische Daten sind im Internet über http://dnb.d-nb.de abrufbar

ISBN 978-3-8007-2716-2

Satz: Gerald Kupris
Druck und Bindung: Druckhaus „Thomas Müntzer“ GmbH, Bad Langensalza 2007-02

Vorwort

What no spouse of a writer can ever understand is that a writer is working when he's staring out the window.

Das freie Betriebssystem Linux[(1)] hat sich inzwischen auf dem Desktop und insbesondere im Bereich von Server-Anwendungen etabliert. Die Gründe dafür sind sehr vielfältig. Dazu zählen beispielsweise die geringen Kosten für die Beschaffung, keine anfallenden Lizenzgebühren, sehr hohe Stabilität und Sicherheit, die ausgesprochen aktive und hilfsbereite Entwicklergemeinde, die Freiheit des Quell-Codes, die im System vorhandene Netzwerkfähigkeit, die Sicherheit des Systems und der Daten sowie die Multi-User- und Multi-Tasking-Funktionalität.

Ein Großteil dieser Vorteile ist auch und vor allem in Embedded Systemen gefragt. Dies hat dazu geführt, dass parallel zu der dynamischen Entwicklung von Linux als Server- und Desktop-System Möglichkeiten und notwendige Tools für Portierungen auf Embedded Systeme entstanden sind.

Dieses Buch möchte zunächst einen Überblick über Linux im Allgemeinen sowie über Embedded Linux geben. Weiterhin soll vor allem anhand von praktischen Beispielen ein typischer Arbeitsplatz für Embedded Entwicklungen, die verwendeten Tools sowie die häufigsten Arbeitsabläufe gegeben werden. Inzwischen existiert eine ganze Reihe von Linux-Varianten für Embedded Systeme. Eine Implementierung, die speziell für einfache Systeme ohne Memory Management Unit (MMU) entwickelt wurde, ist uClinux[(2)]. Dieses Buch widmet sich vor allem dieser Linux-Variante, die in letzter Zeit

---

(1) Linux ist das eingetragene Warenzeichen von Linus Torvalds
(2) uClinux ist das eingetragene Warenzeichen von Arcturus Networks Inc.

immer weitere Verbreitung auf den verschiedensten Embedded Plattformen findet. Das Buch zeigt die charakteristischen Eigenschaften von uClinux auf, erklärt anhand praktischer Beispiele die notwendigen Werkzeuge bei der Entwicklung für uClinux und gibt einen Überblick über typische Abläufe bei der Planung solcher Software-Projekte.

Ziel soll es sein, anhand dieses Buches einen Einstieg in dieses hochaktuelle Thema zu bekommen. Der Leser soll in die Lage versetzt werden, sich ein Entwicklungssystem einzurichten, eigene Embedded Applikationen zu schreiben, notwendige Abläufe bei der Projektplanung und -verwaltung kennenzulernen sowie die vorhandenen Möglichkeiten und Ressourcen bei der Lösung von eventuell auftretenden Problemen zu nutzen.

Dieses Buch wendet sich an all diejenigen, die sich erstmalig mit dem Thema Embedded Linux beschäftigen. Es ist vor allem als praktischer Ratgeber gedacht, der dem Leser in erster Linie die vielleicht vorhandene Scheu vor diesem Gebiet nimmt und ihn mit leicht realisierbaren Praxisbeispielen – vom Bootloader über die Kernel-Konfiguration bis zur fertigen Anwendung – zu schnellen Erfolgen führt.

In mehr und mehr Embedded Applikationen wird heute die Einbindung einer grafischen Benutzeroberfläche gefordert. Daher wird in diesem Buch das Projekt „NanoX" vorgestellt, das die Möglichkeiten einer modernen grafischen Benutzeroberfläche auf kleinere Systeme überträgt. Die Architektur ist so gestaltet, dass sich einfach verschiedene unterschiedliche Anzeigen, Displays, Bildschirme, Mäuse, Tastaturvorrichtungen und Touchscreens integrieren lassen. Es wird in die Struktur von NanoX eingeführt und die Einbindung einer NanoX-Oberfläche in ein typisches uClinux-System beschrieben.

Die beiliegende uCknoppix-CD baut auf der Knoppix-Distribution auf und ist ohne Installation auf einem Standard-PC lauffähig. Zum Benutzen der CD muss der PC lediglich so eingestellt werden, dass er von CD booten kann. Die CD enthält zusätzlich die benötigten Programme und Tools sowie Beispiele zur Softwareentwicklung für uClinux. Damit wird dem Leser alles Notwendige in die Hand geben, um sich schnell in dieses Thema einzuarbeiten. Im Laufe des Buches wird an verschiedenen Stellen darauf hingewiesen, wenn der Inhalt der CD vorteilhaft eingesetzt werden kann. Alternativ kann man sich die Software in vielen Fällen aus dem Internet laden – in diesen Fällen wird im Text ausführlich darauf hingewiesen.

Die Autoren möchten sich an dieser Stelle ganz herzlich bei allen Freunden und Kollegen für den Zuspruch und die Unterstützung bedanken, die die Erstellung dieses Buches erst möglich machte. Ein besonderer Dank gilt den Partnern und Familien, die durch ihr Verständnis und ihre Geduld einen wichtigen Beitrag zum Gelingen des Werkes leisteten. Ebenfalls recht herzlich bedanken möchten sich die Autoren bei der Firma senTec Elektronik GmbH aus Ilmenau/Thüringen, die es durch die Bereitstellung verschiedener Prozessor-Module ermöglichte, dass die Software-Beispiele auf diversen möglichen Hardware-Plattformen getestet werden konnten.

Leipzig, im Januar 2007

Inhalt

1 uClinux als Beispiel für Embedded Linux

The time is right to make new friends.

1.1 Linux-Grundlagen

In diesem Abschnitt soll es zunächst um das Betriebssystem Linux an sich gehen. Es werden die Vorteile dargestellt, die mit seinem Einsatz verbunden sind. Es soll gezeigt werden, dass eine ganze Reihe dieser Vorteile auch im Embedded Bereich genutzt werden kann. Weiterhin wird erklärt, warum der Einsatz von Linux auch auf dem Host-System anzuraten ist.

1.1.1 Kenndaten und Begriffe

Der Begriff „Linux" an sich ist eigentlich nur die Bezeichnung für den Kernel, also den Teil, der für die Kommunikation mit der Hardware zuständig ist. Dieser ist frei im Internet verfügbar [1]. Allerdings wird der Kernel erst in Verbindung mit den Werkzeugen des GNU-Projekts [2], den GNU-Tools, zu einem nutzbaren Betriebssystem. Deshalb müsste man korrekterweise die Bezeichnung „GNU/Linux" für das gesamte System wählen. Allerdings hat sich hierfür inzwischen umgangssprachlich der Name „Linux" etabliert. Dies wird auch im vorliegenden Buch so gehandhabt. „Linux" meint hier das Betriebssystem. Wenn nur der Kernel gemeint ist, wird die Schreibweise „Linux-Kernel" verwendet.
Hier nun die wichtigsten Kenndaten von Linux:

- Linux ist ein freies Betriebssystem (unter der „GNU General Public License", GPL [3]). Das bedeutet, der gesamte Quellcode ist nicht nur kostenlos erhältlich, sondern auch beliebig änder- und verwendbar.
- Es ist ein POSIX-kompatibles 32-bit-Betriebssystem (Unix-„Derivat", enthält auch einige Schnittstellen zu System V und BSD).
- Die erste Version des Linux-Kernels wurde 1991 von dem finnischen Informatik-Studenten Linus Torvalds veröffentlicht.
- Linux wird weltweit von einer sehr großen und dynamischen Entwicklergemeinde weiterentwickelt.

Einige Vorteile beim Linux-Einsatz sind:

- keine Lizenzkosten
- hohe Investitionssicherheit (der Quell-Code kann im Notfall selbst gepflegt werden)
- hohe Stabilität
- sehr sicher
- Unterstützung verschiedenster Hardware
- Netzwerkfähigkeit „von Haus aus“
- im Kernel integriertes Firewalling-Framework (netfilter/iptables, früher ipchains, ipfwadm)
- Multi-Tasking und Multi-User
- große Zahl unterstützter Dateisysteme
- riesiges Software-Angebot (bis hin zu Datenbanken, Samba, CUPS, Office, Internet, Netzwerk-Tools, ...) als Bestandteil der Distributionen
- sehr gut konfigurierbar
- moderne Desktop-Oberflächen als GUI (Gnome, KDE usw.)

Linux wird von unterschiedlichen Distributoren angeboten (z. B. Knoppix [4], Debian [5], SuSE [6], RedHat [7], Ubuntu [8]). Es ist derzeit oft auf Servern zu finden, aber inzwischen auch zunehmend auf dem Desktop.
Auch im Embedded Bereich geht die derzeitige Entwicklung immer mehr hin zu leistungsfähigeren Systemen. Oft wird hierbei eine Vernetzung gefordert sowie eine moderne Nutzerschnittstelle. Natürlich liegt es nahe, auch hier auf die oben genannten Vorteile von Linux zurückgreifen zu wollen. Da die Ressourcen auf Embedded Systemen allerdings nicht den Einsatz des herkömmlichen Desktop-Linux gestatten, war die Entwicklung spezieller Embedded Versionen notwendig. Hierfür war und ist natürlich der freie Quell-Code von Linux eine Grundvoraussetzung.

1.1.2 Linux-Hilfe

Hat man sich für den Einsatz von Linux entschieden, kennt sich aber noch nicht mit diesem Betriebssystem aus, ist man auf Hilfe beim Einstieg angewiesen. Im Folgenden werden deshalb ein paar Stellen angegeben, wo man sich näher informieren kann:

- „HOWTO's“: Erklärungen, lokal meist unter **`/usr/share/doc/HOWTO/`**; im Internet z. B. [9]
- FAQs (oft gestellte Fragen): lokal meist unter **`/usr/share/doc/FAQ/`**; im Internet z. B. [10]
- Bücher/Handbücher: Handbücher der Distributionen; im Internet z. B. [11]
- Manual-Pages und Info-Seiten: lokal mit **`man <befehl>`** oder **`info <befehl>`** aufrufbar; im Internet z. B. [12]
- SuSE Support-Datenbank (für Linux-spezifische Hilfe, durchsuchbar) [13]
- diverse Mailinglisten der Hersteller/Distributoren/Projekte
- Linux-Foren, z. B. [14]
- Newsgroups, z. B. [15]
- das SelfLinux-Projekt (eine deutschsprachige Linux-Dokumentation) [16]
- die Linux-Fibel [17]
- LinuxWiki [18]
- Hilfe-Projekte wie Pingos [19]
- neben einer Vielzahl von Büchern für Standard-Linux gibt es mittlerweile einige deutschsprachige Werke, die sich speziell mit der Anwendung von Linux im Embedded Bereich befassen [20, 21, 22]

1.2 uClinux-Grundlagen

In diesem Kapitel geht es um ein Embedded Linux, nämlich um uClinux (gesprochen „you-see-Linux“). In dem vorliegenden Buch beschäftigen wir uns speziell mit uClinux, weil es mittlerweile eine der am meisten genutzten Embedded-Linux-Varianten ist.
Es soll zunächst etwas über die geschichtliche Entwicklung von uClinux sowie über Beschaffungsmöglichkeiten und Kenndaten ausgesagt werden. Außerdem werden die Besonderheiten dieses Betriebssystems betrachtet sowie deren Vor- oder eventuelle Nachteile in Embedded Systemen betrachtet. Für eine Beschreibung der praktischen Arbeit mit uClinux sei auf die nachfolgenden Kapitel verwiesen.

1.2.1 Linux in Embedded Systemen

So genannte „eingebettete“ Systeme (englisch: „Embedded Systems“) sind in vielen Fällen nicht auf den ersten Blick als elektronisches System zu erkennen. Sie sind in die Anwendung integriert („eingebettet“) und bestehen aus einer elektronischen Schaltung, die möglichst optimal an die Aufgabe der Anwendung (z. B. Steuerung einer Waschmaschine) angepasst ist. Daher sind die Ressourcen (Speicher, Prozessor) auf einem Embedded System oft limitiert. Die Software dieser Anwendung (auch als „Firmware“ bezeichnet) ist optimal auf den Einsatz angepasst und nahtlos in die Applikation integriert. In vielen Fällen besteht sie nur aus den Komponenten, die für das Ausführen der Anwendung wirklich nötig sind, und ist von allem „überflüssigen“ Ballast befreit.

Die Vorteile und Stärken von Linux können auch im Embedded Bereich gut genutzt werden. Immer öfter ist es auch für Embedded Anwendungen notwendig, über das Internet zu kommunizieren. Linux stellt bereits eine Reihe von wichtigen Protokollen und Programmen zur Vernetzung von Anwendungen über das Internet zur Verfügung. War das Internet in seinen Anfangsjahren noch ein reines Computernetzwerk und zum Datenaustausch konzipiert, so tummeln sich heute immer mehr kleine, nicht PC-basierte, intelligente Geräte im „Netz der Netze“. Die Voraussagen gehen sogar davon aus, dass bereits im Jahr 2007 die überwiegende Anzahl der Internet-Benutzer nicht PC-basierte, sondern Embedded Geräte einsetzen wird. Dazu kommen Multi-Tasking- und Multi-User-Fähigkeit sowie die sprichwörtliche Stabilität.

Von Haus aus ist Linux kein Echtzeitbetriebssystem. Das bedeutet, es gibt keine garantierte Reaktion auf Ereignisse innerhalb eines definierten Zeitraums, meist weniger Mikrosekunden. Gerade das wird jedoch bei Embedded Systemen häufig gefordert. Allerdings ist diese Fähigkeit nur für einen Teil der Anwendungsmöglichkeiten eingebetteter Systeme wirklich wichtig: Es handelt sich dabei um die so genannten „Deeply Embedded“ Systeme, wie z. B. Steuerungen, Regelungen und Ähnliches. Darüber hinaus gibt es jedoch eine ganze Reihe anderer Anwendungen, für die die Echtzeitfähigkeiten des herkömmlichen Linux-Kerns völlig ausreichen. Wenn das Zielsystem, in dem Embedded Linux genutzt werden soll, ein wirkliches Echtzeitverhalten erfordert, gibt es dafür passende Erweiterungen, bei denen durch spezielle Kunstgriffe ein hartes Echtzeitverhalten erreicht wird. Diese Produkte werden im Rahmen des vorliegenden Buches aber ausdrücklich nicht betrachtet.

Auch im Embedded Bereich gibt es einige bereits eingeführte Systeme und Distributionen, die im Folgenden kurz vorgestellt werden sollen:

MontaVista-Linux [23] ist eine kommerzielle Distribution, die optimierte Linux-Versionen für eine Reihe von Embedded Targets (PowerPC, ARM, Hitatchi, NEC u. a.) bereitstellt. Charakteristisch sind die verbesserten Echtzeit-Fähigkeiten. Eine weitere Embedded-Linux-Distribution ist Elinos von Sysgo [24]. Diese Version konzentriert sich vor allem auf die Prozessoren x86, Xscale und Hitachi SH. Auch die Firma Denx [25] bietet Embedded-Linux-Versionen, insbesondere für PowerPC.
Freescale [26] unterstützt Embedded-Linux-Entwicklungen mit eigenen Tools. Die „Platform Creation Suite" ist eine Kombination aus Linux-Sourcen und einigen Tools, die ein schnelles, intuitives und grafisch orientiertes Erstellen von Board Support Packages ermöglicht.
emlix [27] ist ein Dienstleister, der seinen Kunden speziell zugeschnittene Embedded-Linux-Versionen anbietet.

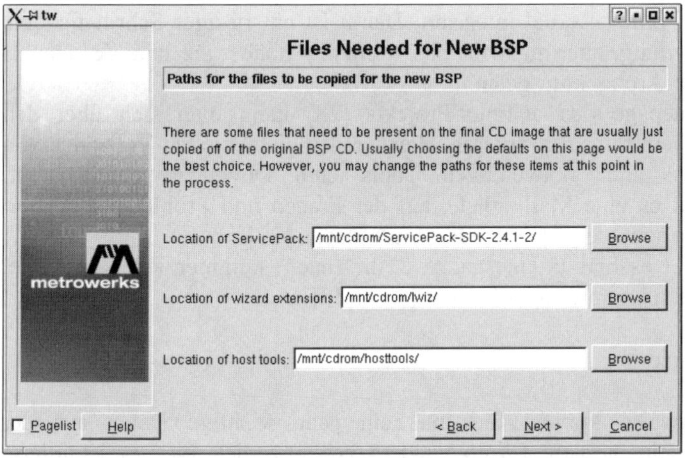

Bild 1.1 Grafische Oberfläche der Freescale Platform Creation Suite

1.2.2 Einführung in uClinux

Die Namensgebung „uClinux" kombiniert die Abkürzung „uC" (eigentlich „µC") für „Micro-Controller" mit „Linux". In Zeiten des Internets und dem damit verbundenem Zwang zur Benutzung des ASCII-Zeichensatzes hat sich der lateinische Buchstabe „u" als Ersatz für das griechische „µ" eingebürgert. So auch in „uClinux". Deswegen bleiben wir in diesem Buch bei dem Namen „uClinux".

uClinux ist ein Linux-Betriebssystem, das speziell auf Systeme ohne MMU (Memory Management Unit) zugeschnitten ist. Derzeit gibt es uClinux-Versionen der Kernel-Serien 2.0.x, 2.4.x und 2.6.x. Alle Linux-Kernel beinhalten bereits „von Haus aus“ eine TCP/IP-Unterstützung, Firewall-Möglichkeiten sowie Treiber für die unterschiedlichsten Hardware-Komponenten.
Für die Kernel-Serien in uClinux gelten dieselben Regeln wie beim „echten“ Linux: Die Kernel der 2.0.x-Serie sind sehr klein und sehr stabil. Die Kernel der 2.4.x-Serie sind weiter ausgebaut, unterstützen aber nicht immer die neueste Hardware. Die modernere Version ist die Serie 2.6.x. Sie hat einige Verbesserungen in der Kernel-Architektur erfahren und ist derzeit „der Stand der Technik“. Die zusätzlichen Features erkauft man sich allerdings durch einen größeren Platzbedarf.
Ab der letzten stabilen Version des Linux-Kernels (2.6.x) wurde uClinux mit in den offiziellen Linux-Kernel integriert. Damit ist ein riesiger Schritt für eine weitere Verbreitung, aber auch für eine weitere Annäherung und Verschmelzung der Linux-Architektur, getan.
Auf der Homepage des uClinux-Projekts [28] kann man sich über den jeweiligen Projektstatus informieren. Hier werden die aktuellen Versionen von uClinux sowie aller notwendigen Tools zum Download bereitgestellt. Außerdem gibt es eine Mailingliste, auf der Fragen und Probleme diskutiert werden können sowie eine weitere Ressourcenseite [29].
Inzwischen gibt es bereits eine ganze Reihe (auch) kommerzieller Produkte, auf denen uClinux zum Einsatz kommt (z. B. [30]).

1.2.3 Historie

Verständlicherweise können hier nur ein paar wichtige Daten aus der Entstehungsgeschichte von uClinux wiedergegeben werden. Eine zu detaillierte Aufzählung würde einerseits den Rahmen dieses Buches sprengen, kann aber andererseits beispielsweise auf der Webseite des Projekts [28] nachgelesen werden.
Das heutige uClinux geht hauptsächlich auf eine Entwicklung von Jeff Dionne und Kenneth Albanowski der kanadischen Firma Rt-Control zurück. Im Januar 1998 portierten sie erstmals Linux auf ein System ohne MMU (damals einen Palm PDA). Dieser Port stand, genau wie Linux an sich, unter der GNU GPL. Von Anfang war ein Hauptziel für die Entwickler von uClinux, zu denen neben den oben genannten vor allem Greg Ungerer und Michael Durant zählen, eine „Cross-Plattform-Entwicklung“. Ausdruck dessen ist z. B. die Portierung auf die ColdFire-Prozessoren MCF5206 und MCF5307 von Motorola (heute Freescale), die im Februar 1999 abgeschlossen war. Im September 1999 wurde

dann uClinux 2.0.38 veröffentlicht. Zusätzlich konnte eine CD mit uClinux sowie den für das Erstellen eigener Programme notwendigen Tools bestellt werden.
Die schnellere Verbreitung von uClinux wurde durch die Bereitstellung des CVS-Servers [31] (vor allem durch die Arbeit von Erik Andersen, Jeff Dionne und Michael Durrant) im November 2000 stark vereinfacht. Dadurch wurde es möglich, dass sich viele Entwickler weltweit aktiv an der Weiterentwicklung von uClinux beteiligen können. Weitere Vorteile sind natürlich u. a. ein erleichtertes Projektmanagement sowie vereinfachte Release-Möglichkeiten.
Am 5. Januar 2001 veröffentlichte das uClinux-2.4-Team (Erik Andersen, Randy Buchanan, Michael Durrant, Michael Leslie, David McCullough, Greg Ungerer und andere) ihr uClinux 2.4.0.0pre0, und dies nur 24 Stunden nach der Freigabe von Linux 2.4! Ebenfalls im Januar 2001 stellte Erik Andersen seine „abgespeckte" Version der glibc, die so genannte uClibc, auf der Webpage dieses Projekts [32] vor. Die uClibc ist aufgrund ihres Platzbedarfs besonders gut für Embedded Systeme geeignet, wobei sie größtenteils aufrufkompatibel zur glibc „herkömmlicher" Linux-Systeme ist.

1.2.4 Besonderheiten eines Systems ohne MMU

Spezialisierte Mikroprozessoren für Embedded Anwendungen unterstützen keinen virtuellen Speicher (Virtual Memory – VM), da sie keine Speicherverwaltung (Memory Management Unit – MMU) haben. Das ist ein Kompromiss für ein einfacheres Chip-Design und geringere Produktionskosten. Viele Embedded Anwendungen haben keinen Plattenspeicher und nur begrenzten Arbeitsspeicher, der keine komplexe Speicherverwaltung benötigt. Da somit kein Speicherschutz mittels Hardware erreicht werden kann, muss insbesondere das Betriebssystem sehr sorgfältig entworfen und ausgiebig getestet sein, was jedoch für den Einsatz von Linux spricht.
Unter uClinux gibt es keinen virtuellen Speicher. Das bedeutet, es ist nicht ohne Weiteres möglich, Speicher zu einem bereits laufenden Prozess hinzuzufügen. Die Benutzung von virtuellem Speicher setzt das Vorhandensein einer Speicherverwaltung (MMU) voraus, daher ist uClinux oft mit dem Attribut NOMMU verbunden.
Bei Vorhandensein von virtuellem Speicher würden alle Prozesse dieselbe (virtuelle) Adresse im Speicher benutzen. Das Speicherverwaltungssystem wäre dafür zuständig, dass der passende physikalische Speicher in diesen Adressbereich eingeblendet wird. Selbst wenn der virtuelle Speicher, der dem Prozess zur Verfügung steht, kontinuierlich erscheint, kann der physikalische Speicher doch aus vielen Teilen bestehen, die an unterschiedlichen Orten, eventuell sogar in einem Swap-Plattenspeicher, liegen.

Ohne diesen virtuellen Speichermechanismus (NOMMU) muss jeder Prozess direkt in den physikalischen Speicher geladen werden, in dem er dann auch wirklich abläuft. Im einfachsten Fall muss das ein zusammenhängender Speicherbereich sein, der auch nicht ohne weiteres erweitert werden kann, denn es gibt ja andere Prozesse in den umliegenden Speicherbereichen. In komplexeren Fällen gibt es Software-Mechanismen, die für die Speicherverwaltung verantwortlich sind. Diese werden in einem der nachfolgenden Kapitel behandelt.
Ohne virtuelle Speicherverwaltung gibt es einige Besonderheiten, die bei uClinux beachtet und anders als bei Standard-Linux gehandhabt werden müssen:

- Anwendungen müssen so übersetzt werden, dass sie unabhängig von ihrer Position im Speicher ausgeführt werden können (Position Independent Code – PIC).
- Ein Register muss als Basis-Adresse für die Daten, den Code und den Stack des Tasks verwendet werden.
- Die Größe des Stacks ist festgelegt und kann nachträglich nicht erhöht werden.
- Ein Task kann seinen Speicherplatz nicht mittels eines **`fork`**-Befehls selbst verdoppeln. Stattdessen gibt es unter uClinux den Befehl **`vfork`**, der aber einige Einschränkungen mit sich bringt.
- Das Konzept der Shared Libraries musste überarbeitet werden.
- Es gibt keinen Speicherschutz für individuelle Tasks.

1.3 Aufbau einer Entwicklungsumgebung

Um mit der Software-Entwicklung für uClinux zu beginnen, benötigt man mehrere grundlegende Dinge. Der folgende Abschnitt beschreibt den Aufbau einer typischen Entwicklungsumgebung für Embedded Linux. Unter „Entwicklungsumgebung“ soll dabei die Gesamtheit der bei der Entwicklung, beim Test, bei der Inbetriebnahme sowie bei der Pflege von Embedded Anwendungen benötigten Hard- und Software verstanden werden. Es werden sowohl Anforderungen für den Entwicklungs-Host wie auch für ein uClinux-Target-System beschrieben.

1.3.1 Enwicklungssystem („Host“)

Zweckmäßigerweise wird zum Erstellen und Kompilieren der Programme ein leistungsfähiger PC verwendet, von dem aus die erzeugten Binärdateien dann auf die Zielplattform übertragen werden können. Hier ist in jedem Fall die Verwendung eines Linux-PC anzuraten, da damit ein besseres Verständnis der Arbeitsabläufe eines Linux-Systems gewonnen werden kann. Außerdem ist ein Großteil der zusätzlichen Tools, die für Embedded Entwicklungen benötigt werden, Bestandteil der meisten modernen Linux-Distributionen. Als Hilfe sollen hier ein paar Kenndaten genannt werden:

- Es sollte ein möglichst aktuelles GNU/Linux-System eingesetzt werden (Distribution nach Wahl). Einige der bekannteren Distributionen sind die des Debian-Projekts [5], SuSE [6], Red Hat [7], Ubuntu [8] und Mandrake [33].
- Um auf dem Host ausführbaren Code für das Target zu erzeugen, muss eine so genannte „Cross-Toolchain“ verwendet werden. Einige solcher Cross-Toolchains sind z. B. von [34] downloadbar. Wir werden uns hier auf die m68k-elf-tools beschränken. Diese werden aus den Original-Sourcen des GNU-Projekts erzeugt, wurden aber um eine Unterstützung für verschiedenste Plattformen erweitert.
- Der für die Erstellung des Source-Codes verwendete Editor hängt vom persönlichen Geschmack ab. Hier bieten die modernen Distributionen eine große Auswahl (beispielsweise vi, emacs, kate, gedit, nedit usw).
- Typischerweise werden auf dem Host zusätzliche Tools (NFS-Server, TFTP-Server, Diagnosetools, „Sniffer“, Hexeditor, diff/patch, file, find, grep, telnet, ftp, Webbrowser usw.) eingesetzt.
- Weiterhin benötigt man für die Erzeugung eines Linux-Kernels weitere Tools, wie etwa der GNU-Compiler GCC und zusätzliche Bibliotheken (z. B. ncurses).
- Je nach Vorliebe kann ein grafisches Frontend für den Debugger eingesezt werden. Hier bieten sich z. B. DDD [35] oder Insight [36] an.
- Obwohl ein typisches Entwicklungssystem unter Linux sehr stark an die Kommandozeile gebunden ist, gibt es inzwischen einige Software-Umgebungen, die diese Arbeit vereinfachen sollen (z. B. SourceNavigator, Eclipse, Kdevelop, Anjuta, Emacs, xwpe usw.)

- Zum dauerhaften Speichern der Binärdaten im Target kann man z. B. die so genannten „BDM Tools" verwenden.

Obwohl die Verwendung von Linux als Betriebssystem auf dem Host-PC die beste Option und dringend anzuraten ist, sollen hier noch einige andere Möglichkeiten erwähnt werden:

Cygwin
Möchte man mit den GNU-Tools arbeiten, kann oder will dies jedoch nicht unter Linux tun, dann ist z. B. Cygwin [37] eine Alternative. Cygwin ist eine frei erhältliche Toolsuit, die eine Unix-Umgebung auf einem Windows-PC nachbildet. Diese Lösung hat allerdings nach Meinung der Autoren einige Nachteile im Vergleich zur Verwendung von „echtem" Linux: Das Übersetzen von Sourcecode dauert etwa zwei- bis dreimal länger. Außerdem entsteht durch die Emulation der Unix-Umgebung eine weitere Fehlerquelle, die insbesondere beim Übersetzen größerer Projekte, wie etwa des uClinux-Kernels, zu unerwarteten und nicht reproduzierbaren Fehlern führen kann.

VMware
VMware [38] erlaubt die gleichzeitige Verwendung mehrerer Betriebssysteme samt Anwendungsprogrammen auf einem PC, indem es die vorhandene Hardware in Form von virtuellen Maschinen nutzbar macht. Somit ist es möglich, auf einem Host-PC ein Windows- und ein Linux-System zu installieren und zwischen diesen beliebig umzuschalten. Diese Arbeitsumgebung ist sehr stabil, es muss aber eine entsprechende Lizenz erworben werden. Allerdings gibt es seit kurzem einen kostenlosen VMware Player, mit dem sich vorgefertigte Betriebssystem-Images abspielen lassen. Mittlerweile gibt es verschiedene Linux-Images für den VMware-Player, z. B. in diversen Fachzeitschriften. Ein solches Image kann verwendet werden, um Sourcen und Tools für eine uClinux-Entwicklung einzubinden.

Knoppix
Eine mögliche Alternative ist Knoppix [4]. Dies ist eine komplett von CD lauffähige Linux-Distribution, sodass auf einem Windows-PC kein anderes Betriebssystem installiert werden muss. Knoppix hat eine automatische Hardwareerkennung mit Unterstützung für viele Grafikkarten, SCSI- und USB-Geräte und sonstige Peripherie. Es ist keinerlei Installation auf der Festplatte des Host-PC notwendig. Knoppix ist ursprünglich als Linux-Demo, Schulungs-CD oder Rescue-System gedacht. Diesem Buch liegt eine CD bei, die auf Knoppix basiert und zusätzlich die aktuelle Toolchain enthält, sodass sie als portable Umgebung für uClinux-Software-Entwicklungen genutzt werden kann. Die genaue Benutzung der Buch-CD ist in Kapitel 13 beschrieben.

coLinux
Eine andere, neue und interessante Möglichkeit, Linux auf einem Windows-PC zu betreiben, ist coLinux [39]. Das ist eine Linux-Version, die in einem Windows-Prozess laufen kann. Da sich diese Version sehr gut als Grundlage für ein Embedded-Linux-Entwicklungssystem eignet, wird in Kapitel 12 dieses Buches ausführlich beschrieben, wie man coLinux installiert und benutzt.

Abgesehen von den oben genannten softwareseitigen Kenndaten sollte ein Entwicklungssystem folgende Hardware-Anforderungen erfüllen:

- ein „handelsüblicher" PC (eventuell mit Mehrfach-Boot-Option mit anderen Betriebssystemen)
- für das Flashen einen BDM-Adapter am Parallelport (zum BDM siehe Abschnitt 2.1.2)
- eventuell eine zweite Netzwerkkarte für die Target-Kommunikation
- mindestens eine serielle Schnittstelle (alternativ ist auch eine USB-Schnittstelle mit USB-zu-seriell-Adapter möglich)

1.3.2 Zielsystem („Target")

Ist auf dem Zielsystem der Einsatz von uClinux geplant, gelten folgende Minimalanforderungen an das Target:

- für uClinux geeignete Plattform, z. B. Evaluation-Board mit dem unterstützten Prozessor (Freescale ColdFire, Atmel ARM u.a.)
- üblicherweise 8 MByte RAM oder mehr (siehe Abschnitt 2.1.4)
- mindestens 2 MByte Flash – eher mehr (siehe Abschnitt 2.1.3)
- serielle Schnittstelle(n)
- möglichst Ethernet
- möglichst BDM (siehe Abschnitt 2.1.2)
- einen Timer für das Betriebssystem
- Bootloader (möglichst mit Ethernet und Debugging-Möglichkeiten)

Der Anschluss der Hardware hängt stark vom verwendeten Board und Zubehör ab. Hier sollte die Dokumentation der jeweiligen Hersteller zu Rate gezogen werden. Gleiches gilt für die Installation des Linux-Systems auf dem Host.

1.3.3 Beschaffung der Hardware

Gerade in der Phase der Einarbeitung in das Thema Embedded Linux empfiehlt sich der Einsatz eines geeigneten Evaluationboards. Welches Board hierbei zum Einsatz kommt, hängt natürlich in erster Linie vom eingesetzten Linux-System wie auch von der verwendeten Architektur ab. Wird uClinux verwendet, können beispielsweise Boards mit ColdFire-Prozessor von senTec Elektronik [40] oder Freescale [26] bezogen werden (auf den Webseiten am besten nach dem interessierenden ColdFire-Prozessor, z. B. MCF5329, und dann nach einem geeigneten Starterkit suchen). Für den ARM7TDMI gibt es u. a. Starterkits von ESPD [41].
Die Verwendung eines BDM-Adapters (siehe siehe Abschnitt 2.1.2) ist anzuraten. Solche BDM-Adapter sind beispielsweise von senTec Elektronik [40], P&E Microcomputer [42], iSystem [43] oder Abatron [44] erhältlich. Für ColdFire werden meist BDM-Interfaces für 3,3 V verwendet. Für andere Prozessoren gibt es z. B. entsprechende JTAG-Adapter.
Die weitere benötigte Hardware (Netzwerkkarte, serielles Kabel, Parallelkabel usw.) können je nach Bedarf und Anbieter bezogen werden.

1.3.4 Beschaffung der Software

Ein Großteil der notwendigen Software ist heutzutage bereits Bestandteil der modernen Linux-Distributionen. Um mit uClinux zu starten, sollte man sich zunächst die „Full Source Distribution“ von [28] downloaden, sowie die architekturspezifische Cross-Toolchain von [34]. Als Flashtools können beispielsweise die beiden Freescale-Utilities CF-Flasher (für Windows – nicht unter der GPL, aber kostenlos) oder der BDMFlasher für Linux (kostenlos und unter der GPL) [45] eingesetzt werden.

2 Hardware für uClinux

It has long been an axiom of mine that the little things
are infinitely the most important.
– Sir Arthur Conan Doyle, „A Case of Identity"

2.1 Der Aufbau von Embedded-Linux-Systemen

2.1.1 Allgemeiner Aufbau

So genannte „eingebettete Systeme“ (Embedded Systems) sind Anwendungen, in denen ein Mikrorechner enthalten ist, allerdings ist das nicht auf den ersten Blick erkennbar. Der Mikrorechner ist in dem System eingebaut oder „eingebettet“. In den einfachsten eingebetteten Systemen kommen aus Kostengründen reine Einchip-Lösungen zum Einsatz, alle Komponenten des Systems sind auf einem Stück Silizium integriert. Vielfach werden dafür spezialisierte Bausteine (ASICs) oder kleine kostengünstige Einchip-Mikrocontroller verwendet. Embedded-Linux-Systeme sind im Vergleich dazu relativ komplex aufgebaut (**Bild 2.1**).

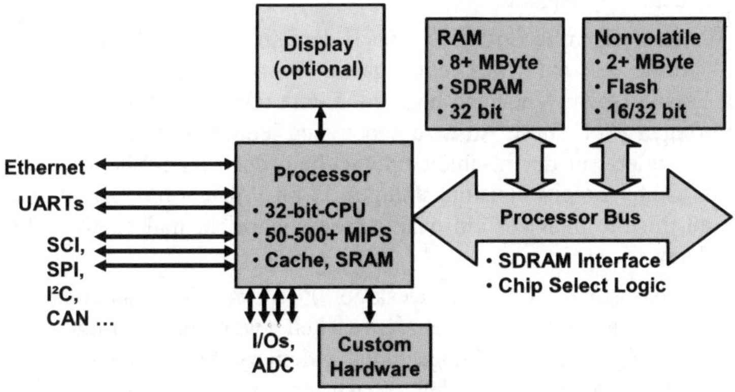

Bild 2.1 Aufbau eines Embedded-Linux-Systems (Blockschaltbild)

Linux-Systeme bestehen üblicherweise aus den folgenden Komponenten:

- 32-bit-Prozessor mit zugehöriger Peripherie
- Festwertspeicher (in der Regel mehrere MByte)
- flüchtiger Speicher (in der Regel mehrere MByte)
- serielle Schnittstelle mit Treiber
- Ethernet-Interface mit Leitungstreiber

Je nach Anwendung des Systems können natürlich noch weitere Funktionen vorhanden sein, wie universelle I/O-Pins, A/D-Wandler, weitere Schnittstellen (wie eine zweite UART, SPI, I²C, CAN), Speichererweiterungen (Chipkarten-Interfaces), Grafik und andere.

Heute ist es noch nicht möglich, alle diese Komponenten kostengünstig auf einem einzigen Chip zu integrieren, sodass mehrere Schaltkreise auf einem Board oder Modul zum Einsatz kommen. In den folgenden Abschnitten sollen diese Komponenten von Embedded-Linux-Systemen näher erläutert werden.

2.1.2 Der Prozessor

Linux wurde ursprünglich als Betriebssystem für x86-Prozessoren von Intel entworfen. In dem Usenet-Posting, in dem Linus Torvalds sein Betriebssystem erstmalig ankündigte, ging er noch davon aus, dass es nicht auf anderen Prozessoren als dem 386 laufen würde: „**`It is NOT protable (uses 386 task switching etc), and it probably never will support anything other than AT-harddisks, as that's all I have :-(.`** “ [46] Der Rechtschreibefehler entstammt übrigens kurioserweise dem Originalzitat.

Gerade weil Linux als freie Software jedoch den Zugriff auf alle Quelltexte ermöglicht, wurde es bald auf eine ganze Reihe anderer Prozessoren übertragen. Es sind sogar Versuche bekannt, Linux auf 16-bit-Systemen zum Einsatz zu bringen [47]. Diese Ansätze haben sich jedoch nicht durchgesetzt. Das mag nicht zuletzt in der rasanten Entwicklung der Elektronik begründet sein, sodass heute bereits leistungsfähige 32-bit-Prozessoren zu Preisen erhältlich sind, für die man vor ein paar Jahren noch nicht mal einen 16-bit-Prozessor bekam.

Viele 32-bit-Prozessoren, die für Desktop PCs und Workstations mit Multiuser- und Multitasking-Betrieb entwickelt wurden, verfolgen ein Konzept, das als Speicherverwaltungseinheit (Memory Management Unit – MMU) bezeichnet wird. Dabei handelt es sich um einen Funktionsblock, der sich zwischen Prozessor und Speicher befindet und die (virtuelle) Adressierung der einzelnen Programme in physikalische Adressen umsetzt, mit denen der

Speicher angesprochen wird (siehe **Bild 2.2**). Das Konzept der MMU bringt eine Reihe von Vorteilen mit sich. So können verschiedene Prozesse denselben virtuellen Adressraum benutzen, unabhängig davon, wo konkret sie dann im Speicher laufen. Außerdem wird sichergestellt, dass unabhängige Prozesse in verschiedenen Bereichen des Speichers laufen und sich gegenseitig nicht beeinflussen können. Erst so ist wirklich ein echter und stabiler Multitasking-Betrieb möglich, und mehrere Nutzer können gleichzeitig auf dem System arbeiten. Unix und Linux machen als Multitasking- und Multiuser- Betriebssysteme regen Gebrauch von den Funktionen und Vorteilen der MMU.

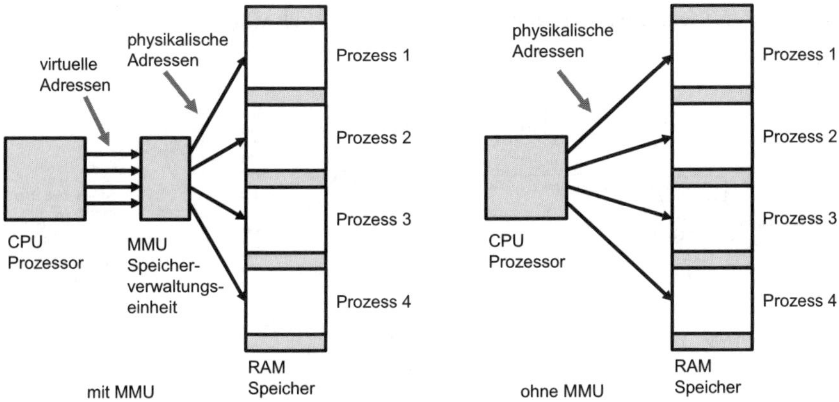

Bild 2.2 Speicherzugriffe bei Prozessoren mit und ohne MMU

Allerdings ist die MMU ein komplizierter Hardwareblock, der Chipfläche, Strom und Prozessorleistung verbraucht. Die MMU kann es in Komplexität und Flächenverbrauch im Chip durchaus mit der eigentlichen CPU aufnehmen. Daher wird dieser Block in optimierten Embedded Systemen in manchen Fällen weggelassen. Das spart Chipfläche, Kosten und Stromverbrauch. Solche Systeme ohne MMU sind dann normalerweise nicht in der Lage, ein Standard-Linux auszuführen. Daher wurde uClinux als spezielle Version von Linux für Prozessoren ohne MMU entwickelt.

Die ersten hergestellten Mikroprozessoren bestanden lediglich aus einer CPU, und viele der anderen, für den Betrieb notwendigen Zusatzfunktionen (Takt- und Reset-Erzeugung, Schnittstellen usw.) mussten als separate Bausteine um die CPU gruppiert werden. Heute haben moderne 32-bit-Prozessoren, die für eingebettete Anwendungen verwendet werden, in der Regel alle diese Funktionen auf dem Chip integriert. Sie enthalten die Takt-Erzeugung (Oszillator, PLL), Reset (mit Überwachung der Betriebsspannung), verschiedene Timer, Schnittstellen (UART, SPI, I²C, eventuell Ethernet), eine Adressdekodierung (zur automatischen Generierung von Chip-Select-Signalen), ein Speicher-Interface (zum nahtlosen und einfachen Anschluss verschiedener Speichertypen) und einiges mehr.

uClinux wurde ursprünglich geschaffen, um Linux auf einen PalmPilot zu portieren, fand aber bald Verbreitung im gesamten Embedded Bereich. Der PalmPilot hatte einen MC68328-Prozessor ohne MMU, der auf der 68000er (68k) Prozessorfamilie von Motorola beruhte. Dies war eine der ersten 32-bit-Prozessorreihen, die auf dem breiten Markt erhältlich waren.

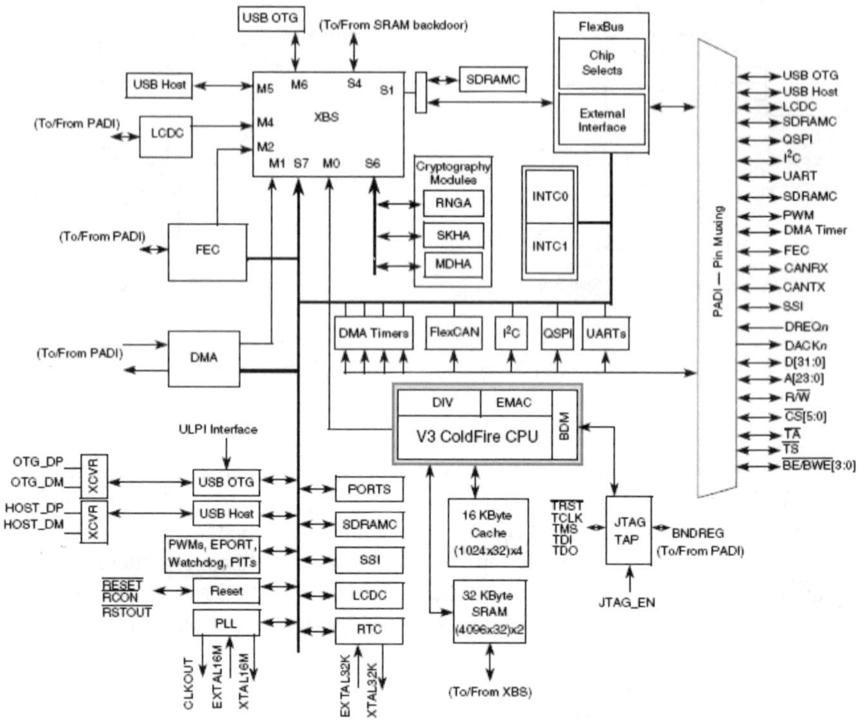

Bild 2.3 Blockschaltbild des MCF5329 als Beispiel eines ColdFire-Prozessors

Die moderneren ColdFire-Prozessoren stellen eine Weiterentwicklung der 68k-Familie dar, die insbesondere für den Einsatz in eingebetteten Anwendungen optimiert wurden. Daher zeichnen sie sich durch geringen Stromverbrauch und hohe Integration aus. Die meisten der heute erhältlichen ColdFire-Prozessoren haben keine MMU, werden jedoch durchgängig von uClinux unterstützt. Innerhalb der ColdFire-Baureihe gibt es wiederum mehrere Versionen des Prozessor-Kerns, und zwar ColdFire V2, V3 und V4.

Die Version V2 ist dabei die Standard-Variante, die im Leistungsbereich bis etwa 150 MIPS eingesetzt wird, V3 ist eine sehr leistungsfähige Version (als Beispiel siehe den MCF5329 bis 240 MHz in **Bild 2.3**), und die ColdFire-V4-Prozessoren sind für den höheren Leistungsbereich vorgesehen.

Eine Besonderheit der ColdFire-Prozessoren ist die auf dem Chip enthaltene BDM-Schnittstelle (BDM = Background Debug Mode). Mit Hilfe dieser Schnittstelle ist es möglich, Systeme in Betrieb zu nehmen und zu überwachen. Die BDM-Schnittstelle ermöglicht das Anhalten des Prozessors, das Auslesen von Registerinhalten und die Programmierung des Speichers auf dem Board, selbst wenn das System noch nicht läuft. Die BDM-Schnittstelle des Prozessors kann mittels eines Interface-Adapters mit dem Host-PC des Entwicklers kommunizieren. Dieses Hilfsmittel hat sich als sehr nützlich erwiesen, daher wird es hier oft verwendet.

2.1.3 Der Festwertspeicher

Während bei traditionellen Desktop-Systemen der Festwertspeicher meist als mechanisches System (Disketten, Festplatte usw.) ausgeführt ist, kommen bei Embedded Systemen in der Regel Flash-Speicherbausteine zum Einsatz. Die Gründe dafür sind geringer Stromverbrauch, geringe mechanische Abmessungen, Widerstandsfähigkeit gegen äußere Einflüsse wie Schock, Vibration usw.

Der Festwertspeicher in einem Embedded-Linux-System kann mehrere Aufgaben haben:

- Die wichtigste Aufgabe des Festwertspeichers besteht darin, dass das Betriebssystem nichtflüchtig gespeichert wird und nach dem Einschalten des Geräts ausgeführt werden kann. Hierbei ist zu unterscheiden, ob das Betriebssystem direkt aus dem Festwertspeicher ausgeführt oder während eines Bootvorgangs zuerst in einen flüchtigen Speicher geladen und dort ausgeführt wird. In Embedded-Linux-Systemen wird meist die letztere Option implementiert.

- Weiterhin kann der Festwertspeicher dazu verwendet werden, verschiedene Konfigurationsdaten des Systems (z. B. MAC-Adresse, IP-Adresse, Peripheriedaten) nichtflüchtig zu speichern. Dabei handelt es sich aber in der Regel um eine kleine Anzahl von Daten, und daher ist der Speicherverbrauch für Konfigurationsdaten unkritisch. Manchmal wird deswegen für die Speicherung der Konfigurationsdaten ein getrennter kleiner EEPROM verwendet.

- Neben dem Betriebssystem sollte das Embedded System natürlich auch ein (hoffentlich sinnvolles) Anwenderprogramm ausführen. Dieses Programm kann auf verschiedene Weise in das System geladen werden. Wenn das System erst einmal hochgefahren ist, kann das Anwenderprogramm beispielsweise über ein Netzwerk geladen werden. In vielen Fällen ist die Anwendung jedoch auch auf dem Flash dauerhaft gespeichert und wird nach Starten und Booten des Systems automatisch ausgeführt. In diesem Fall muss natürlich genug Flash in dem System vorhanden sein, um neben dem Betriebssystem auch noch das Anwenderprogramm zu speichern.

- Schließlich wird der Festwertspeicher oft dazu verwendet, um Nutzdaten nichtflüchtig zu speichern. In vielen Anwendungen ist es notwendig, Daten der Applikation zu speichern (beispielsweise bei einem Datenlogger). Das kann z. B. vorteilhaft in einem eigenen Flash-Filesystem passieren. Falls diese Option realisiert werden soll, dann muss natürlich entsprechend Flash-Speicher im System vorgesehen werden.

Wie groß sollte nun der Flash in einem Embedded-Linux-System sein? Um diese Frage beantworten zu können, muss untersucht werden, wieviel Speicher für das Betriebssystem (Embedded Linux oder uClinux) verbraucht wird. Da das Betriebssystem während des Bootens von dem Flash in das RAM geladen wird, besteht die Möglichkeit, es im Flash in komprimierter Form abzulegen. Die Reihenfolge der notwendigen Schritte beim Booten lautet dann:

1. Laden des Betriebssystems vom Flash in das RAM

2. Entpacken des komprimierten Betriebssystem-Images

3. Starten des Betriebssystems

Es wurden die Größe von verschiedenen uClinux-Kerneln auf einem ColdFire-V2-Prozessor ermittelt und dazu beispielhaft mehrere Versionen des uClinux-Kernels untersucht. Zuerst wurde erforscht, welche Version des Kernels weniger Speicher verbraucht, und dafür jeweils ein minimaler Kernel erzeugt.

Die Ergebnisse sind in **Tabelle 2.1** zu sehen.

Kernel	Größe des Minimalkerns, unkomprimiert (Byte)	Größe des Minimalkerns, komprimiert (Byte)
Version 2.0	407 480	186 621
Version 2.4	445 112	200 093
Version 2.6	525 232	247 751

Tabelle 2.1 Vergleich der Kernelgrößen verschiedener uClinux-Versionen

Es ist zu erkennen, dass der Kernel der Version 2.0 der kompakteste ist. Die Entscheidung, welche Kernel-Version eingesetzt wird, ist also letztendlich ein Kompromiss aus Speicherverbrauch und Funktionalität. Daraufhin wurden unterschiedliche Konfigurationen dieses kompakten Kernels der Version 2.0 getestet. uClinux bietet von Haus aus eine Reihe von Konfigurationsmöglichkeiten. Hier können Treiber und weitere Parameter des Kernels (wie Filesysteme, RAM-Größe, Bootoptionen usw.) eingestellt werden. Der nächste Schritt umfasst die Einbindung der Anwendungsprogramme und Bibliotheken, die das uClinux-System beinhalten soll. Insgesamt wurden vier verschiedene Konfigurationen des uClinux-Kernels getestet (siehe **Tabelle 2.2**).

- Der Minimal-Kernel 1 beinhaltet nur die unbedingt notwendigen Komponenten, damit der uClinux-Kernel arbeitet, wie z. B. SDRAM-Support, Flash-Support, Unterstützung von „flat binaries“ (dem Executable-Format von uClinux) und UART. Alle anderen Zusätze, wie z. B. Netzwerkfunktionen, wurden weggelassen.

- Der Netzwerk-Kernel 2 beinhaltet zusätzlich die Treiber und Protokolle (z. B. TCP/IP), die für eine Netzwerkanbindung notwendig sind. Dieser Kernel ist etwa 35 % größer als der Minimal-Kernel.

- Der Applikations-Kernel 3 enthält darüber hinaus noch verschiedene Netzwerk-Hilfsmittel wie „**`login`**“, „**`ftp`**“, „**`telnet`**“ sowie die Möglichkeit, externe Verzeichnisse einzubinden (NFS). Dieser Kernel ist etwa 86 % größer als der Minimal-Kernel.

- Zur Unterstützung der Entwicklung von Anwendungssoftware bietet uClinux einige Hilfsmittel, wie z. B. „**`printf`**“ und „**`gdbserver`**“. Diese Debug-Unterstützung wurde im Entwicklungs-Kernel 4 eingebunden. Dieser Kernel ist etwa 2,2-mal so groß wie der Minimal-Kernel.

Kernel-Konfiguration	**Kernelgröße (Byte), unkomprimiert**	**Kernelgröße (Byte), komprimiert**
Minimal-Kernel 1 ohne Netzwerkfunktionen	407 480	186 621
Netzwerk-Kernel 2 mit Netzwerkfunktionen	547 764	242 553
Applikations-Kernel 3 mit Netzwerkfunktionen	757 888	357 177
Entwicklungs-Kernel 4 mit Netzwerkfunktionen	894 064	414 076

Tabelle 2.2 Größe von uClinux-Kerneln in verschiedenen Konfigurationen

Bei der Bewertung des Speicherverbrauchs sollte beachtet werden, dass die aufgeführten Kernel mit Hilfe der Standard-Konfigurationstools von uClinux erzeugt wurden. Es ist jedoch auch vorstellbar, die Größe der erzeugten Kernel durch eine manuelle Einstellung der Konfiguration bzw. durch Änderungen direkt im Quellcode noch weiter zu verringern. Da Linux die Möglichkeit der Komprimierung des Flash-Images bietet, kann der Speicherbedarf auf diese Weise erheblich verringert werden. Allerdings kann das komprimierte Image dann nicht direkt gestartet werden, es muss während des Bootens entpackt und ins RAM geladen werden.
Bei Betrachtung der Daten aus Tabelle 2.2 lässt sich feststellen, dass ein minimaler Flash-Speicher von 2 MByte in der Regel ausreicht, um uClinux-Betriebssystem und Anwenderprogramm zu speichern. Falls noch ein zusätzliches Flash-Filesystem zur Speicherung von Nutzdaten vorgesehen ist, muss der Speicher allerdings entsprechend größer gewählt werden.

2.1.4 Der flüchtige Speicher

Der Arbeitsspeicher eines Embedded Systems dient dazu, die Daten, die während der Laufzeit der Anwendung auftreten (Variablen), zwischenzuspeichern. Das erfolgt in der Regel in einem Speicher vom Typ RAM, der einfach und beliebig geschrieben und gelesen werden kann, seinen Inhalt jedoch beim Ausschalten der Betriebsspannung verliert (flüchtiger Speicher).
In typischen Mikrocontroller-Anwendungen ist die Zwischenspeicherung von Variablen die einzige Aufgabe des flüchtigen Speichers. In Embedded-Linux-Applikationen hat der flüchtige Speicher jedoch noch andere Aufgaben: Wie bereits im vorhergehenden Abschnitt beschrieben, wird das Betriebssystem während des Bootens vom Flash in den RAM geladen. Dies erfolgt aus verschiedenen Gründen:

- Das Betriebssystem oder Anwenderprogramm kann aus dem RAM sehr schnell ausgeführt werden – viel schneller als aus dem Flash. Nur durch das Ausführen der Programme aus dem RAM kann die Leistungsfähigkeit des Prozessors annährend ausgenutzt werden.
- uClinux verlangt genau wie traditionelles Linux ein Dateisystem. In traditionellen Systemen wird dieses in der Regel auf der Festplatte des Computers eingerichtet. In einem Embedded-Linux-System wird das Dateisystem im RAM nachgebildet. Dazu muss dieser natürlich groß genug sein.

Es gibt verschiedene Sorten von RAM: SRAM (Statischer RAM) ist stromsparend, aber relativ teuer. FSRAM (Fast SRAM) ermöglicht darüber hinaus einen schnellen Zugriff auf die gespeicherten Daten. In modernen Prozessoren ist oft ein mehrere Kilobyte großer RAM-Block auf dem Chip integriert. Dieser Speicher kann dann mit der vollen Prozessorgeschwindigkeit ausgelesen und beschrieben werden; daher ist er gut für kleine Unterprogramme geeignet, die eine schnelle Abarbeitung erfordern.
DRAM (Dynamischer RAM) ist preiswert, erfordert jedoch das kontinuierliche Anlegen eines Refresh-Takts. Daher ist der Stromverbrauch des Systems höher als bei der Verwendung vom statischem RAM. Heute wird in den meisten Embedded-Linux-Anwendungen SDRAM (synchroner DRAM) verwendet, denn dieser ist aufgrund seiner Verbreitung in der PC-Welt sehr billig. Moderne Prozessoren enthalten bereits ein SDRAM-Interface, das die komplexe Ansteuerung einschließlich Refresh-Generierung selbstständig übernimmt. Somit kann der Speicher direkt an den Prozessor angeschlossen werden. Übliche SDRAM-Größen für den Einsatz in Embedded-Linux-Systemen sind heute 8 MByte, 16 MByte, 32 MByte oder 64 MByte.

2.1.5 Serielle Schnittstelle (UART)

Obwohl eine serielle Schnittstelle nicht unbedingt direkt zu dem Prozessor-System gehört, soll sie hier mit erwähnt werden. Der Grund dafür ist, dass die serielle Schnittstelle bei einem Embedded-Linux-System standardgemäß für die erste Kontaktaufnahme mit dem System verwendet wird. Mit Hilfe eines Host-Computers und eines Terminalprogramms ist es möglich, sich bei dem Embedded-Linux-System als User anzumelden und Aktionen in dem System auszuführen. Das ist prinzipiell natürlich auch über andere Kanäle möglich (z. B. Netzwerk). Da die serielle Schnittstelle aber nur wenige Daten zur Konfiguration benötigt, funktioniert sie meist auf Anhieb, während die anderen Schnittstellen eines Systems oft aufwändig in Betrieb genommen werden müssen.

Daher ist es auf jeden Fall anzuraten, mindestens eine serielle Standard-Schnittstelle (UART – Universal Asynchronous Receiver Transmitter) im System vorzusehen, auch wenn diese dann in der fertigen Anwendung nicht mehr notwendig sein sollte.
Um die serielle Schnittstelle eines Prozessors mit einem PC verbinden zu können, ist es notwendig, die entsprechenden Signale mittels eines Pegelwandlers so umzusetzen, dass sie der Spezifikation RS232 entsprechen.

2.1.6 Das Ethernet-Interface

Auch das Ethernet-Interface gehört nicht zum unmittelbaren Prozessor-System, aber in der Praxis treten Ethernet-Interface und Embedded Linux oft zusammen auf. Da Linux einen sehr gut funktionierenden TCP/IP-Protokoll-Stack und eine Vielzahl von Netzwerkapplikationen bereits beinhaltet, wird dieses Betriebssystem häufig genau dann für Embedded Applikationen verwendet, wenn das System an ein Netzwerk angeschlossen werden soll. Für Anwendungen, die nicht über ein Netzwerk kommunizieren müssen, werden dagegen in der Regel gar keine oder spezialisierte Betriebssysteme verwendet, die zumal auch noch kleiner und Ressourcen schonender ausgelegt sind.

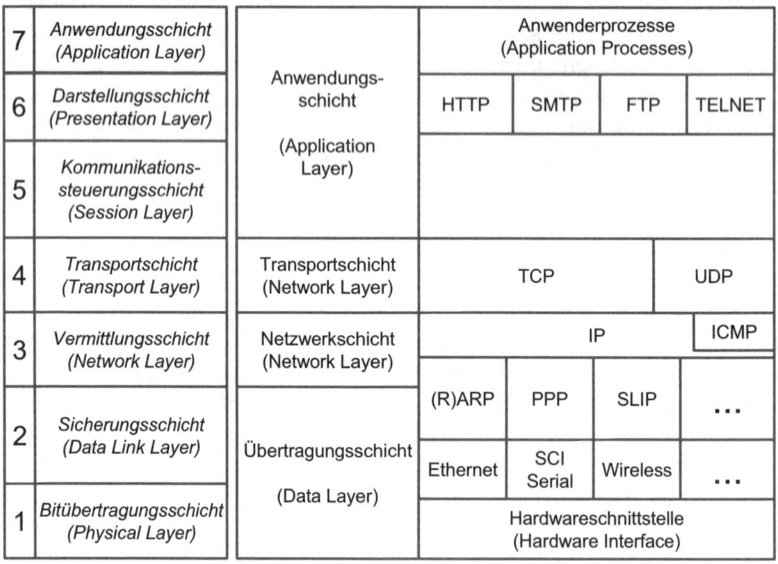

Bild 2.4 OSI-Schichtenmodell und Internetprotokolle

Zur Kommunikation über ein Netzwerk (wie beispielsweise Ethernet) wird heute fast immer das IP (Internet Protokoll) in Kombination mit anderen Protokollen (UDP oder TCP) verwendet. Damit steht dem Anwender der Weg in das weltumspannende Internet offen. Andererseits muss die Internet-Kommunikation nicht zwangsläufig über Ethernet erfolgen, es besteht z. B. auch die Möglichkeit, über eine serielle Schnittstelle (UART) mit dem Internet zu kommunizieren.

In **Bild 2.4** ist der schichtweise Aufbau der verschiedenen Bestandteile einer Internet-Kommunikation im Vergleich zum Standard-OSI-Modell der Kommunikationsschichten zu sehen. Dabei gibt es Bestandteile, die in Hardware ausgeführt sind, und andere Bestandteile, die in der Regel durch Software abgedeckt werden (das ist dann der so genannte TCP/IP-Stack). Bei den Hardware-Bestandteilen unterscheidet man zwei Komponenten: Den Media Access Controller (MAC) und das physikalische Interface (PHY).

Der MAC ist dafür zuständig, die Zugriffe auf das Übertragungsmedium zu kontrollieren, und der PHY bildet die eigentliche Schnittstelle zum Medium. Durch das Übertragungsmedium wird auch die Geschwindigkeit der Kommunikation bestimmt. Hier sind verschiedene Medien denkbar, wie z. B. Funk, 10 Mbit/s Koaxialkabel, 10 Mbit/s Twisted Pair (verdrilltes Kabel), 100 Mbit/s Twisted Pair u. a. Die letztgenannte Option wird auch als „Fast Ethernet“ bezeichnet und wird heute in den meisten Fällen eingesetzt.

Die Schnittstelle zwischen MAC und PHY ist standardisiert und bildet das so genannte Media Independend Interface (MII). Somit ist es möglich, an einen MAC verschiedene PHYs (verschiedener Hersteller oder auch für unterschiedliche Übertragungsmedien) anzuschließen.

Der MAC befindet sich in dem Adress- und Datenbus des Prozessors und wird von diesem gesteuert. Auf modernen, hoch integrierten Mikroprozessoren befindet sich der MAC bereits auf dem Chip, und es werden nur die Signale des MII nach außen geführt. Dort muss dann ein PHY für das gewählte Übertragungsmedium angeschlossen werden. Die nächste Stufe der Integration wäre, den PHY (z. B. für 100 Mbit/s Twisted Pair Ethernet) ebenfalls auf dem Chip zu integrieren. Das ist aber relativ schwierig und heute noch unüblich, da hier sehr unterschiedliche Halbleitertechnologien zum Einsatz kommen.

Allerdings gibt es eine Reihe von Bausteinen verschiedener Hersteller, bei denen Ethernet MAC und PHY auf einem Chip integriert sind (auch MAC-PHY genannt). Diese Bausteine werden dann (ähnlich wie der externe Speicher) in den Adress- und Datenbus des Prozessors eingebunden.

2.2 Beispiele für verschiedene uClinux-Systeme

2.2.1 uCsimm-Starterkit von Lineo

uClinux wurde ursprünglich dafür geschaffen, um Linux auf einen PalmPilot-Minicomputer zu portieren. Dieser beruhte auf dem Prozessor MC68328 (einem Mitglied der Prozessorfamilie m68k von Motorola).

Eines der ersten Starterkits, das für uClinux auf den Markt kam, war das uCsimm von Lineo (**Bild 2.5**), das ebenfalls einen Prozessor MC68328 benutzte. Dieses kleine Starterkit ist heute leider nicht mehr erhältlich (da die Firma Lineo nicht mehr existiert), war jedoch zum Zeitpunkt seines Erscheinens sehr populär.

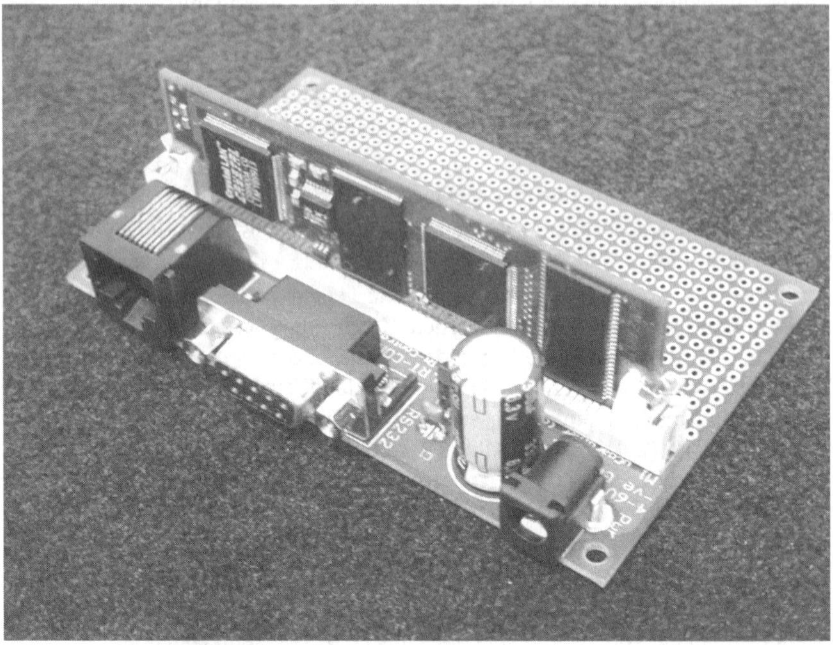

Bild 2.5 uCsimm-Starterkit

2.2.2 ColdFire-Evaluation-Boards von Freescale

Die modernen ColdFire-Prozessoren stellen eine – insbesondere für den Einsatz in eingebetteten Anwendungen optimierte – Weiterentwicklung der Familie m68k dar.

Freescale stellt für alle ColdFire-Prozessoren ein passendes Evaluation-Board zur Verfügung. Diese Evaluation-Boards beinhalten neben dem eigentlichen Prozessor einen mehrere MByte großen Flash, mehrere MByte RAM, serielle Schnittstellen und ein Ethernet-Interface (siehe als Beispiel das Evaluation-Board für den Prozessor MCF5272 in **Bild 2.6**). Die Evaluation-Boards können auch gut als uClinux-Test- und -Entwicklungssystem verwendet werden, da für jedes dieser Boards ein fertiges uClinux-Image (frei herunterladbar unter [48]) und ein entsprechendes BSP (Board Support Package) existiert.

Bild 2.6 Freescale Evaluation-Board für den Prozessor MCF5272

Einer der preiswertesten Prozessoren mit integriertem Ethernet-Interface ist der ColdFire MCF5208. Mit diesem Baustein lassen sich kostengünstige uClinux-Systeme mit sehr geringem Aufwand realisieren. Insgesamt werden für solche Systeme mindestens vier Chips benötigt: der Prozessor, ein Flash, ein DRAM und ein Ethernet-PHY. Dazu kommen je nach Bedarf ein Spannungsregler, die Takterzeugung und weitere Schnittstellen-Treiber.

Das Evaluation-Board für den MCF5208-Prozessor bietet die folgenden Eigenschaften

- ColdFire-Prozessor MCF5208 mit 166 MHz
- 2 MByte Flash
- 32 MByte SDRAM
- zwei serielle RS232-Schnittstellen
- eine Ethernet-Schnittstelle 10/100 Mbit/s
- BDM-Interface
- ZigBee-Transceiver und -Antenne.

Eine Besonderheit dieses Boards ist, dass es bereits mit einem fertigen uClinux im Flash von Freescale geliefert wird. Durch das Umsetzen eines Jumpers kann man festlegen, ob das Board nach dem Einschalten mit dem Bootloader dBUG (siehe Kapitel 9) oder gleich mit uClinux starten soll. Damit kann man erste uClinux-Gehversuche unternehmen, ohne vorher ein Board flashen zu müssen. Bei Bedarf kann das uClinux-BSP in Source Code inklusive Entwicklungswerkzeuge von der Freescale-Website geladen werden [26].

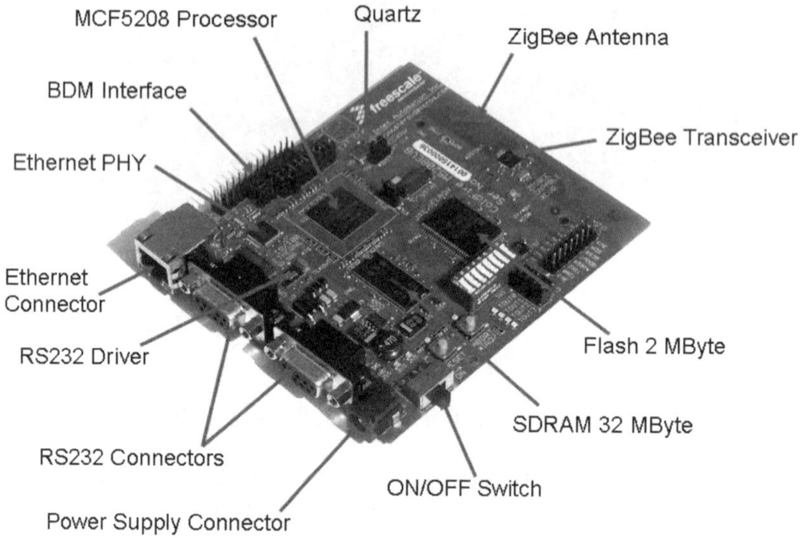

Bild 2.7 Evaluation-Board für den Prozessor MCF5208

2.2.3 µCleopatra-Board von Feith

Die Firma „Feith Sensor to Image GmbH“ [49] stellt Bildverarbeitungssysteme für industrielle Anwendungen her. Das Board µCleopatra ist ein solches Bildverarbeitungssystem, basierend auf einem ColdFire-Prozessor und uClinux. Es enthält die nötige Hardware zur Verarbeitung und Wiedergabe von Videodaten wie Framegrabber und Framebuffer. Darüber hinaus ist das Board (**Bild 2.8**) auch als Entwicklungsplattform für uClinux geeignet, denn es beinhaltet alle Komponenten eines Embedded-Linux-Systems:

- ColdFire-Prozessor MCF5307 (mit 90 MHz)
- 2 MByte bis 4 MByte Flash
- 4 MByte bis 16 MByte SDRAM
- zwei serielle RS232-Schnittstellen
- eine Ethernet-Schnittstelle 10 Base T
- BDM-Interface
- Nutzer-LEDs
- Abmaße 145 mm × 180 mm

Bild 2.8 µCleopatra-Board von Feith

2.2.4 COBRA5272-Modul von senTec Elektronik

Kleine Prozessor-Module stellen eine sinnvolle Alternative für solche Anwender dar, die geringe bis mittlere Stückzahlen ihrer Anwendung produzieren. Die Prozessoren der neuesten Generationen werden oft im kostengünstigen BGA-Gehäuse angeboten, das ein aufwändiges Hardware-Design mit einer sechslagigen Leiterplatte bedingt. In der Regel beinhaltet ein Prozessor-Modul ein vollständiges lauffähiges System mit Prozessor, Speicher, Schnittstellen und Betriebssystem. Die Prozessor-Module lassen sich üblicherweise recht einfach auf eine Trägerplatine aufstecken und mit Hilfe vielfältiger Anschlüsse in das Zielsystem einbinden.
Das COBRA5272-Modul von senTec Elektronik [40] (COBRA = **CO**ldFire **B**oard for **R**apid **A**pplications) war eines der ersten erhältlichen Prozessor-Module mit einem ColdFire.

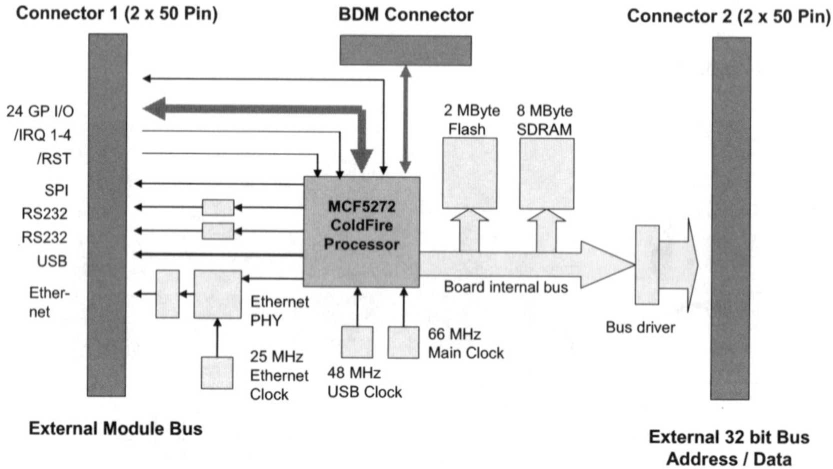

Bild 2.9 Blockschaltbild COBRA5272-Modul

Die Eigenschaften des COBRA5272-Moduls (siehe **Bild 2.9**) sind im Einzelnen:

- bestückt mit einem ColdFire-Prozessor MCF5272
- getaktet mit 66 MHz (Rechenleistung 63 MIPS)
- zwei MByte Flash und wahlweise 16 MByte bis 64 MByte RAM
- zwei serielle Schnittstellen (SCI) mit RS-232 Treiber

- eine SPI-Schnittstelle
- eine Full-Speed-USB-Schnittstelle
- eine Ethernet-Schnittstelle 10/100 Mbit/s inklusive Treiber
- gepufferter 32-bit Daten- und Addressbus, extern zugänglich
- Zugang zu Bus und Schnittstellen über zwei 100-Pin-Steckerleisten
- Standard-BDM-Schnittstelle zur Softwareentwicklung
- Abmaße des Moduls 80 mm × 100 mm (halbes Euroformat)
- Betriebsspannung 3,3 V, Energieverbrauch etwa 1 W bei 66 MHz
- Freescale-dBUG-Monitor oder uClinux vorinstalliert und getestet

Zu dem Prozessormodul (das auf eine Trägerplatine aufgesteckt werden kann) gibt es ein Starterkit, das über die Firma „Elektronikladen Mikrocomputer" erhältlich ist [50].

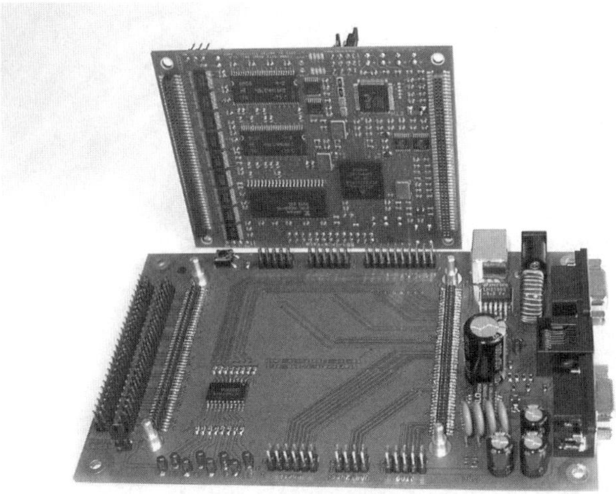

Bild 2.10 uClinux-Starterkit mit COBRA5272-Modul

Das Starterkit (**Bild 2.10**) besteht aus einem COBRA5272-Modul mit vorinstallierter Software, einer Grundplatine mit Spannungsregler, zwei RS-232 Buchsen, eine Ethernet-Buchse, eine USB-Buchse und LEDs zum Aufstecken des Moduls, einer CD mit Software (dBug oder uClinux) und Tools (GNU-Compiler und Debugger) sowie der vollständigen Dokumentation inklusive Schaltplan, „Quick-Start-Guide" und Broschüre „Getting Started".

Da das COBRA5272-Modul eines der ersten erhältlichen ColdFire-Boards war, sind für dieses Modul in diesem Buch viele Softwarebeispiele und Erläuterungen verfasst. Sie gelten jedoch sinngemäß auch für andere, ähnlich aufgebaute Boards.

2.2.5 DIL/NetPC von SSV Embedded

Die Firma SSV [51] ist in der Embedded-Linux-Szene bekannt für ihre Produktreihe DIL/NetPC. Das sind kleine Single-Board-Computer mit dem Formfaktor eines DIP64-Gehäuses. Die Firma bietet verschiedene Boards mit unterschiedlichen Prozessoren an. Allen gemeinsam ist die Verwendung von Embedded Linux als Betriebssystem. Ein Produkt ist DNP528x, ein preiswertes Board mit dem ColdFire MCF5282. Dieses Board (**Bild 2.10**) bietet die folgenden Eigenschaften:

- ColdFire-Prozessor MCF5282
- 16 MByte SDRAM
- 8 MByte Flash
- 10/100 Mbit/s Ethernet-Interface
- Real-Time-Clock
- Betriebssystem uClinux

Bild 2.11 DIL/NetPC DNP528x

2.2.6 COBRA5282-Modul

Speziell für Schulungszwecke und zum Einsatz in Mess- und Steuergeräten wurde von senTec Elektronik das COBRA5282-Modul entwickelt. Dieses kreditkartengroße Prozessorboard kann auf eine Trägerplatine aufgesteckt und in verschiedensten Anwendungen eingesetzt werden. Die Eigenschaften des Moduls (siehe **Bild 2.12**) sind:

- ColdFire-Prozessor MCF5282 mit 66 MHz
- bis zu 32 MByte SDRAM
- bis zu 16 MByte Flash
- Ethernet Interface 10/100 Mbit/s
- Real-Time-Clock mit Alarmfunktionen
- 32-bit-Prozessorbus extern zugänglich

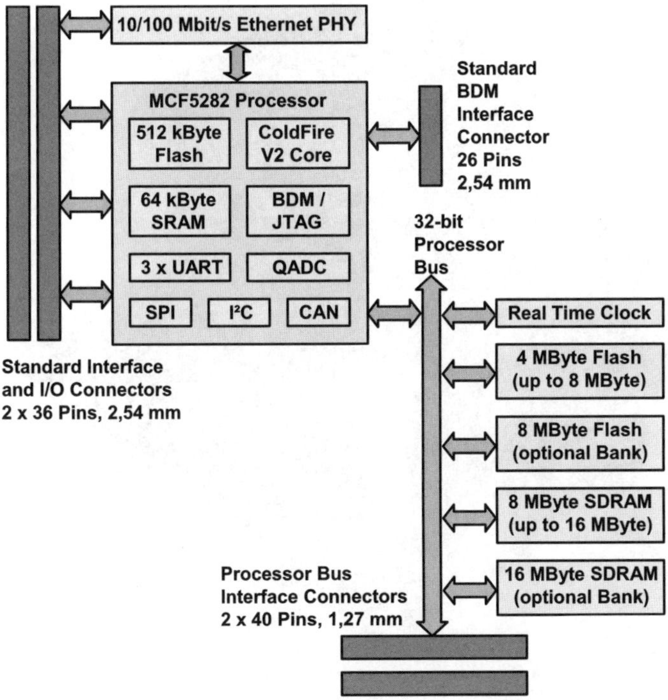

Bild 2.12 Blockschaltbild des COBRA5282-Moduls

Eine Besonderheit dieses Boards ist, dass es einfach in eine Vielzahl von Schaltungen integriert werden kann, da die Hauptsteckverbinder im Rastermaß 2,54 mm ausgeführt sind. Trotzdem ist der volle-32-bit-Daten- und -Adressbus über zusätzliche 1,27-mm-Verbindungen zugänglich. Da der MCF5282 sowohl eine CAN- als auch eine Ethernet-Schnittstelle besitzt, ist das Modul gut als CAN-Ethernet-Gateway oder zur nachträglichen Vernetzung bestehender Applikationen einsetzbar.

Auch zum COBRA5282-Modul ist ein Starterkit verfügbar (**Bild 2.13**). Das Grundboard beinhaltet unter anderem eine Ethernet-Buchse, eine Spannungsversorgung, zwei RS232-Buchsen, ein CAN-Interface, einige LEDs und Schalter sowie ein Multi-Media-Card-Interface, das die preiswerte Speicherung großer Datenmengen ermöglicht.

Bild 2.13 Starterkit des COBRA5282-Moduls [40]

2.2.7 ARMtwister-Board

Um zu zeigen, dass ein uClinux-Board nicht ausschließlich mit ColdFire-Prozessoren bestückt sein muss, soll hier der ARMtwister [52] vorgestellt werden. Dieses Embedded-Prozessor-Board (**Bild 2.14**) wurde von Erwin Authried entwickelt, basiert auf einem ARM-Mikroprozessor AT91M40800 und besitzt einen PCMCIA-Sockel. Mit einer speziellen Version von uClinux-2.4 ist es möglich, Wireless-PC-Karten nach IEEE 802.11, Ethernet-Karten und die meisten anderen 16-bit-PC-Karten zu verwenden. Die technischen Daten des ARMtwisters sind:

- Atmel AT91M40800 CPU (ARM7) mit 40 MHz
- PC-Karten-Sockel
- 8 MByte EDO-DRAM
- 2 MByte Flash
- zwei serielle Schnittstellen
- JTAG-Interface
- I/O-Interface für General Purpose I/O und SPI

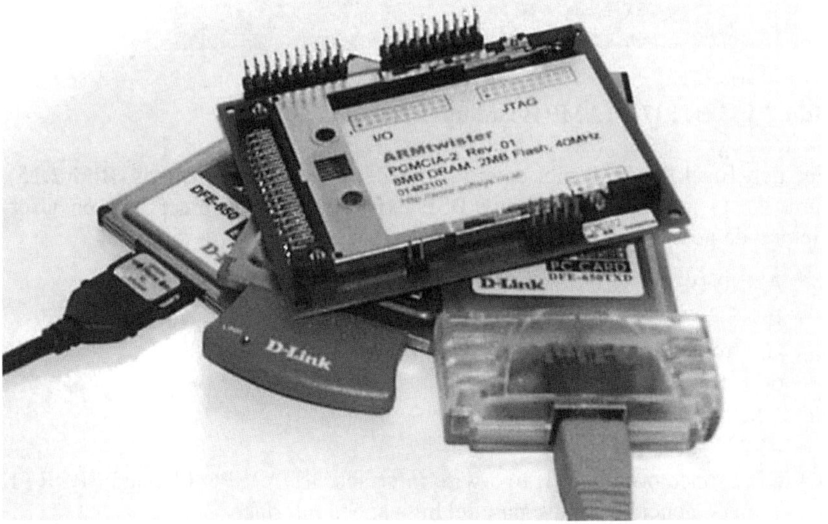

Bild 2.14 ARMtwister-Board

2.2.8 BF537-STAMP mit BlackFin-DSP

uClinux kann als Betriebssystem nicht nur auf traditionellen Prozessoren, sondern auch auf Digitalen Signalprozessoren (DSPs) eingesetzt werden. Solche Signalprozessoren sind Bausteine, die speziell für bestimmte Rechenoperationen (z. B. Filterberechnungen, Audioverarbeitung) optimiert wurden. Ein Beispiel für solche uClinux-fähige Signalprozessoren sind die BlackFin-Bausteine von Analog Devices [53].

Bild 2.15 BF537-STAMP Board mit BlackFin DSP

Für den BlackFin DSP gibt es ein spezielles Evaluierungs-Board (**Bild 2.15**), für das ein angepasstes uClinux BSP existiert, das von einer aktiven User-Gemeinde gepflegt wird. [54]. Die Eigenschaften des Boards sind:

- ADSP-BF537 Blackfin DSP mit 500 MHz
- IEEE 802.3-Compliant 10/100 Ethernet MAC
- Controller Area Network (CAN) 2.0B Interface
- 64 MByte SDRAM
- 4 MByte Flash
- RS232 serial interface
- I/O connectors for SPI, two-wire interface, IrDA, SPORT0 and SPORT1, Timers, general purpose parallel high speed interface
- JTAG interface for debug and FLASH programming
- On-Board Power

2.2.9 SnapGear-VPN-Router

Natürlich gibt es nicht nur Boards mit uClinux, sondern auch komplette Produkte. Als Beispiel dafür sollen die VPN-Router von SnapGear [55] dienen. Das „SnapGear SOHO+“ ist beispielsweise ein 2-Port-Breitband-VPN-Firewall-Router mit zwei zusätzlichen seriellen Schnittstellen für die Konfiguration über ein Terminal und einen Zugang über eine externe Einwahl. Das Produkt beinhaltet einen ColdFire-Prozessor, 2 MByte Flash und 16 MByte RAM. Da der Router auf uClinux beruht, bootet das gesamte System innerhalb weniger Sekunden.

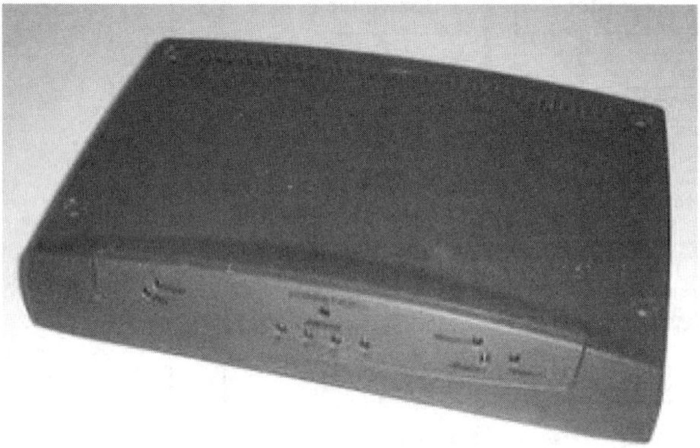

Bild 2.16 „SnapGear SOHO+“ VPN Router

Einige der Highlights dieses Produkts sind:

- vollständiges IPSec VPN: Client und Server
- bis zu 100 IPSec-Tunnel
- benutzbar für das Routen von ADSL und Kabel bis T1, DS1 und E1
- Kompressionsalgorithmen eingebaut
- DES-56-bit-, 3DES-168-bit-, AES-256-bit-Verschlüsselung
- bis zu 1 Mbit/s IPSec-Durchsatz bei 3DES-Verschlüsselung
- bis zu 2 Mbit/s IPSec-Durchsatz bei AES-Verschlüsselung
- HMAC-MD5- und SHA-1-Authentifizierung
- IKE/ISAKMP Diffie-Hellman-Schlüsseltausch
- Unterstützung von dynamischen IP-Adressen und DNS
- 10 Mbit/s WAN Port und 10 Mbit/s LAN Port

2.2.10 COBRA5329-Modul von senTec Elektronik

Eines der neuesten Boards mit minimalen Abmessungen, das speziell für die Verwendung mit uClinux entwickelt wurde, ist das COBRA5329-Modul. Dieses Modul ist ein gemeinsames Projekt von Freescale Semiconductor, EBV Elektronik, National Semiconductor, senTec Elektronik und emlix.

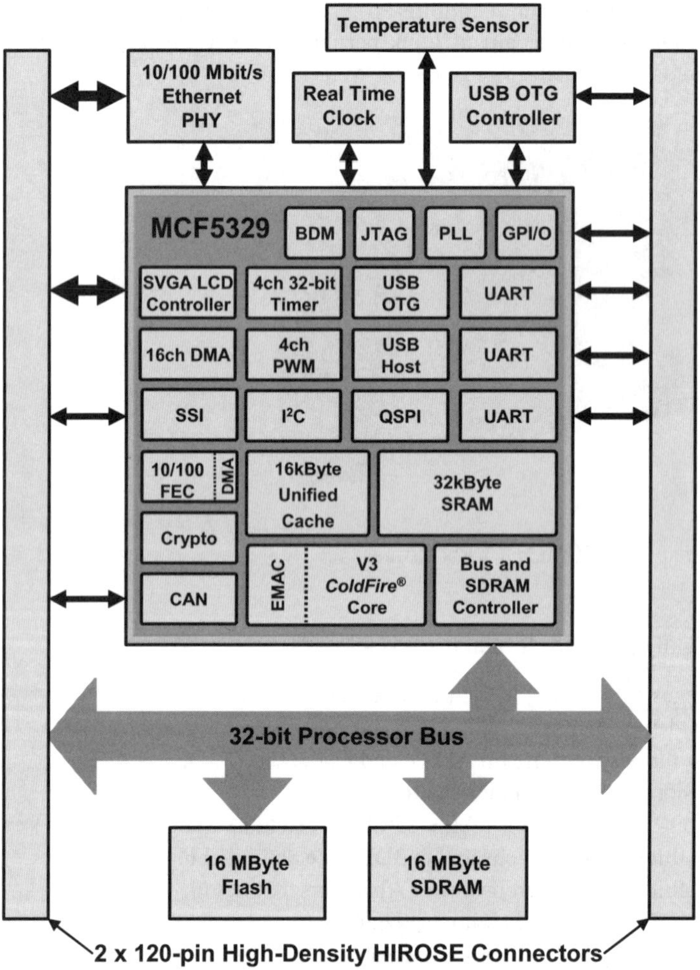

Bild 2.17 Blockschaltbild des COBRA5329-Moduls

Die Eigenschaften des COBRA5329-Moduls, das von senTec Elektronik [40] gebaut wird, sind:

- ColdFire Prozessor MCF5329 mit 240 MHz (211 MIPS)
- 16 MByte Flash (maximal bis 64 MByte)
- 16 MByte SDRAM
- SVGA LCD Controller (800 × 600 Pixel)
- Ethernet Interface 10/100 Mbit/s
- Encryption Coprozessor (AES, 3DES, RNG, …)
- zwei USB-Schnittstellen: USB OTG und USB Host
- zwei SCI (UART) und CAN Interface
- QSPI und I²C Interface
- Real Time Clock mit Interrupt
- Temperatursensor auf dem Board
- 32-bit Prozessor-Bus
- mehrere auswählbare Boot-Konfigurationen
- jeweils zwei Steckverbinder auf der Ober- und Unterseite
- Größe des Moduls nur 48 mm × 68 mm
- 3,3 V Betriebsspannung

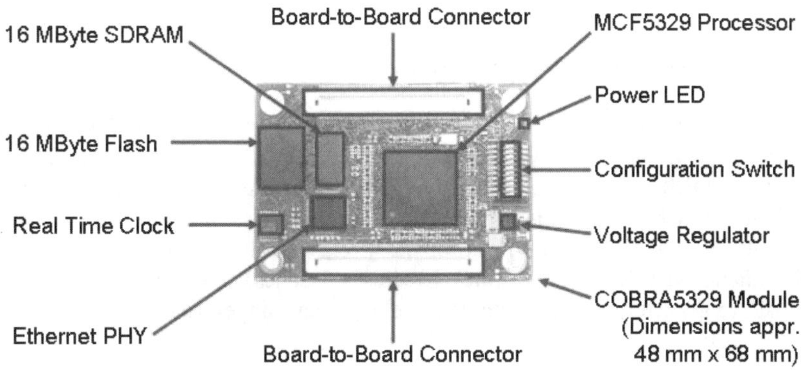

Bild 2.18 COBRA5329-Modul

Zu dem Modul gibt es ein Starterkit, das ein Grundboard beinhaltet. Dieses Grundboard (**Bild 2.18**) hat die Anschlüsse für die Schnittstellen wie RS232, CAN, USB und Ethernet. Die Ethernet-Schnittstelle kann darüber hinaus noch für die Stromversorgung des Boards mittels PoE (Power over Ethernet) verwendet werden.

Bild 2.19 Starterkit des COBRA5329-Moduls

Zusätzlich ermöglicht das Grundboard den Anschluss eines LCD-Flachbildschirms mit bis zu 800 × 600 Pixeln und eines Touch Screen Interfaces. Damit ist das COBRA5329-Modul ideal geeignet für alle Arten von grafischen Bedienschnittstellen. Dementsprechend beinhaltet das uClinux-BSP (Board Support Package), das von emlix [27] entwickelt wurde, die grafische Oberfläche NanoX (siehe Kapitel 10 dieses Buches). Das uClinux-BSP des COBRA5329-Moduls kann unter [56] geladen bzw. angefordert werden.

3 Die uClinux-Distribution

You may be infinitely smaller than some things,
but you're infinitely larger than others.

In diesem Kapitel wird die uClinux-Distribution beschrieben, wie sie beispielsweise von der Homepage des Projekts [28] downloadbar ist.
Zu Beginn wird eine kurze Einführung in die Verwendung der Distribution gegeben. Diese ist vor allem für diejenigen Leser gedacht, die möglichst schnell zu einem bootfähigen Image kommen möchten, und dazu nicht allzu viel Hintergrundwissen benötigen.
In den weiteren Teilen dieses Kapitels wird dann der Erstellungsprozess für ein uClinux-Image im Detail beschrieben. Hier soll dem Leser vor allem gezeigt werden, an welcher Stelle bei der Erzeugung welches Script und welche Datei zum Einsatz kommt. Weiterhin wird eine ausführliche Beschreibung der Verzeichnisstruktur geliefert. Ein Überblick darüber kann dann notwendig sein, wenn man beispielsweise einmal selbst ein neues Target in diese Struktur einpflegen möchte.

3.1 Die Verzeichnisstruktur der Distribution

Die uClinux-Distribution ist in einer hierarchischen Struktur aufgebaut. In jedem der Verzeichnisse finden sich Unterverzeichnisse sowie Dateien, die entweder im Erstellungsprozess des uClinux-Images für die Konfiguration verwendet werden, in denen die Dokumentation abgelegt ist, oder die den eigentlichen Quellcode der Treiber und Programme enthalten. Im Folgenden soll kurz auf die wichtigsten Dateien und Verzeichnisse eingegangen werden.

3.1.1 Das Hauptverzeichnis

Im Hauptverzeichnis (im Folgenden auch als **$ROOTDIR** abgekürzt) finden sich folgende Unterverzeichnisse und Dateien:

```
user@pc:~/uClinux-dist$ ls -al
insgesamt 152
drwxr-xr-x   19 user user  4096 2006-05-15 19:41 .
drwxr-xr-x    7 user user  4096 2006-04-12 11:08 ..
-rw-r--r--    1 user user  2369 2006-04-12 11:38 autoconf.h
drwxr-xr-x    2 user user  4096 2005-12-09 00:38 bin
drwxr-xr-x    3 user user  4096 2006-04-12 11:39 config
-rw-r--r--    1 user user  2656 2006-04-12 11:39 .config
lrwxrwxrwx    1 user user    36 2006-04-12 11:38 config.arch ->
vendors/senTec/COBRA5282/config.arch
-rw-r--r--    1 user user 13886 2006-04-12 11:37 config.in
-rw-r--r--    1 user user  2728 2006-04-12 11:24 .config.old
-rw-r--r--    1 user user 18007 1999-11-22 04:46 COPYING
drwxr-xr-x    3 user user  4096 2005-12-09 00:26 Documentation
drwxr-xr-x   11 user user  4096 2005-12-09 00:38 freeswan
drwxr-xr-x   68 user user  4096 2005-12-09 00:32 glibc
drwxr-xr-x    2 user user  4096 2006-04-12 11:34 images
drwxr-xr-x    4 user user  4096 2006-04-12 11:32 include
drwxr-xr-x   30 user user  4096 2006-04-12 11:38 lib
drwxr-xr-x   15 user user  4096 2005-12-09 00:26 linux-2.0.x
drwxr-xr-x   16 user user  4096 2005-12-09 00:38 linux-2.4.x
drwxr-xr-x   19 user user  4096 2006-04-12 11:38 linux-2.6.x
-rw-r--r--    1 user user 10364 2005-10-18 08:19 Makefile
-rw-r--r--    1 user user   108 2006-04-12 11:39 .oldconfig
drwxr-xr-x   13 user user  4096 2005-12-09 00:30 openswan
-rw-r--r--    1 user user  4931 2004-11-11 05:19 README
drwxr-xr-x   12 user user  4096 2006-04-12 11:34 romfs
-rw-r--r--    1 user user  1743 2004-01-21 00:49 SOURCE
drwxr-xr-x    5 user user  4096 2006-04-12 11:25 tools
drwxr-xr-x   19 user user  4096 2006-04-12 11:32 uClibc
drwxr-xr-x  219 user user  4096 2005-12-09 00:38 user
drwxr-xr-x   59 user user  4096 2005-12-09 00:38 vendors
user@pc:~/uClinux-dist$
```

3.1.2 Die Dateien des Toplevel-Verzeichnisses

Die folgenden Dateien sind standardmäßig im Toplevel der uClinux-Distribution vorhanden:

COPYING
enthält die englische Version der GNU General Public License (GPL), unter der ein Großteil der in der Distribution enthaltenen Software steht.

Makefile
ist das Haupt-Makefile für die Erstellung eines uClinux-Images.

README
beschreibt (auf Englisch) kurz den Umgang mit der Distribution. Sie geht auf die wesentlichen Schritte zur Erzeugung eines lauffähigen uClinux-Images ein.

SOURCE
listet die Herkunft der einzelnen Quelltext-Teile der Distribution auf.

Nach dem erstmaligen Durchlauf der Konfiguration sind dann normalerweise zusätzlich noch die folgenden Dateien in dem Verzeichnis vorhanden:

autoconf.h
Diese Datei wird automatisch während des Build-Prozesses erzeugt. Sie beinhaltet die Werte für die Umgebungsvariablen des make-Prozesses. Diese Datei sollte nicht verändert werden.

config.in
Auch die config.in entsteht während des Make-Prozesses und enthält den Aufbau der Menüs für **make menuconfig** oder **make xconfig**.

.config
In diese Datei werden während des Ablaufs der Konfiguration im Toplevel-Verzeichnis die Werte für die Variablen des Build-Prozesses geschrieben.

.config.old
Dies ist ein Backup der letzten verwendeten **.config**.

.oldconfig
Anhand der Variablen in dieser Datei wird während des Build-Prozesses überwacht, ob eine Änderung an der Konfiguration vorgenommen wurde, die ein „Saubermachen“ des gesamten Verzeichnisbaums notwendig machen würde.

config.arch
Dies ist eine Datei mit architekturspezifischen Variablen, wie der Baudrate, den CPU-Flags für den Compiler etc. Sie ist im Normalfall ein Link auf die **config.arch** im Board-Verzeichnis des Herstellers.

3.1.3 Das Unterverzeichnis „**Documentation/**“

Im Unterverzeichnis „**Documentation**“ finden sich zunächst allgemeine Erklärungen über die uClinux-Distribution. Hierzu zählen z. B. die Dokumente „**Adding-Platforms-HOWTO**“ (eine allgemeine Anleitung über das Implementieren einer neuen Plattform in die Distribution), das „**Adding-User-Apps-HOWTO**“ (eine Anleitung zum Einfügen eigener Anwendungen), das „**ColdFire-HOWTO**“ (spezielle Fragen zu uClinux/Coldfire), die „**FAQ**“ (mit häufig gestellten Fragen zu uClinux und Antworten darauf) oder eine „**LIESMICH**“ (die deutsche Übersetzung der „**README**“ aus dem Toplevel). Außerdem kann man hier boardspezifische Dokumentationen einiger Hersteller finden, wie die „**SecureEdgex86-notes.txt**“ oder die Dokumente unterhalb „**COBRAXXXX/**“ und die Dokumente **<Hersteller>-<Board>-HOWTO**.

3.1.4 Das Unterverzeichnis „**vendors/**“

Jeder Hersteller, der eine uClinux-Unterstützung für seine Boards bietet, hat ein eigenes Unterverzeichnis unterhalb von „**vendors/**“ zur Verfügung. Hier erstellt er für sein(e) Board(s) jeweils wieder Unterverzeichnisse und ggf. Verzeichnisse für gemeinsame Daten aller Boards. Ein solches Vendor-Verzeichnis kann beispielsweise folgendes Aussehen haben:

```
user@pc:~/uClinux-dist$ tree vendors/senTec/
vendors/senTec/
|-- COBRA5272
|   |-- Makefile
|   |-- config.arch
|   |-- config.linux-2.0.x
|   |-- config.linux-2.4.x
|   |-- config.linux-2.6.x
|   |-- config.uClibc
|   |-- config.vendor
|   |-- config.vendor-2.4.x
|   |-- config.vendor-2.6.x
|   `-- motd
|-- COBRA5282
|   |-- Makefile
|   |-- config.arch
```

```
|   |-- config.linux-2.4.x
|   |-- config.linux-2.6.x
|   |-- config.uClibc
|   |-- config.vendor-2.4.x
|   |-- config.vendor-2.6.x
|   `-- motd
`-- romfs
    |-- etc
    |   |-- config
    |   |   |-- config
    |   |   `-- start
    |   |-- rc
    |   `-- services
    `-- lib
        `-- liberror.txt

6 directories, 23 files
user@pc:~/uClinux-dist$
```

Es gibt keine explizite Vorschrift, wie ein Herstellerverzeichnis aufgebaut sein muss. Allerdings ist ein wichtiger Punkt zu beachten: Das Make-System für uClinux sucht nach einigen der für die Konfiguration notwendigen Dateien unterhalb von

`$(ROOTDIR)/vendors/$(CONFIG_VENDOR)/$(CONFIG_PRODUCT)/`

also z. B. **`~/uClinux/uClinux-dist/vendors/senTec/COBRA5282/`**

Hier werden folgende Dateien verwendet, wenn diese vorhanden sind:

`Makefile`
wird während der Erstellung des uClinux-Images verwendet.
`config.linux-2.0.x, config.linux-2.4.x, config.linux-2.6.x`
beinhalten die Standard-Konfiguration des Board-Herstellers für die unterstützten Linux-Kernel.

`config.modules`
Default-Einstellungen des Board-Herstellers für die Module (können optional auch speziell für den verwendeten Kernel in **`config.modules-2.0.x`**, **`config.modules-2.4.x`** oder **`config.modules-2.6.x`** abgelegt sein).

config.vendor
Grundeinstellungen des Board-Herstellers für die Konfiguration der Anwendungsprogramme (möglich ist hier optional die Verwendung von Kernel-spezifischen Dateien **config.vendor-2.0.x**, **config.vendor-2.4.x** bzw. **config.vendor-2.6.x**).

config.arch
enthält die architekturspezifische Konfiguration für die Cross-Compilierung.

config.uClibc
Standardkonfiguration für die uClibc.

3.1.5 Das Unterverzeichnis „config/"

In diesem Verzeichnis finden sich einerseits die Dateien **.config** und **.config.old** mit der Konfiguration für die Anwendungsprogramme und Bibliotheken (außer der verwendeten Libc!). Außerdem liegen hier die Scripte für die Konfiguration der uClinux-dist, also **mkconfig**, **fixconfig** und **setconfig**. Im Unterverzeichnis **config/scripts/** liegen alle Scripte und (Source-)Dateien, die während der Konfiguration des Images über die verschiedenen **make *config**-Aufrufe benötigt werden. Dazu zählen die Scripte **Menuconfig** und **Configure**, die Quellen für die Menüaufbereitung bei **make menuconfig** (im Verzeichnis **config/scripts/lxdialog/**) sowie die bei der Tcl/Tk-basierten Konfiguration via **make xconfig** verwendeten Dateien (***.tk** bzw. **tk*.[ch]**).

3.1.6 Das Unterverzeichnis „lib/"

Dieses Verzeichnis enthält die Quellen der Bibliotheken für die Anwendungsprogramme, u. a. die der (älteren) C-Bibliothek uC-libc bzw. der Mathematik-Bibliothek **libm**.

3.1.7 Das Unterverzeichnis „uClibc/"

Hier liegen die Sourcen für eine neuere Implementierung der Libc auf Embedded Plattformen, die uClibc. Diese Quellen stammen aus dem uClibc-Projekt [32], wurden aber für die Verwendung in der uClinux-Distribution leicht angepasst.

3.1.8 Das Unterverzeichnis „`freeswan/`"

In diesem Verzeichnis finden sich die Sourcen für Linux FreeSWAN, einer Freien IPsec-Implementierung, mit der eine Verschlüsselung und eine Authentifizierung im Netzwerkverkehr erreicht werden kann. Die Verwendung kann man in den Netzwerkoptionen des Kernels aktivieren und konfigurieren.

3.1.9 Das Unterverzeichnis „`openswan/`"

OpenSWAN ist ebenfalls eine IPsec-Implementierung für Linux. Das Projekt ist aus dem FreeSWAN-Projekt hervorgegangen.

3.1.10 Das Unterverzeichnis „`tools/`"

Die uClinux-Distribution beinhaltet im ursprünglichen Zustand nicht die Cross-Toolchain, die man sich von [34] holen kann.
Dieses Verzeichnis enthält zusätzliche Tools, die bei der Verwendung der Distribution hilfreich sein können oder dort gebraucht werden. Hierzu zählen z. B. ein Script für das Installieren von Dateien im Verzeichnis für das ROM-FS, Tools zur Checksummenprüfung oder architekturspezifische Init-Scripte für den GNU-Debugger gdb. Außerdem finden sich hier die Quellen des Compiler-Frontends ucfront (im gleichnamigen Unterverzeichnis).

3.1.11 Das Unterverzeichnis „`bin/`"

Hier finden sich einige Scripte sowie Binaries verschiedener Boardhersteller. Die meisten können dazu verwendet werden, um bootfähige Images für die jeweiligen Boards zu erzeugen.

3.1.12 Die Unterverzeichnisse „`images/`" und „`romfs/`"

Diese beiden Verzeichnisse werden bei der Erstellung des uClinux-Images angelegt. In romfs/ liegen die Dateien, die in das Image des ROM-Filesystems übernommen werden. In images/ werden Binärdateien abgelegt. Von Interesse sind hier vor allem die Datei image.bin (wie sie auch auf das Zielsystem übertragen wird) und romfs.img (das Image des erzeugten ROM-Filesystems).
Dieses kann auch in das Dateisystem des Hosts eingebunden und sein Inhalt kontrolliert werden, wenn z. B. das Einbinden des ROM-FS oder das Ausführen darin enthaltener Programme fehlschlägt:

`mount -t romfs romfs.img /mnt/tmp/ -o loop`, dann sollte der Inhalt von **`/mnt/tmp/`** mit dem des o. g. Verzeichnisses **`romfs/`** übereinstimmen.

3.2 Umgang mit der uClinux-Distribution

3.2.1 Konfigurationsoptionen des uClinux-Images

Die Praxis im Embedded Bereich ist, dass man sich auf seiner Hardware eine speziell auf die gewünschte Applikation zugeschnittene Version des Betriebssystems installiert. Daher ist es unausweichlich, hin und wieder einen eigenen uClinux-Kernel zu konfigurieren und dann zu kompilieren.
In diesem Abschnitt soll es zunächst um einen schnellen Überblick über die notwendigen Schritte gehen, und zwar für denjenigen, der möglichst ohne große Detailkenntnis zu einem ersten uClinux-Prompt kommen möchte. Für eine ausführlichere Beschreibung der Hintergründe sei auf den Abschnitt 3.3 verwiesen.

Die Konfiguration eines uClinux-Images geschieht in folgenden Schritten:

1. Auswahl von Lieferant und Plattform

Zunächst wird der Board-Hersteller, dann aus einer Liste von Boards dieses Herstellers die gewünschte Zielplattform ausgewählt.

2. Auswahl der Kernel- und der Libc-Version

Unterstützt der Board-Lieferant mehrere Kernel-Versionen, kann aus diesen eine Auswahl erfolgen. Ebenso kann die verwendete Libc-Version eingestellt werden.

3. Konfiguration des Kernels (optional)

Hier können Treiber und weitere Parameter des Kernels (wie Filesysteme, RAM-Größe des Boards, Boot-Optionen usw.) eingestellt werden.

4. Konfiguration der Nutzerprogramme und -bibliotheken (optional)

Dieser Schritt umfasst die Einstellungen bzgl. der Anwendungsprogramme und Bibliotheken, die das uClinux-System beinhalten soll.

Zur Konfiguration des uClinux-Kernels werden die dem Leser eventuell vom Desktop-Linux-Kernel her bekannten Möglichkeiten geboten:

`make config`

Dies führt eine script-basierte Konfiguration aus, bei der alle Punkte in einer Art „Frage-Antwort-Spiel“ eingestellt werden müssen. Dieser Weg ist recht unkomfortabel, sollte aber auf jedem Entwicklungssystem durchführbar sein, da außer dem make-System, dem **`gcc`** auf dem Host sowie der Crosstoolchain keine weiteren Pakete installiert sein müssen.

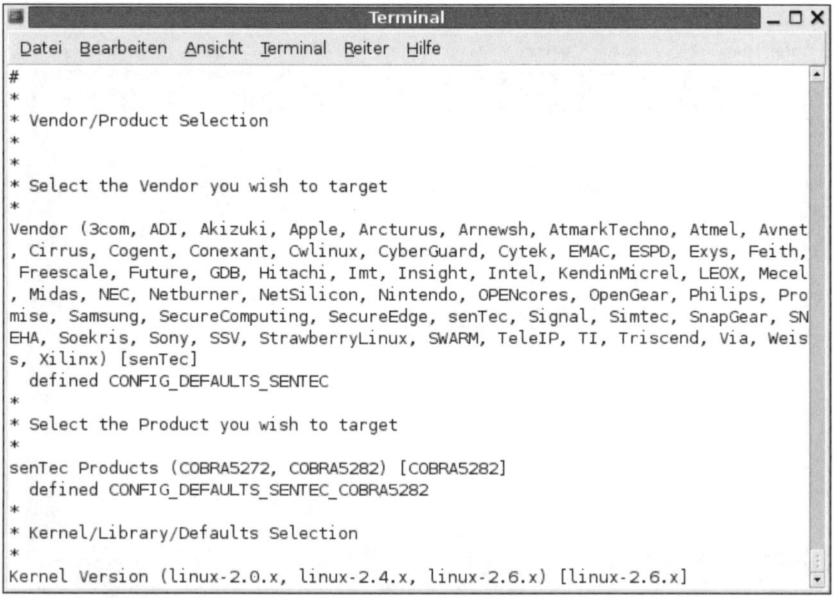

Bild 3.1 **`make config`**-Konfiguration per Script

`make menuconfig`

Diese Konfiguration basiert auf **`ncurses`**, einem konsolenorientierten Grafiksystem. Hierbei werden die unterschiedlichen Optionen in Menüs und Gruppen zusammengefasst und können durch Navigation mit den Cursor-Tasten und mit Hilfe der Leer- und/oder der Eingabe-Taste ausgewählt werden.

Prinzipiell wechseln hier die Pfeil-Auf- bzw. die Pfeil-Ab-Taste zwischen den auswählbaren Punkten (im Rahmen in der Mitte des Fensters). Punkte, die zu Untermenüs führen, sind durch „--->" gekennzeichnet. Die Eingabe-Taste aktiviert denjenigen Punkt, der im unteren Rahmen des Fensters aktiviert ist („Select", „Exit" oder „Help". Die Auswahl kann mit Pfeil-Rechts bzw. Pfeil-Links umgeschaltet werden.
Dieser Weg bietet schon deutlich mehr Komfort, aber ohne dass man z. B. eine Grafikoberfläche installiert haben muss (siehe **Bild 3.2**). Man benötigt allerdings die `ncurses`-Bibliotheken. Außerdem gibt es keine Maus-Unterstützung.

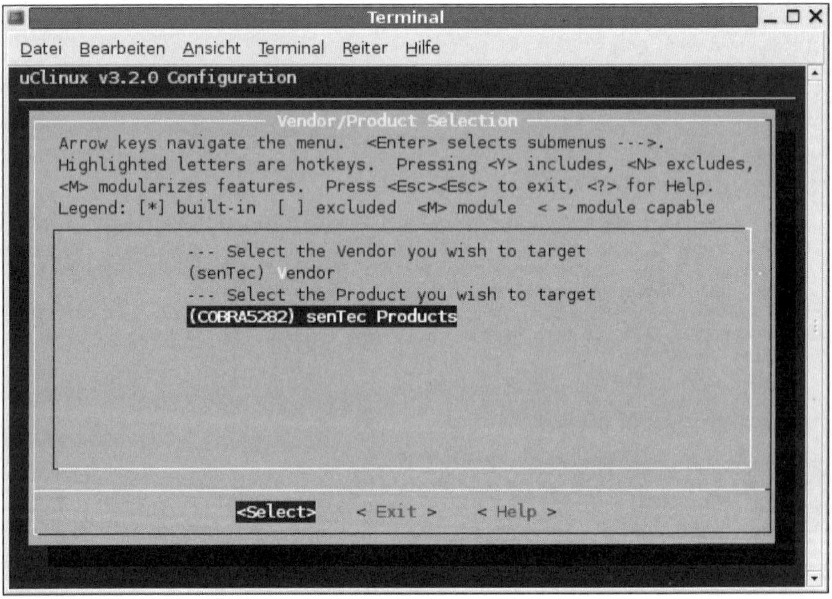

Bild 3.2 **`make menuconfig`**-Konfigurationsmenü auf **`ncurses`**-Basis

`make xconfig`

Dies ist die komfortabelste, aber auch „ressourcenunfreundlichste" Möglichkeit. Man kann hier alle Punkte mit Tastatur oder Maus an- oder abwählen. Die Optionen sind sehr übersichtlich in Menüs und Untermenüs angeordnet. Allerdings muss das X-Window-System konfiguriert und gestartet sein.

Bild 3.3 `make xconfig`-Konfigurationsmenü von uClinux

Die Möglichkeit **`make menuconfig`** dürfte sicher der beste Kompromiss zwischen Anwenderfreundlichkeit und Ressourcenverbrauch sein. Diese wird im Folgenden verwendet. Die Verfahrensweise ist allerdings für alle Optionen dieselbe.

3.2.2 Arbeiten mit uClinux

Die folgenden Schritte werden bei der Arbeit mit uClinux typischerweise der Reihe nach durchgeführt:

Verzeichnis erstellen
Für die Arbeit mit uClinux empfiehlt sich die Erstellung eines Arbeitsverzeichnisses im Heimatverzeichnis des Nutzers:

```
$ cd
$ mkdir uClinux
```

Hier können dann z. B. die Distribution sowie etwaige Projektverzeichnisse angelegt werden.

Distribution downloaden und entpacken
Die jeweils aktuelle Distribution wird im oben angelegten Verzeichnis entpackt:

```
$ cd ~/uClinux
wget http://www.uclinux.org/pub/uClinux/dist/↩
                              uClinux-dist-JJJJMMTT.tar.gz
$ tar -zxvf uClinux-dist-JJJJMMTT.tar.gz
```

Hinweis: Wird ein mit **`bzip2`** komprimiertes Archiv verwendet, muss bei **`tar`** der Parameter „**`-z`**" durch „**`-j`**" ersetzt werden.

3.2.3 Ein erstes uClinux-Image

Um ein erstes, funktionierendes uClinux-Image zu erstellen, sollte man zunächst nur die empfohlenen Standardoptionen des Boardherstellers verwenden. Wurde dieses Image dann erfolgreich auf das Target geladen und gestartet, kann man weitere Optionen ausprobieren oder mit dem Einbau weiterer (eventuell auch eigener) Applikationen beginnen.
Zuerst wechselt man in das Verzeichnis mit der Distribution. Dort ruft man das gewünschte Frontend für die Konfiguration auf (im vorliegenden Fall **`make menuconfig`**).
Man wählt hier lediglich die richtige Board/Hersteller-Kombination (also z. B. **`senTec/COBRA5282`**). Im Untermenü „**`Kernel/Library/Defaults Selection`**" finden sich zwei Unterpunkte mit Auswahlmöglichkeiten des Kernels und der Libc, die man auf die gewünschten Optionen setzt. Die vier Auswahlfelder darunter haben folgende Bedeutung:

- „**`Default all settings (lose changes)`**" kopiert die Standardeinstellungen des Herstellers für das Board über die aktuellen (eventuell geänderten) Werte. Dies ist sinnvoll, wenn man wieder einen als funktionierend bekannten Stand wiederherstellen will.
- „**`Customize Kernel Settings`**" aktiviert für den weiteren Erstellungsprozess die Anzeige der Menüs zur Einstellung der Kernel-Parameter und -Treiber. Eine falsche Konfiguration in den mit diesem Punkt verbundenen Menüs kann zum Fehlschlagen der Image-Erzeugung oder des -Starts führen!

- „**Customize Vendor/User Settings**" schaltet für diesen Build-Prozess die Anzeige der Menüs zur Anpassung der Anwendungsprogramme bzw. -bibliotheken (aber nicht der Libc!) ein.
- „**Update Default Vendor Settings**" bewirkt ein Überschreiben der Standardwerte für das Board durch die aktuell eingestellte Konfiguration. Dies sollte nur aktiviert werden, wenn die derzeitige Konfiguration definitiv funktioniert und als Ausgangspunkt für die weitere Arbeit verwendet werden soll!

Da beim ersten Compilieren lediglich ein funktionierendes Image mit den Standardwerten für das Board erzeugt werden soll, lässt man diese Punkte zunächst alle deaktiviert.
Daraufhin verlässt man das Menü über „**Exit**", ebenso das „**Main Menu**". Die Frage „**Do you wish to save your new kernel configuration?**" wird (durch Betätigen der Eingabe-Taste) mit „**Yes**" beantwortet. Wenn dies das erste Mal ist, dass man die Konfiguration durchführt, kopiert das Make-System nun die notwendigen Konfigurationsdateien aus dem herstellerspezifischen Verzeichnis der uClinux-Distribution, wodurch die Optionen für den Kernel sowie die Nutzerprogramme und Bibliotheken mit sinnvollen Voreinstellungen belegt werden. Daraufhin werden durch Aufruf von **make dep** die Abhängigkeiten erzeugt und durch **make** das Image erstellt:

```
$ cd uClinux-dist
$ make menuconfig
$ make dep
$ make
```

Hinweis: Der Aufruf von **make dep** ist für Kernel-Version 2.6.x nicht mehr notwendig!

3.3 Einpflegen einer eigenen Hardware-Plattform

Wie bereits erwähnt, hat jeder Hersteller von Boards die Möglichkeit, seine Produkte in das **vendor/**-Unterverzeichnis der uClinux-Distribution einzupflegen. Dies hat vor allem den Vorteil, dass (potenzielle) Nutzer des Boards auf die Standard-Distribution zurückgreifen können. Allerdings sollte beachtet werden, dass beim Erscheinen neuer Versionen der Distribution gegebenenfalls Anpassungen vorgenommen werden müssen.

3.3.1 Herangehensweise

Ehe die notwendigen Arbeitsschritte anhand eines Beispiels gezeigt werden, hier noch ein paar grundlegende Bemerkungen:
Als Ausgangspunkt sollte immer die aktuelle uClinux-dist (oder, falls sie neueren Datums ist, die aktuelle uClinux-dist-test) dienen. Es ist zweckmäßig, diese zweimal zu entpacken und anschließend umzubenennen, sodass die Änderungen z. B. im Verzeichnis **`uClinux-dist-work/`** vorgenommen werden, die Original-Distribution aber z. B. in **`uClinux-dist-orig/`** erhalten bleibt.
Vor Beginn der Arbeiten sollte zunächst überprüft werden, ob eine Plattform mit denselben oder ähnlichen Eigenschaften bereits Bestandteil der Distribution ist. In diesem Fall kann diese Plattform als Grundlage verwendet werden. Um alle Dateien zu finden, in denen dieses Board auftaucht, kann mit Hilfe des Programms **`grep`** nach dem Vorkommen der wichtigsten, zugehörigen Konfigurationsvariablen gesucht werden. Diese sind z. B. in **`linux-2.6.x`** im Abschnitt „**`Platform`**" zu finden. Alle für das M5272C3 von Freescale im Kernel 2.4 angepassten Dateien findet der Aufruf von
`grep -r CONFIG_M5272C3 linux-2.4.x/`.
Wichtig ist hierbei, das Copyright der ursprünglichen Autoren zu respektieren! Obwohl (uC)Linux unter der GPL steht, und somit frei verändert werden kann, ist doch stets anzugeben, wer welchen Anteil an den jeweiligen Code-Zeilen hat. Bei kleineren Änderungen, wie sie etwa durch bloßes Kopieren und Ändern entstehen, sollten die vorhandenen Copyright-Angaben bestehen bleiben, und lediglich um eine Angabe ergänzt werden, wer für die jeweilige Änderung oder die zugehörige Plattform verantwortlich ist.
Gibt es kein vergleichbares Produkt in der Distribution, oder ist gar ein völlig neuer Prozessor zu implementieren, kann man sich nur die vorhandenen Architekturen ansehen, um die Prinzipien der jeweiligen Plattform-Unterstützung zu erforschen. Mit den gewonnenen Erkenntnissen kann dann die eigene Hardware eingepflegt werden. Wenn möglich sind dabei alle boardspezifischen Änderungen durch Compiler-Direktiven der Art „**`#ifdef CONFIG_YourArch`**" zu umgeben, um potenzielle Konflikte mit anderen Plattformen zu vermeiden.
Wenn alle vorgenommenen Änderungen an das uClinux-Projekt zurückgespeist werden, dann wird die Unterstützung für das Board in die „offizielle"

uClinux-Distribution aufgenommen und kann von der Website des Projekts von jedermann geladen werden. In diesem Fall werden die Änderungen, wie auch vom Linux-Kernel her bekannt, als so genannte „Patches“ an die Verwalter der uClinux-Distribution geschickt. Patches werden mit dem Programm **diff** erstellt und sollten als „unified diff“ weitergegeben werden. Hinweise zum Umgang mit **diff** und Patches gibt es z. B. in der Datei **Documentation/SubmittingPatches** in den Linux-Quellen und im Abschnitt 11.1.4.

Für eine bessere Übersichtlichkeit ist es anzuraten, eine neue Plattform nicht in einem einzelnen, großen Patch-File zu behandeln, sondern die Änderungen in kleinere, themenbezogene Blöcke aufzuteilen. Beispielsweise erstellt man einen Patch für die Änderungen im Verzeichnis **vendors/**, einen für etwaige Anpassungen unter **user/** sowie einen (oder ggf. mehrere) für jeden unterstützten Kernel.

Insbesondere dann, wenn eigene Treiber in den Kernel eingefügt werden, sollte die Datei **Documentation/SubmittingDrivers** des jeweiligen Kernels befolgt werden.

Im Folgenden werden nun beispielhaft die Schritte beschrieben, die zur Integration des COBRA5282-Moduls der senTec Elektronik GmbH in die aktuelle uClinux-Distribution notwendig wären (wenn es noch keine Unterstützung dafür gäbe). Bei eigenen Produkten sollte man sinngemäß verfahren.

Das COBRA5282-Modul ist vergleichbar mit dem Evaluation-Board M5282EVB von Freescale. Daher kann die Struktur von dessen Implementierung als Startpunkt verwendet werden.

3.3.2 Einpflegen der Plattform unter „vendors/“

Zunächst wird ein Verzeichnis **vendors/senTec/COBRA5282/** erstellt und darin die Dateien **Makefile**, **config.arch**, **config.uClibc**, **config.linux-2.4.x**, **config-linux-2.6.x**, **config.vendor-2.4.x** und **config.vendor-2.6.x** angelegt. Im vorliegenden Fall war dies durch Kopieren der Dateien aus **vendors/Freescale/M5282EVB/** möglich. Die Dateien müssen allerdings bearbeitet werden, um die geänderten Einstellungen zu hinterlegen:

- Da derselbe Prozessor, und damit dieselbe Toolchain mit denselben Optionen verwendet wird, konnte die **config.arch** unverändert übernommen werden.

- Die neue Vendor/Product-Kombination wird durch Setzen von „**CONFIG_senTec=y**" und „**CONFIG_COBRA5282=y**" in den Konfigurationsdateien der unterstützten Kernel (also **config.linux-2.4.x** bzw. **config.linux-2.6.x**) eingestellt. Alle weiteren Veränderungen können dann entweder direkt in den (Text-) Dateien oder durch die grafischen Konfigurationswerkzeuge erfolgen. Für die Kernel müssen alle vorhandenen Unterschiede der Hardware berücksichtigt werden, für die es Konfigurationsvariablen gibt. So wird das Modul COBRA5282 beispielsweise mit 64 MHz statt 66 MHz getaktet, was das Setzen von „**CONFIG_CLOCK_64MHz=y**" für den Kernel 2.4 bzw. von „**CONFIG_CLOCK_FREQ=64000000**" im Kernel 2.6 (oder die Auswahl der entsprechenden Menüoptionen) bewirkt. Weitere Unterschiede bestehen meist in der Ausstattung und/oder beim Layout des Speichers (Flash, SDRAM, SRAM, ...), den zu verwendenden Treibern (Netzwerk, serielle Schnittstelle(n), Video, Dateisysteme, ...), bei Boot-Optionen etc.
- Wenn andere Anwendungen in das uClinux-Image integriert werden sollen, wird dies entweder für alle Kernel in der **config.vendor** oder für jeden Kernel separat (in **config.vendor-2.4.x** bzw. **config.vendor-2.6.x**) abgelegt.
- Im Makefile kann der Build-Prozess beeinflusst werden. Dies ist dann sinnvoll, wenn z. B. andere Device-Dateien angelegt werden sollen oder wenn man den Inhalt des zu installierenden ROM-FS verändern möchte.

3.3.3 Änderungen an den Dateien des Kernels 2.4

1. Das Modul COBRA5282 muss zu den in der jeweiligen Architektur bekannten Plattformen und Boards hinzugefügt werden. Die Definitionen für die Architektur m68knommu liegen in

   linux-2.4.x/arch/m68knommu/Boards.mk

   Die im Folgenden verwendeten symbolischen Darstellungen der Änderungen folgen in etwa dem Aussehen von Patch-Dateien. Die mit „+" beginnenden Zeilen sind hierbei (natürlich ohne das „+") in den dargestellten Kontext einzufügen.

```
...
ifdef CONFIG_M5282
```

```
PLATFORM := 5282
...
+ifdef CONFIG_COBRA5282
+BOARD := senTec
+endif
endif
...
```

2. In **linux-2.4.x/arch/m68knommu/config.in** muss das Board unterhalb der verwendeten CPU auswählbar gemacht werden:

```
...
if [ "$CONFIG_M5282" = "y" ]; then
...
+  bool 'senTec CORA5282 board support'↵
                                        CONFIG_COBRA5282
...
fi
...
```

3. Als nächster Schritt sollten das eigene Verzeichnis **linux-2.4.x/arch/m68knommu/platform/5282/senTec/** angelegt und die Dateien **crt0_ram.S** und **ram.ld** erstellt oder angepasst werden:

```
...
$ cd uClinux-dist
$ cd linux-2.4.x/arch/m68knommu/platform/5282/
$ cp -a MOTOROLA/ senTec
$ vim senTec/crt0_ram.S # Datei anpassen
$ vim senTec/ram.ld            # Datei anpassen
...
```

Die erste Datei enthält den Assembler-Code für den Start der Plattform, z. B. die Initialisierungen wichtiger Register, des Caches, des ROM-FS sowie von Speicherbereichen. Die andere Datei ist ein Linker-Script mit den einzelnen Sektionen des Linux-Images und deren Anordnung.

4. Das COBRA5282 verwendet für die serielle Konsole als Baudrate 19200 baud. Dies wird in **`linux-2.4.x/drivers/char/mcfserial.c`** eingestellt. Der entsprechende Abschnitt mit den Variablen **`CONSOLE_BAUD_RATE`** und **`DEFAULT_CBAUD`** wird durch Ergänzung von „**`|| defined(CONFIG_COBRA5282)`**" beim entsprechenden „**`#if defined(...)`**" auch für diese Plattform aktiviert.

5. Der Zugriff auf den Flash kann entweder mit dem älteren **`blkmem`**-Treiber oder über die Memory Technology Devices (MTD) erfolgen. Im ersten Fall muss das Board in **`linux-2.4.x/drivers/block/blkmem.c`** eingefügt werden. Um MTD zu verwenden, kann z. B. unter **`linux-2.4.x/drivers/mtd/maps/`** ein eigenes Layout angelegt und eingebunden werden. Auch hier sollte man wieder eine möglichst ähnliche Plattform als Referenz bei der Implementierung verwenden.

3.3.4 Änderungen an den Dateien des Kernels 2.6

Die Unterstützung von uClinux ist in modernen 2.6er Kerneln deutlich einfacher geworden, da uClinux inzwischen fester Bestandteil des Mainline-Kernels ist. Für die Unterstützung einer Plattform unterhalb einer vorhandenen Architektur reicht es zunächst, die entsprechende Konfigurationsvariable im Hauptmenü dieser Architektur zu setzen. Für das COBRA5282 wird dazu die Datei **`linux-2.6.x/arch/m68knommu/Kconfig`** angepasst:

```
...
comment "Platform"
...
+config COBRA5282
+        bool "senTec COBRA5282 board support"
+        depends on M528x
+        help
+          Support for the senTec COBRA5282 board.
...
+config senTec
+        bool
+        default y
+        depends on (COBRA5272 || COBRA5282
...
```

In **linux-2.6.x/arch/m68knommu/Makefile** wird außerdem eine Zeile für das Board eingefügt:

```
...
+board-$(CONFIG_senTec)             := senTec
...
```

Die Variablen **CONSOLE_BAUD_RATE** und **DEFAULT_CBAUD** werden auch hier in **linux-2.6.x/drivers/serial/mcfserial.c** eingestellt (siehe z. B. die Verwendung von **CONFIG_senTec** in dieser Datei).
Die Konfiguration des RAM erfolgt beim Kernel 2.6 ausschließlich über die Konfigurationsdatei **config.linux-2.6.x** (siehe die Variablen im Abschnitt „RAM configuration" und deren Verwendung z. B. in **linux-2.6.x/arch/m68knommu/kernel/vmlinux.lds.S**).
Der Zugriff auf Flash-Speicher erfolgt in Kernel 2.6 über MTD. Hierzu ist gegebenenfalls eine eigene Speicheraufteilung zu erstellen und einzubinden unter **linux-2.6.x/drivers/mtd/maps/** (eventuell gibt es hier schon eine Datei für den verwendeten Flash).

Abschließend kann man die Kernel-Quellen nach weiteren CPU-spezifischen Einstellungen durchsuchen, um ggf. eigene Änderungen vorzunehmen. Für die CPU auf dem COBRA5282 geschieht dies mit **grep -r M528x linux-2.6.x/**.

3.4 Die Erstellung eines uClinux-Images im Detail

In diesem Abschnitt werden die Prozesse beschrieben, die während der Konfiguration und Erstellung eines uClinux-Images ablaufen. Das Verständnis dieser Prozesse ist nicht unbedingt für das Verwenden der uClinux-Distribution notwendig, kann aber dann interessant sein, wenn man beispielsweise durch eigene Ergänzungen den Erstellungsprozess beeinflussen will. Um die folgenden Ausführungen zu verstehen, sollte man ein Grundverständnis für GNU **make** (siehe **info make**) sowie Shell-Skripte (siehe z. B. **info bash**) besitzen.

3.4.1 Voraussetzungen

Der Build-Prozess der uClinux-Distribution beruht auf dem GNU-**make**-System. Beispielhaft soll er hier für den Weg über **make menuconfig** erläutert werden. Für die anderen Möglichkeiten gelten die Ausführungen sinngemäß.
Man benötigt für das Erstellen des Kernels über den hier beschriebenen Weg mit **make menuconfig** die **ncurses**-Bibliotheken.
Der Erstellungsprozess wird über die Datei **Makefile** im Top-Level-Verzeichnis der Distribution gesteuert. Wir werden uns den Aufbau des Makefiles genauer ansehen. Der interessierte Leser kann den Ausführungen eventuell besser folgen, wenn er parallel zu dieser Beschreibung das **Makefile** und die anderen genannten Dateien auf seinem PC betrachtet.

3.4.2 Umgebungsvariablen

Im oberen Teil des Makefiles werden Variablen deklariert, die im weiteren Verlauf des Make-Prozesses verwendet werden. Durch die Art ihrer Deklaration werden die Variablen rekursiv expandiert. Das bedeutet, sie werden erst dann ersetzt, wenn sie benutzt werden. Ein Großteil der hier definierten Variablen wird zur Verwendung in untergeordneten Make-Prozessen „exportiert". Ihre Werte werden meist im oberen Teil des Makefiles aus den Dateien **.config** und **config.arch** gelesen, wenn diese bereits existieren. Da die Variablen erst beim Export referenziert werden, spielt es keine Rolle, dass sie zum Deklarationszeitpunkt noch keinen sinnvollen Wert haben können.
Hier ein kurzer Überblick über die verwendeten Variablen sowie deren Verwendungszweck:

```
...
VERSIONPKG = 3.2.0
VERSIONSTR = $(CONFIG_VENDOR)/$(CONFIG_PRODUCT) \↵
                                Version $(VERSIONPKG)
...
```

Der **VERSIONSTR** findet sich später unter anderem im laufenden System in der Datei **/etc/version**, **VERSIONPKG** und wird u. a. in den Menüs verwendet.

```
...
LINUXDIR = $(CONFIG_LINUXDIR)
LIBCDIR = $(CONFIG_LIBCDIR)
...
```

Diese Variablen geben das Verzeichnis des zu verwendenden Kernels und der zu verwendenden Libc an.

```
...
ROOTDIR = $(shell pwd)
PATH := $(PATH):$(ROOTDIR)/tools
...
```

`ROOTDIR` zeigt auf das aktuelle Verzeichnis, also hier auf das Verzeichnis mit der uClinux-Distribution. Der bisher gesetzte Suchpfad wird anschließend um das Verzeichnis **`tools/`** der uClinux-Distribution erweitert.

```
...
HOSTCC = cc
...
```

Der Host-Compiler ist der **`cc`**.

```
...
IMAGEDIR = $(ROOTDIR)/images
RELDIR   = $(ROOTDIR)/release
ROMFSDIR = $(ROOTDIR)/romfs
...
```

Dies sind die Verzeichnisse für die Binär-Images, für die Releases und für das ROM-Filesystem.

```
...
ROMFSINST= romfs-inst.sh
...
```

Script für die Erzeugung des ROM-FS.

```
...
SCRIPTSDIR = $(ROOTDIR)/config/scripts
...
```

In diesem Verzeichnis liegen die Scripte, die während des Build-Prozesses ausgeführt werden.

```
...
TFTPDIR = /tftpboot
...
```

Das Verzeichnis, das zum TFTP-Download des Images für den Client freigegeben wurde (hierhin wird am Ende die Image-Datei kopiert).

```
...
LINUX_CONFIG = $(ROOTDIR)/$(LINUXDIR)/.config
CONFIG_CONFIG = $(ROOTDIR)/config/.config
MODULES_CONFIG = $(ROOTDIR)/modules/.config
...
```

Diese Variablen geben den absoluten Pfad zu den Dateien an, die für die Konfigurationen des uClinux-Kernels, der Nutzerprogramme sowie der Module verwendet werden sollen.

In **BUILD_START_STRING** wird der Startzeitpunkt der Image-Erstellung abgelegt, wie ihn das Kommando **date -R** ausgibt.

HOST_NCPU enthält die Anzahl der CPUs des Host-Systems.

Nach diesem kurzen Überblick über die verwendeten Variablen sollen nun die Abläufe bei den unterschiedlichen Aufrufen des Makefiles näher erläutert werden.

3.4.3 Konfiguration mit „make menuconfig"

Die Datei config.in

Bei Aufruf von **make menuconfig** wird die Regel mit dem Ziel (im Folgenden auch „Target") **menuconfig** angesprungen. Voraussetzung für dieses Target ist die Datei **config.in**.
Gibt es diese noch nicht, springt **make** im **Makefile** zu der Regel für ihre Erstellung. Diese Regel hat keine weiteren Voraussetzungen, sodass direkt die angegebenen Kommandos abgearbeitet werden. Im ersten wird das Shellscript **config/mkconfig** für seinen Eigentümer ausführbar gemacht. Danach wird es aufgerufen. Dieses Script generiert die Menüeinträge für die Auswahl von Lieferant/Produkt, für die Liste der wählbaren Kernel und der Bibliotheken sowie für die im Hauptmenü wählbaren Optionen. Hierbei sind einige Automatismen eingebaut, wie etwa die Überprüfung, welche Kernel- und Libc-Unterverzeichnisse es unterhalb des uClinux-dist-Verzeichnisses gibt, welche Kombinationen von Herstellern und Boards überhaupt möglich sind usw.
Die Ausgabe des Scripts wird in die Datei **config.in** umgeleitet, die später verwendet wird.

Das Programm lxdialog

Ist die **config.in** vorhanden (oder gerade neu erzeugt worden), sind alle Voraussetzungen für die Regel **menuconfig** erfüllt, sodass die Kommandos dieser Regel abgearbeitet werden können. Durch das erste Kommando

```
$(MAKE) -C $(SCRIPTSDIR)/lxdialog all
```

werden die für die Anzeige der Menüs auf dem Entwicklungsrechner benötigten Dialog-Programme kompiliert. Hierfür wird der Compiler des Host-Systems verwendet (wodurch beispielsweise gewährleistet wird, dass die Image-Erzeugung auf den unterschiedlichsten Host-Architekturen durchgeführt werden kann).

Das Script `Menuconfig`

Nun wird das Script **`config/scripts/Menuconfig`** mit einigen Parametern und gesetzten Umgebungsvariablen aufgerufen:

```
@HELP_FILE=config/Configure.help \
$(CONFIG_SHELL) $(SCRIPTSDIR)/Menuconfig config.in
```

Dieses Script stammt aus den Konfigurations-Utilities des Linux-Kernels. Es wurde für die Verwendung in der uClinux-Distribution leicht angepasst und ruft (mehrfach) das beim ersten Aufruf neu erzeugte Programm **`config/scripts/lxdialog/lxdialog`** auf, mit dessen Hilfe Menüs angezeigt, aktiviert, deaktiviert, Eingaben ausgewertet werden können u. v. a. m. Der überwiegende Teil des Scripts enthält Definitionen von verwendeten Funktionen. Der Hauptteil beginnt mit dem Aufruf der Funktion **`set_geometry()`**. Einige Zeilen tiefer finden sich die Definition, welches Dialog-Programm verwendet werden soll, um welche Kernel-Version es sich handelt oder wie etwa der „Backtitle“ des Hauptmenüs heißt:

```
DIALOG="$ROOTDIR/config/scripts/lxdialog/lxdialog"
kernel_version="${VERSIONPKG}"
backtitle="uClinux v$kernel_version Configuration"
```

Den Aufbau der Menüs (und die Funktionen, die sich hinter den jeweiligen Menüeinträgen verbergen) entnimmt das Script der vorhin erzeugten **`config.in`**. Hierzu wird eine Kombination aus Shell-Funktionen und **`awk`** verwendet. Dies kann man sich in der Funktion **`parse_config_files()`** anschauen.

Hier wird (im Standardfall) die Funktion **parser1()** aufgerufen. Diese wiederum verwendet eine Funktion **parser(ifile,menu)**, um mit Hilfe von **awk** die Datei **config.in** einzulesen und in Abhängigkeit von den gefundenen Schlüsselwörtern eine Datei **MCmenu0** zu erstellen. In dieser wird die Funktion **MCmenu0()** deklariert, die das Hauptmenü aufbaut. Wie man sieht, enthält dieses Menü wiederum u. a. ein Untermenü, das durch die Funktion **MCmenu1()** (Implementierung in der Datei **MCmenu1**) erstellt wird. Außerdem werden in **MCmenu0** Menüpunkte zum Aufruf der Funktionen **g_alt_config()** und **s_alt_config()** eingetragen, die ebenfalls im Script **config/scripts/Menuconfig** implementiert sind. Sie dienen zum Einlesen bzw. Sichern einer alternativen Konfigurationsdatei.

Hinweis: Die beschriebenen Dateien **MCmenu0** und **MCmenu1** werden zu Beginn der Funktion **parse_config_files()** gelöscht. Um sich ihren Inhalt anzusehen, kann man in dieser Funktion vor dem Aufruf von **rm -f MCmenu*** eine Zeile **read tmp** einfügen, sodass das Script an dieser Stelle auf eine Eingabe wartet.

Nach dem Einlesen und Parsen der **config.in** (und nach der Erzeugung der notwendigen Menüfunktionen) wird im **Menuconfig**-Script das Menü **MCmenu0** aktiviert. Befinden sich in einem Menü Radiolisten zur Auswahl aus mehreren Optionen (wie etwa im Menü „**Kernel/Library/Defaults Selection**“), so sind diese Optionen und die Funktionen, die deren Auswahl auslöst, über die Datei **MCradiolists** (ebenfalls in **$ROOTDIR**) verknüpft. Diese wird in der Funktion **activate_menu()** eingelesen.
Diese Funktion sorgt nun in einer Endlosschleife dafür, dass jeweils alle mit einem Menüpunkt verknüpften Funktionen aufgerufen und deren Rückgabewerte ausgewertet werden. Wird diese Funktion verlassen, weil z. B. die Auswahl „**Exit**“ erfolgt, werden in der Funktion **cleanup1()** die nicht mehr benötigten Menü-Dateien gelöscht. Im Anschluss daran wird abgefragt, ob die neue Konfiguration gespeichert werden soll, was bei Bestätigung auch getan wird. Nach dem Löschen der Log-Datei für das **Menuconfig**-Script wird das Script beendet.

Aufruf von setconfig defaults

Als nächstes wird im Top-Level-Makefile (nach einer Überprüfung des Vorhandenseins einer **.config**-Datei, die in den vorigen Schritten erzeugt worden sein sollte) das Script **config/scripts/setconfig** für den Eigentümer ausführbar gemacht und aufgerufen:

```
@config/setconfig defaults
```

Dieses Script setzt beim Aufruf mit dem Parameter „**defaults**“ zunächst Standardwerte für die Konfiguration. Nachdem es eine eventuell vorhandene alte Konfiguration aus **.oldconfig** gelesen hat, werden einige Variablen initialisiert (**PASS** wird hier beispielsweise der Wert „**defaults**“ übergeben). Es folgen einige Funktionsdefinitionen. Danach werden in einer **for**-Schleife alle Hersteller/Board-Kombinationen unterhalb des **vendor/**-Verzeichnisses, zu denen es eine **config.arch** gibt, extrahiert.
Dabei wird getestet, ob es in der Datei **.config** eine passende Definition der Art „**CONFIG_DEFAULTS_VENDOR_BOARD=y**“ gibt, also beispielsweise „**CONFIG_DEFAULTS_SENTEC_COBRA5282=y**“. Ist dies der Fall, werden die Variablen **VENDOR** und **BOARD** mit den entsprechenden Werten belegt. Ansonsten wird das Script mit einer Fehlermeldung abgebrochen.

Im nächsten Schritt wird durch die Funktion **get_kernel()** die gesetzte Kernel-Version geprüft. Findet sich eine korrekte Definition, wird die Variable **LINUXDIR** auf das entsprechende Verzeichnis gesetzt. Im Negativfall wird das Script wieder mit einer Fehlermeldung abgebrochen.
In den nächsten Zeilen wird auf die verwendete Libc-Version geprüft. Bei korrekter Definition werden die Variablen **LIBCDIR** und **LIBCBASEDIR** gesetzt, ansonsten bleiben sie leer.

Da beim derzeitigen Aufruf des Scripts **PASS** ungleich „**final**“ ist, wird im nächsten Schritt überprüft, ob sich an den Variablen **LANGUAGE**, **PRODUCT**, **VENDOR**, **LINUXDIR** oder **LIBCDIR** gegenüber den Werten des letzten Konfigurationsdurchlaufs (jetzt in den Variablen **OLD_*** abgelegt) etwas geändert hat. Falls ja werden, wenn es bereits eine Datei **.oldconfig** gibt, die neuen Werte (aus der aktuellen Datei **.config**) gesichert, die alten Werte (aus der **.oldconfig**) wieder hergestellt und mit diesen Werten ein **make clean** durchgeführt. Nachdem dann der gesamte Verzeichnisbaum von den alten Einstellungen gesäubert wurde, werden die gesicherten (neuen) Werte wieder in die **.config** geschrieben. In jedem Fall wird sichergestellt, dass keine alten Konfigurationsdateien mehr vorhanden sind.

Als nächstes wird die Funktion **fix_conf_files()** aufgerufen. Sie ersetzt die bisher gültigen Werte der Variablen **CONFIG_VENDOR**, **CONFIG_PRODUCT**, **CONFIG_LINUXDIR**, **CONFIG_LIBCDIR** und **CONFIG_LANGUAGE** in der Datei **.config** durch die aktuellen Werte.
Außerdem trägt sie die entsprechenden **#define's** für diese Variablen sowie „**#define VENDORS_AUTOCONF_INCLUDED**" und „**#undef AUTOCONF_INCLUDED**" in die Datei **config/autoconf.h** ein. In **fix_conf_files()** wird ebenfalls die Datei **.oldconfig** angelegt oder aktualisiert. In dieser werden die Werte der aktuellen Konfiguration (als **OLD_VENDOR**, **OLD_PRODUCT**, **OLD_LINUXDIR**, **OLD_LIBCDIR** und **OLD_LANGUAGE**) gespeichert.

Im nächsten Schritt wird die Datei **config.arch** durch die boardspezifische **config.arch** des Herstellers ersetzt. Dies geschieht hier durch Setzen eines statischen Links auf die gleichnamige Datei im Board-Verzeichnis.

Ist zu diesem Zeitpunkt bereits eine Datei **.config** im Verzeichnis des gewählten Kernels vorhanden, oder wurde die Option „**Default all settings (lose changes)**" im Menü „**Target Platform Selection**" ausgewählt (also die Variable **CONFIG_DEFAULTS_OVERRIDE** gesetzt), so sollen die Default-Einstellungen aus dem Board-Verzeichnis des Herstellers die derzeitige Konfiguration überschreiben. Dies kann natürlich nur dann erfolgen, wenn der Board-Hersteller eine **.config** für diesen Kernel anbietet. Ist dies nicht der Fall, kann man das Script mit „Strg + C" abbrechen, oder man muss jede Option der Kernelkonfiguration selbst einstellen. Nach dem Kopieren (oder Erstellen) der **.config** wird **make oldconfig_linux** aufgerufen.

Diese Prozedur wird anschließend in ähnlicher Weise nochmals für die Default-Konfiguration der Kernel-Module vollzogen. Da die Verwendung von ladbaren Kernel-Modulen optional ist, wird dieser Konfigurationsschritt nur dann durchgeführt, wenn es bereits ein Verzeichnis $ROOTDIR**/modules/** gibt.

Die Variable **TMP** erhält hierbei den Wert der verwendeten Kernelversion, die aus **LINUXDIR** ermittelt wird, mit vorangestelltem Bindestrich (also „**-2.0.x**", „**-2.4.x**" oder „**-2.6.x**"). Dies lässt sich leicht durch folgende beiden Zeilen in einer Kommando-Shell nachvollziehen:

```
$ TMP=`expr linux-2.4.x : "[^-][^-]*\(-.*\)"`
$ echo $TMP
```

Dies sollte dann die Ausgabe „**-2.4.x**" liefern.

Damit lassen sich die Voreinstellungen des Board-Herstellers finden, die ggf. in den Dateien **config.modules-2.4.x** (für die Module des Kernels 2.4.x) **config.modules-2.6.x** (für Kernel 2.6.x) etc. im board-spezifischen Verzeichnis des Herstellers (natürlich unterhalb von **vendors/**) abgelegt sind. Anschließend wird **make oldconfig_modules** aufgerufen.

Die nächsten Zeilen nehmen (analog zu der oben für den Kernel und die Module beschriebenen Weise) die Konfiguration der Anwendungsprogramme vor. Die Konfigurationsdateien hierfür befinden sich im Verzeichnis **config/** der uClinux-Distribution (der Quell-Code für die Anwendungen hingegen liegt unterhalb von **user/**).
Auch hier werden die Einstellungen des Herstellers wiederum aus den Dateien **vendors/[hersteller]/[board]/config.vendor-[kernelversion]** (beispielsweise **vendors/ senTec/COBRA5282/config.vendor-2.6.x**) geholt, wofür auch hier die bereits für die Modul-Konfiguration beschriebene Ermittlung des Dateinamens aus der Variablen **LINUXDIR** genutzt wird.

Hinweis: Der Board-Hersteller kann für die Anwendungsprogramme auch eine Datei mit Einstellungen für alle verwendbaren Kernel vorsehen. Diese trägt dann den Namen **config.vendor** und wird verwendet, wenn es keine Datei für die aktuelle Kernelversion gibt.

Es folgt der Aufruf von **make oldconfig_config**.

In den nun folgenden Zeilen werden die korrekten Bibliotheken für die Verwendung im uClinux-Image vorbereitet. Zunächst werden, falls notwendig, Links auf die Verzeichnisse mit der zu verwendenden Libc gesetzt oder aktualisiert. Soll die uClibc verwendet werden, wird dies analog zu der oben z. B. für den Kernel beschriebenen Arbeitsweise vorbereitet. Hier wird, wenn es noch keine Datei **lib/uClibc/.config** gibt oder diese mit den Default -Werten des Herstellers überschrieben werden soll, die Datei **config.**

uClibc aus dem Board-Verzeichnis des Herstellers verwendet, ggf. wieder für den jeweiligen Kernel getrennt (**lib/uClibc** ist dabei meist ein statischer Link auf das Verzeichnis der uClibc). Auch hier wird eine Meldung ausgegeben, wenn es keine Default-Einstellungen des Herstellers gibt. Wurde das Script nicht abgebrochen, und die uClibc verwendet, wird nun **make oldconfig_uClibc** ausgeführt.

Mit dem abermaligen Aufruf der Funktion **fix_conf_files()** (siehe oben) ist dieser Durchlauf des Scripts **setconfig** beendet.

Konfiguration des Kernels

Hat man im Menü „**Kernel/Library/Defaults Selection**" den Punkt „**Customize Kernel Settings**" ausgewählt (und damit „**CONFIG_DEFAULTS_KERNEL=y**" in der Datei **.config** gesetzt), wird als nächstes aufgerufen:

```
$(MAKE) linux_menuconfig
```

Hinweis: Das Kommando **egrep "^CONFIG_DEFAULTS_KERNEL=y" .config** sucht nach dem Vorkommen von „**CONFIG_ DEFAULTS_KERNEL=y**" am Anfang einer Zeile („**^**" steht hier für den Leerstring am Zeilenanfang).

Eine Suche nach der Regel **linux_menuconfig** im **Makefile** führt zu folgendem Eintrag:

```
KCONFIG_NOTIMESTAMP=1 \ ↵
      $(MAKEARCH_KERNEL) -C $(LINUXDIR) menuconfig
```

Dieser setzt die Variable **KCONFIG_NOTIMESTAMP** (sodass keine Zeitangaben in die **.config** geschrieben werden) und ruft das Kommando, das in **MAKEARCH_KERNEL** steht, mit den angegebenen Parametern auf. Die

Variable **MAKEARCH_KERNEL** wird ziemlich am Anfang des Makefiles definiert:

```
MAKEARCH_KERNEL = $(MAKEARCH) \ ↵
   ARCH=$(ARCH) CROSS_COMPILE=$(KERNEL_CROSS_COMPILE)
```

(**ARCH** und **CROSS_COMPILE** sind in der **config.arch** definiert).

Auf einer ColdFire-Plattform (und bei Verwendung des Kernels 2.6) sieht der resultierende Aufruf z. B. wie folgt aus:

```
KCONFIG_NOTIMESTAMP=1 \ ↵
   make ARCH=m68knommu CROSS_COMPILE=m68k-elf- \ ↵
                                   -C linux-2.6.x menuconfig
```

Er wechselt also in das Verzeichnis des gewählten Kernels (Parameter **-C** bei **make**), und ruft die Regel **menuconfig** des dortigen **Makefile** mit den Parametern für Architektur und Cross-Compiler) auf.

Bei Verwendung eines 2.4er Kernels ist der Ablauf dann vergleichbar dem, wie er hier für das Toplevel der uClinux-Distribution beschrieben wird.

Im Kernel 2.6 wurde das Build-System vollkommen umgestellt. Beim Kernel-Bau kommt **kbuild** zum Einsatz, was sich zwar am bekannten **make** orientiert, aber eine eigene, erweiterte Syntax für seine Dateien verwendet. Auch hier werden (wie bei **make**) Regeln abgearbeitet, die in speziellen Dateien (mit den Namen **Makefile** oder **Kbuild**) stehen. Diese verwenden die Konfigurationsinformationen aus den **.config**-Dateien, um die jeweils notwendigen Abhängigkeiten zu berücksichtigen. Für eine umfassende Beschreibung der verwendeten Dateien sowie deren Syntax wird auf die Dokumentation unter **Documentation/kbuild/** in den Quellen des Kernel 2.6 verwiesen. Dort liegt unter anderem auch die Datei **Documentation/kbuild/kconfig-language.txt.** Diese beschreibt die neue Konfigurationsumgebung **LinuxKernelConf** (**lkc**), die die

Script-basierte Lösung durch C-Programme ersetzt. Die Projektseite findet sich auf [57].

Konfiguration der Kernel-Module

In ähnlicher Weise wie oben für die Kernel-Konfiguration beschrieben, wird im **Makefile** als nächstes geprüft, ob die Module im Verzeichnis **modules/** konfiguriert werden sollen. Wenn ja, wird der Target **modules_menuconfig** angesprungen. Hier wird, wenn das Verzeichnis **modules/** existiert, in dieses gewechselt und **make menuconfig** für die entsprechende Architektur aufgerufen.

Konfiguration der Anwendungsprogramme

Wurde im Menü „**Kernel/Library/Defaults Selection**" die Option „**Customize Vendor/User Settings**" ausgewählt, so findet sich in der **.config** eine Zeile mit der Zeichenfolge „**CONFIG_DEFAULTS_VENDOR=y**" am Zeilenanfang. Ist dies der Fall, wird das Kommando **make config_menuconfig** gestartet, was letztendlich einen Aufruf von **make menuconfig** aus **config/Makefile** (mit den dieses Mal über **MAKEARCH** übergebenen Parametern aus **config.arch**) bewirkt.

Aufruf von setconfig final

Sind alle Punkte für die Konfiguration des uClinux-Images abgearbeitet, wird aus dem **Makefile** in **$ROOTDIR** der Befehl ausgeführt:

```
@config/setconfig final
```

Hier wird wieder das bereits erwähnte Script **config/setconfig** aufgerufen, nun aber mit dem Parameter „**final**", weshalb nur die Zeilen innerhalb der Anweisung verarbeitet werden:

```
if [ "$PASS" = "final" ]; then
...
fi
```

Die erste Funktion ist wieder die schon bekannte **fix_conf_files()** (siehe oben). Im Anschluss daran wird geprüft, ob während der Konfiguration „**CONFIG_DEFAULTS_OVERRIDE=y**“ gesetzt (also unter „**Kernel/Library/Defaults Selection**“ der Punkt „**Default all settings (lose changes)**“ aktiviert) wurde. Ist dies der Fall, wird der Eintrag in der **.config** nun wieder auf „**# CONFIG_DEFAULTS_OVERRIDE is not set**“ geändert, da dies in jedem Fall der Default-Wert sein soll.

Wenn während der Konfiguration die Option „**Update Default Vendor Settings**“ (ebenfalls unter „**Kernel/Library/Defaults Selection**“) eingeschaltet wurde, sollen die Default-Werte des Board-Herstellers mit den eigenen, aktuellen Einstellungen überschrieben werden. Gibt es also die Zeile „**CONFIG_DEFAULTS_VENDOR_UPDATE=y**“ in der **.config**, kopiert **setconfig** nun die aktuellen **.config**-Dateien in das Board-Verzeichnis des Herstellers. Hierzu ermittelt es wieder die korrekten Dateinamen (z. B. für die Kernel-Konfiguration) aus den Umgebungsvariablen. So werden beispielsweise bei Verwendung des Kernels 2.6.x und des COBRA5282-Boards von senTec folgende Dateien kopiert:

- Die entstandene Datei **linux-2.6.x/.config** überschreibt die alte Version in **vendors/senTec/COBRA5282/config.linux-2.6.x**.
- Gibt es bereits eine **vendors/senTec/COBRA5282/config.vendor-2.6.x**, wird diese durch die neue **config/.config** ersetzt. Existiert diese Datei nicht, wird die **config/.config** als **vendors/senTec/COBRA5282/config.vendor** abgelegt.
- Ist eine (neue) **modules/.config** vorhanden, ersetzt diese eine eventuelle ältere Version der **vendors/senTec/COBRA5282/config.modules-2.6.x.** Stellt der Hersteller keine Kernel-spezifische Version der Modulkonfiguration bereit, wird die Datei **modules/.config** als **config.modules** in das Verzeichnis **vendors/senTec/COBRA5282/** kopiert.

- Findet das Script eine Datei **.config** im Verzeichnis der verwendeten Libc (beispielsweise **uClibc/.config**), so wird sie z. B. nach **vendors/senTec/COBRA5282/config.uClibc** geschrieben (ggf. wieder unter Beachtung der verwendeten Kernel-Version).

Abschließend wird auch hier wieder in der Datei **.config** des Toplevels der Eintrag „**CONFIG_DEFAULTS_VENDOR_UPDATE=y**" durch den Standard-Wert „**# CONFIG_DEFAULTS_VENDOR_UPDATE is not set**" ersetzt.

3.4.4 Erzeugung des Images

Nach erfolgter Konfiguration wird durch den Aufruf von

```
make dep; make clean; make
```

das uClinux-Image erstellt (wenn keine Fehler auftreten). Der Schritt **make dep** ist dabei ab Kernel-Version 2.6 unnötig, und **make clean** wird nur in dem Fall benötigt, wenn viele Veränderungen vorgenommen wurden, und man den Quellenbaum wieder von alten Objektdateien etc. säubern möchte.

Der Aufruf von **make** springt die Regel **all** des Makefiles (direkt nach dem versuchten Einlesen der **.config**) an. Diese hat als Voraussetzungen für ihre Abarbeitung weitere Regeln:

- **ucfront** baut die ausführbaren Dateien für das Compiler-Frontend (siehe unten).
- **subdirs** hat wiederum eigene Voraussetzungen: **linux** erstellt, wenn es sich beim verwendeten Kernel um die Version 2.5.x oder 2.6.x handelt und wenn sonst im Kernel-Verzeichnis die Dependency-Datei **.depend** existiert, das eigentliche Linux-Image. **modules** erzeugt, wenn in der **.config** im Verzeichnis des verwendeten Kernels „**CONFIG_MODULES=y**" gesetzt ist, das Verzeichnis für die Kernel-Module sowie die Module selbst
- **romfs** führt zunächst in **vendors/**, dann in den in **VENDOR_TOBDIRS** angegebenen Verzeichnissen (bei einigen Architekturen das Verzeichnis **boot/**, siehe **config.arch**) und daraufhin in **include/**, **lib/** und

user/ ein **make romfs** aus (was unter **user/** den Bau der Anwendungsprogramme auslöst und diese nach **romfs/** installiert). Danach werden die ggf. verwendeten Kernel-Module in **romfs/** eingefügt und abschließend dieses Verzeichnis von Einträgen gesäubert, die nicht ins ROM-FS-Image aufgenommen werden sollen.

- **image** erzeugt abschließend die Image-Datei von uClinux.

Kann eine dieser Voraussetzungen nicht erfüllt werden, bricht der Erstellungsprozess mit einer Fehlermeldung ab.

Hier noch einige nützliche Tipps bei der Image-Erstellung:

- Durch **make clean** werden alle Unterverzeichnisse gesäubert, sodass z. B. keine alten Objekt-Files mehr vorhanden sind (sollte dann ausgeführt werden, wenn viele Einstellungen geändert wurden oder wenn unerwartete Fehler beim Compilieren oder Linken auftreten).
- Bei **make mrproper** (oder **make real_clean**) wird im gesamten Quellenbaum aufgeräumt (auch z. B. unterhalb von **uClibc/** und **user/**), das **romfs/** sowie alle Konfigurationsdateien gelöscht etc.
- Sollen nur die Anwendungsprogramme neu erzeugt werden, kann dies durch den Aufruf **make user_only** ausgelöst werden (was eine vollkommen bereinigte uClinux-Distribution zur Folge hat).
- Um nur den **user/**-Ast zu säubern, kann man **make -C user/ clean** aufrufen.
- Will man zunächst ein paar Änderungen an Dateien des ROM-FS (z. B. an der **/etc/rc**) vornehmen, ohne seine „saubere" Version zu überschreiben, kann man die Dateien unter **romfs/** bearbeiten und dann durch **make image** nur das uClinux-Image neu erstellen und testen. Funktioniert schließlich alles wie gewünscht, kopiert man die Dateien in das Default-ROM-FS-Verzeichnis des Boards oder des Herstellers (irgendwo unter **venders/**).
- Kernel 2.6 gibt standardmäßig nur wenige Informationen aus. Um dies zu ändern, und die Meldungen gleich in eine Datei **make.log** zu schreiben, genügt der Aufruf **make V=1 2>&1 | tee make.log** (alles außer dem **V=1** funktioniert auch auf älteren Kerneln).

3.4.5 Das Compiler-Front-End ucfront

Seit uClinux-dist-test-20050808 ist **`ucfront`** Bestandteil der uClinux-Distribution. Dieses Tool dient als Front-End für den **`gcc`**. Es befindet sich im Verzeichnis **`tools/ucfront/`**. Um es automatisch während der Image-Erstellung zu erzeugen und zu benutzen, müssen in der **`config.arch`** für die Plattform entsprechende Variablen gesetzt sein.

Für viele Plattformen werden diese Variablen von der **`config.arch`** für die jeweilige Architektur gesetzt, die sich unter **`vendors/config/$ARCH/`** befindet und in die **`config.arch`** des Board-Herstellers eingelesen wird.

```
CC  = ucfront-gcc $(CROSS_COMPILE)gcc $(CPUFLAGS)

CXX = ucfront-g++ $(CROSS_COMPILE)g++ $(CPUFLAGS)
```

Für eine Beschreibung sowie für Informationen über die verwendeten Umgebungsvariablen sei auf die Manual-Page verwiesen, die mit **`man tools/ucfront/ucfront.1`** aufgerufen werden kann.

Nach dem ersten Aufruf von **`make`** werden unter **`tools/`** Links angelegt, die auf die eigentlichen ausführbaren Dateien zeigen (**`ucfront-gcc`** und **`ucfront-g++`** zeigen auf **`ucfront/ucfront`**, und **`ucfront-ld`** zeigt auf **`ucfront/ucfront-ld`**). Das Front-End fängt die Aufrufe des Cross-Compilers und -Linkers ab. Daran, wie es aufgerufen wurde, erkennt es, ob es sich bei dem Schritt um einen Compile- oder Link-Vorgang handelt. Mit dieser Information und anhand der Konfiguration versucht es dann, die korrekte Libc und deren Ort zu ermitteln. Gelingt dies, fügt es selbständig die notwendigen Optionen für Include-Dateien (**`-I`**) und Bibliotheken (**`-L`**) ein. Ebenso ergänzt es die Compiler-Aufrufe um die für die Kombination aus Libc und Compiler gültigen Start-Dateien (**`crt1.o, crti.o, crtn.o,`** ...).

Die Verwendung von **`ucfront`** hat unter anderem den Vorteil, dass die **`config.arch`**-Dateien einfacher zu pflegen sind (es gibt z. B. deutlich weniger Unterschiede zwischen den einzelnen Architekturen). Außerdem können jetzt Tools wie **`configure`** besser innerhalb der uClinux-Distribution verwendet werden, da ihnen von **`ucfront`** die korrekten Regeln bereitgestellt werden, ohne dass man z. B. die Suchpfade in die Makefiles eintragen oder anpassen muss. Dies erleichtert die Integration und die Pflege externer Software-Pakete unter **user/**.

4 Die Cross-Tools

It may or may not be worthwhile, but it still has to be done.

Unter „Cross-Tools“ werden im Allgemeinen Programme und Utilities verstanden, die direkt oder indirekt zur Erstellung, Bearbeitung und Analyse der Binär-Images für das Embedded Target verwendet werden können. Diese sind im Normalfall auf dem leistungsfähigen Host-System unter Linux installiert.
In diesem Abschnitt geht es zunächst um den eigentlichen Compiler und den Teil der so genannten „Binutils“, die zusammen mit dem Compiler das Erstellen des Binär-Codes aus den Sourcen übernehmen. Weiterhin werden andere nützliche Tools (teilweise ebenfalls aus den „Binutils“, teilweise unabhängig von diesen) vorgestellt, die hilfreich bei der Entwicklung von Embedded Applikationen sind.

4.1 Der Compiler m68k-elf-gcc

Dies ist der Cross-Compiler zur Erzeugung von Binärcode für die m68k-Architektur. Er basiert auf der „GNU Compiler Collection (GCC)“.
Obwohl hier hauptsächlich die m68k-Architektur betrachtet wird, gelten die meisten Angaben auch für andere Architekturen. So ist z. B. für die ARM-Architektur statt **`m68k-elf-`** einfach **`arm-elf-`** als Präfix für die Tools zu setzen.

4.1.1 Installation des Compilers

Crosstoolchain – Download

Fertige, binäre Toolchains können unter folgender Adresse heruntergeladen werden [28]:

`http://www.uclinux.org/pub/uClinux/m68k-elf-tools/`
bzw.
`http://www.uclinux.org/pub/uClinux/arm-elf-tools/`

Es gibt dort sowohl Toolchains, die auf einem GCC der Version 2.95 basieren, als auch Toolchains, die einen GCC der Version 3.4 beinhalten. Die aktuellen Kernel der Reihe 2.6 können nicht mehr von einem GCC der Version 2.95 übersetzt werden. Wird also ein solcher Kernel eingesetzt, so ist die Verwendung einer Toolchain mit einem GCC der Version 3.x erforderlich, in diesem Fall ist eine Toolchain mit einem GCC Version 3.4 herunterzuladen.
Es ist auch möglich, eine Toolchain selber zu erzeugen. Alle hierfür notwendigen Scripte und Sourcen sind ebenfalls auf der Website verfügbar.

Crosstoolchain – Installation
Nach erfolgtem Download wird die Toolchain durch Ausführen des heruntergeladenen Scripts installiert. Das Script selber enthält alle benötigten Daten.

```
user@pc:~$ su # Wechseln zur ID von Root
Password: # PW von Root eingeben
root@pc:/home/user$ sh ./m68k-elf-tools-JJJJMMTT.sh
```

Es sollten nun einige Meldungen über die jeweils abgearbeiteten Schritte kommen. Nach erfolgter Installation finden sich die Crosstools unterhalb des Verzeichnisses **`/usr/local/`**. So werden die ausführbaren Dateien in **`/usr/local/bin/`** abgelegt. Es ist jetzt (als User) zu überprüfen, ob alles korrekt installiert wurde, z. B. wie in der folgenden Befehlssequenz zu sehen:

```
user@pc:~$ m68k-elf-gcc --version
<Version>
```

Anstelle von **`<Version>`** erscheint die genaue Versionsbezeichnung des Compilers.
Kommt hier ein Fehler, dass z. B. der Befehl nicht gefunden werden konnte, muss getestet werden, ob sich das Verzeichnis **`/usr/local/bin/`** im aktuellen Suchpfad befindet und gegebenenfalls ergänzt werden. Dies erfolgt z. B. durch:

```
user@pc:~$ export PATH=/usr/local/bin:$PATH
```

Einige Pfade zu bestimmten Includes und Libraries sind fest in dem Compiler eingebunden, sie lassen sich nur sehr schwer nachträglich ändern. Außerdem werden einige Pfade relativ von Speicherort des Compilers erzeugt. Daher hat jeder Compiler einen festen Speicherort und kann von diesem nicht verschoben werden. Die hier vorgestellten binären Toolchains funktionieren nur dann korrekt, wenn sie im Verzeichnis **`/usr/local/`** installiert wurden. Aus diesem Grunde ist es auch nicht möglich, unterschiedliche Versionen der Toolchains von **`uclinux.org`** [28] parallel zu betreiben. Erzeugt man Toolchains aus den Sourcen selber, kann man relativ leicht das Installationsverzeichnis anpassen und so mehrere Toolchains parallel betreiben.

4.1.2 Aufruf des Compilers

Im Normalfall werden nach dem Aufruf von **`m68k-elf-gcc`** alle zur Erzeugung der ausführbaren Datei aus dem Sourcecode notwendigen Schritte nacheinander abgearbeitet. Dies umfasst:

Das Präprozessing
Als erstes kommt der so genannte Präprozessor zum Einsatz. Er ist der Teil des Compilers, der Änderungen am Quellcode vornimmt, die während des eigentlichen Übersetzens gültig sein sollen. Alle Befehle für den Präprozessor werden durch ein „#“ am Anfang gekennzeichnet. Hierzu gehört das Einfügen von Code aus anderen Dateien über die **`#include`**-Anweisung, das Setzen bzw. Definieren von Umgebungsbedingungen durch **`#define`**-Statements etc. Da man diesem Präprozessor auch „Makros“ (also Kurzformen für längere Teile des Quellcodes) übergibt, wird er auch als „Makro-Prozessor“ bezeichnet.
Der Präprozessor hat ein eigenes Binary, das für Coldfire **`m68k-elf-cpp`** heißt. Dieses Binary ist nicht mit dem C++-Compiler zu verwechseln, der **`m68k-elf-g++`** heißt.

Die eigentliche Compilierung
Hierbei werden alle vom Präprozessor übergebenen Dateien, die nicht in Assembler-Code vorliegen, so umgewandelt, dass sie vom Assembler weiterverarbeitet werden können.

Das Assemblieren
In diesem Schritt wird aus dem Assembler-Code der „Objekt-Code“ erzeugt. Dieser kann später zusammen mit anderen Objektdateien zu ausführbaren Binaries verbunden werden

Das Linken

In dieser Stufe werden durch den so genannten „Linker" die in den ersten Schritten erzeugten (oder auch schon vorhandenen) Objektdateien, eventuell auch mit anderen Archiven, zu Binaries verknüpft.
Die ersten drei Schritte werden mit einem definierten Source-File ausgeführt und erzeugen letztlich ein Objekt-File. Im letzten Schritt können nun durch den Linker solche Objekt-Dateien zu den eigentlichen, ausführbaren Programmen oder zu Bibliotheken kombiniert werden.

Compileraufruf

Der Compiler akzeptiert Optionen sowie Dateinamen als Kommandozeilenparameter. Durch die Optionen kann beispielsweise jeder der einzelnen, oben genannten Schritte separat aufgerufen werden.
Im Allgemeinen spielt die Reihenfolge der Argumente keine Rolle. Eine Ausnahme bilden Mehrfachnennungen eines Arguments, wie etwa „L". Hier werden z. B. alle angegebenen Verzeichnisse in der Reihenfolge durchsucht, in der sie in der Parameterliste auftauchen.
Da einige der Optionen mehrbuchstabig sind, dürfen einbuchstabige Optionen nicht gruppiert werden.

4.1.3 Die gebräuchlichsten Optionen

Hier sollen vor allem diejenigen Optionen beim Aufruf des **`m68k-elf-gcc`** betrachtet werden, die bei der Erstellung eines uClinux-Kernels während des Build-Prozesses verwendet werden.
Die wichtigsten Compiler-Optionen sind:

`--help`

Eine Kurzinformation über die unterstützten Kommandozeilenoptionen wird nach **`stdout`** ausgegeben. Diese Option kann zusätzlich mit -v und/oder -W kombiniert werden, um auch die Kommandozeilenparameter der aufgerufenen Sub-Programme sowie nicht dokumentierte Optionen zu erhalten.

`-Wall`

Alle Warnungen sollen ausgegeben werden. Dies umfasst sowohl Warnungen bezüglich der Syntax und der Konformität des Programms gegenüber den ISO-C-Standards hinsichtlich verschachtelten Kommentaren, der Sinnhaftigkeit von Format-Strings (z. B. in **`printf`**-Anweisungen), der impliziten Variablen-

Deklaration, der unübersichtlichen Verwendung von Klammern in Ausdrücken, nicht angegebene Rückgabewerte, nicht verwendete Funktionen und/oder Variablen u. v. a. m.
Warnungen des Compilers sind als Hinweise auf potenzielle Probleme im Quellcode gemeint. Obwohl sie keine direkten Fehler sind, sollte man versuchen, sie zu beheben.

-o
Hier kann der Name des zu erzeugenden Objektfiles angegeben werden. Wird diese Option nicht verwendet, legt GCC standardmäßig eine Datei namens **a.out** an.

-v
Der Compiler schreibt ausführliche Informationen über die einzelnen Schritte sowie zu den Versionen der verwendeten Unterprogramme nach **stderr**.

-dumpspecs
Alle in den GCC eincompilierten Spec-Strings (zur Beschreibung der Architektur) werden ausgegeben.

-print-search-dirs
Zeigt eine Liste der Verzeichnisse an, die sich im Suchpfad des Compilers befinden.

--version, -dumpversion
Gibt die Versionsnummer des Compilers aus.

-Wp,<optionen>
Gibt die (durch Kommata getrennte) Liste der Optionen an den Präprozessor weiter.

-Wa,<optionen>
Gibt die (durch Kommata getrennte) Liste der Optionen an den Assembler weiter.

-Wl,<optionen>
Gibt die (durch Kommata getrennte) Liste der Optionen an den Linker weiter. Bei uClinux ist hier oft **-Wl,-elf2flt** zu finden, der Linker wird damit zur Erzeugung eines BFLT-Executables veranlasst. Nur solche Executables können unter uClinux ausgeführt werden.

-E
Es wird nur der Präprozessor aufgerufen. Eincompilieren, Assemblieren oder Linken ist nicht möglich.

-S
Es wird nur compiliert, aber nicht assembliert oder gelinkt.

-c
Es wird compiliert und assembliert, aber nicht gelinkt.

-save-temps
Alle während der einzelnen Compile-Stufen erzeugten temporären Dateien bleiben erhalten. Dies ist bspw. dann sinnvoll, wenn man den erzeugten Assembler-Code überprüfen möchte.

-Wstrict-prototypes
Der Compiler warnt, wenn eine Funktion ohne Argument-Typen deklariert oder definiert wurde.

-O1
Optimierung wird eingeschaltet. Mit „`-O1`“ (was gleichbedeutend mit „`-O`“ ist) wird sowohl hinsichtlich Größe wie auch Ausführungsgeschwindigkeit des erzeugten Codes optimiert. Allerdings werden keine Optimierungen eingeschaltet, die die Compile-Zeit erhöhen würden.

-O2
Nahezu alle Optimierungen, die keine Nachteile hinsichtlich Größe und/oder Geschwindigkeit haben, werden eingeschaltet.

-Os
Das Programm wird auf minimale Größe optimiert. Dies widerspricht oftmals einer Optimierung auf Geschwindigkeit.

-fomit-framepointer
Für Funktionen, die keinen Framepointer benötigen, wird kein Framepointer in einem Register abgelegt. Dadurch steht in vielen Funktionen ein weiteres Register zur Verfügung. Außerdem muss kein Aufwand für das Einrichten, Retten und Wiederherstellen des Framepointers betrieben werden. Aber: Dies macht auf vielen Maschinen ein Debugging unmöglich!

-g
Debug-Informationen in das Objektfile integrieren. Das ist wichtig bei der Verwendung von GDB.

-pipe
Für die Kommunikation zwischen den einzelnen Compiler-Schritten werden Pipes anstatt Dateien verwendet.

-m
Definiert den genauen Prozessortyp. Bei m68k-Architekturen wird oftmals **-m5307** verwendet, auch wenn dies nicht zum Prozessor direkt passt. Andere Einstellungen bezüglich XIP (Execute-In-Place) werden ebenfalls hier vorgenommen.

-L
Legt das Verzeichnis fest, in dem zusätzlich zu den Standard-Verzeichnissen nach Libraries gesucht werden soll. Dieses Verzeichnis beinhaltet üblicherweise Dateien mit der Extension „.**a**" für statisches Linken bzw. „**so**" für dynamisches Linken.

-I
Legt das Verzeichnis fest in dem zusätzlich zu den Standard-Verzeichnissen nach Includes bzw. Header-Files gesucht werden soll. Dieses Verzeichnis beinhaltet üblicherweise Dateien mit der Extension „.**h**".

-l
Definiert eine Library, gegen die zusätzlich zu den Standard-Libraries gelinkt werden soll. Die Angabe von **-lm** führt zum Linken gegen die mathematische Library in der Datei **libm.a** bzw. **lib.so**.

Hinweis: Alle Optionen, die mit **-g**, **-f**, **-m**, **-O** oder **-W** beginnen, werden von GCC automatisch auch an die aufgerufenen Unterprogramme übergeben.

4.2 Nützliche Funktionen der Binutils

Die Binutils sind eine Sammlung nützlicher Programme, die zur nachträglichen Bearbeitung der erzeugten Binär-Files verwendet werden. Hier soll nun, anhand kurzer Beispiele, eine Beschreibung der Programme gegeben werden, die Bestandteil der Binutils sind.

Für eine sehr ausführliche Darstellung wird auf die Info-Seiten der Binutils (`info binutils`) verwiesen. Hierbei ist darauf zu achten, dass auch die kompletten Info-Seiten angezeigt werden und nicht nur die Info-Version der Manualpages.

4.2.1 Das Programm m68k-elf-nm

Dieses Tool zeigt Informationen über die in einem Programm oder Objektfile enthaltenen Symbole an.

Dazu zählen:

Symbolwert
Dieser wird standardmäßig hexadezimal angegeben (dies kann aber durch Kommandozeilenparameter verändert werden).

Symboltyp
Die wichtigsten auftretenden Werte sind:

- `A` Der Typ des Symbols ist absolut und wird beim weiteren Linken nicht mehr verändert.
- `B` Das Symbol befindet sich im „BSS"-Segment, also im Segment für die nicht initialisierten Daten.
- `C` Es handelt sich um ein „Common"-Symbol. Diese Symbole sind ebenfalls uninitialisierte Daten (liegen also auch im „BSS"-Segment).
- `D` Das Symbol liegt in der Sektion für die initialisierten Daten.
- `N` Es handelt sich um ein Debugging-Symbol.
- `R` Das Symbol liegt in der „Nur-Lesen" („Read only")-Sektion.
- `T` Dieses Symbol befindet sich in der Text-Sektion.
- `U` Das Symbol ist undefiniert.
- `?` Der Symboltyp ist nicht bekannt oder spezifisch für das verwendete Objektfile-Format.

Wird der Symboltyp durch einen Großbuchstaben angezeigt, handelt es sich um ein globales Symbol. Kleinbuchstaben kennzeichnen lokale Symbole.

Namen des Symbols
Beispiele für m68k-elf-nm:

```
user@pc:~$ m68k-elf-nm user/boa/src/boa.gdb
```

zeigt die Symbole des Objekts an.

```
user@pc:~$ m68k-elf-nm --print-armap lib/libc.a
```

zeigt alle Symbole der Bibliothek sowie die Objektdateien, in denen sie vorkommen, an (**`--print-armap`** = Archivtabelle ausgeben).

4.2.2 Der Archiver `m68k-elf-ar`

Der **`m68k-elf-ar`** dient zum Erstellen, Bearbeiten und Anzeigen von Archiven sowie zum Extrahieren aus diesen. Beispiele dafür sind:

```
user@pc:~$ m68k-elf-ar Ptv lib/libc.a
```

`P` Nach P folgen die Buchstaben für die auszuführenden Aktionen
`t` Archivinhalt tabellarisch anzeigen
`v` Ausführlichere Ausgabe („verbose")

```
user@pc:~$ m68k-elf-ar xv lib/libc.a isalnum.o ↩
                                   vfork.o execve.o
```

`x` Extrahiere das angegebene Objekt (oder alle) aus dem Archiv

```
user@pc:~$ m68k-elf-ar Prc libhd.a vfork.o execve.o
```

`r` Einfügen von Objekten mit Ersetzung („replace“)
`c` Anlegen des Archivs („create“)

Beispiele für weitere nützliche Optionen:

`libhd.a` mit zwei Objekten anlegen:

```
user@pc:~$ m68k-elf-ar Prc libhd.a vfork.o execve.o
```

Inhalt prüfen:

```
user@pc:~$ m68k-elf-ar Pt libhd.a
vfork.o
execve.o
```

`isalnum.o` nach („after“, „a“) **`vfork.o`** einfügen:

```
user@pc:~$ m68k-elf-ar Pra vfork.o libhd.a isalnum.o
```

Inhalt prüfen:

```
user@pc:~$ m68k-elf-ar Pt libhd.a
vfork.o
isalnum.o
execve.o
```

`isalnum.o` verschieben („move“, „m“) und zwar vor („before“, „b“) das Objekt **`vfork.o`**:

```
user@pc:~$ m68k-elf-ar Pmb vfork.o libhd.a isalnum.o
```

Objekt **excve.o** aus der Lib löschen, „delete“:

```
user@pc:~$ m68k-elf-ar Pd libhd.a execve.o
```

Inhalt prüfen:

```
user@pc:~$ m68k-elf-ar Pt libhd.a
isalnum.o
vfork.o
```

4.2.3 Das Programm **m68k-elf-objdump**

Mit diesem Programm können Informationen aus Objektdateien angezeigt werden. Häufig wird es als Disassembler benutzt.

Beispiele:

```
user@pc:~$ m68k-elf-objdump -S ↵
                     --file-start-context lib/libc.a
```

Diese Anweisung zeigt den Inhalt der Bibliothek an.
-S Wenn möglich, werden Source- und Assemblercode gemischt dargestellt.
--file-start-context Der Anfang der Datei wird mit ausgegeben.

```
user@pc:~$ m68k-elf-objdump -d images/image.elf | less
```

-d Assemblercode der Datei anzeigen

4.2.4 Das Programm **m68k-elf-objcopy**

Mit **m68k-elf-objcopy** werden Objektdateien kopiert und umgewandelt.

Beispiele:

Umwandlung eines ELF-Files in ein Binär-File:

```
user@pc:~$ m68k-elf-objcopy -O binary colilo.elf colilo.bin
```

Erzeugen eines S-Record-Files aus einem Binary mit Anpassung aller Sektionsadressen wie der Startadresse:

```
user@pc:~$ m68k-elf-objcopy --input-target=binary ↵
          -output-target=srec --adjust-vma 0xffe00000 ↵
                                   colilo.bin colilo.s19
```

Weitere Beispiele sind in Makefiles der unterschiedlichsten Projekte zu finden, z. B. in **uClinux-dist/vendors/Motorola/M5249C3/Makefile**.

4.3 Der Linker und die Linker-Scripte

4.3.1 Der m68k-elf-ld

Der Linker ist der Teil der Toolchain, der verschiedene Objektdateien zu den eigentlichen ausführbaren Dateien zusammenfügt. Im Normalfall wird er automatisch bei Aufruf des GCC verwendet. Es kann allerdings nützlich oder hilfreich sein, ihn „per Hand" aufzurufen, z. B. wenn man den Link-Prozess oder das Speicher-Layout des Images beeinflussen will. Für das Cross-Development für ColdFire wird der **m68k-elf-ld** verwendet. In der Cross-Tool-Chain für uClinux ist **/usr/local/bin/m68k-elf-ld** ein Shell-Script, das die ihm übergebenen Parameter sowie einige Umgebungsvariablen auswertet und dann den eigentlichen Linker **/usr/local/bin/68k-elf-ld.real** aufruft. Je nachdem, ob ein bflt-File – siehe Abschnitt 6.1.6 – erzeugt werden soll oder nicht, wird durch dieses Script nach dem Linker noch das Programm **elf2flt** ausgeführt, um ein bflt-File zu erzeugen; der Compilerparameter **-Wl,-elf2flt** (siehe oben) beeinflusst dies.

Die möglichen Kommandozeilenparameter werden bei Aufruf von **m68k-elf-ld -help** ausgegeben. Die wichtigsten sind:

-M, --print-map Ein so genanntes Map-File nach **stdout** schreiben
-Map DATEI Map-File in DATEI schreiben
-o <DATEI> Name des Images setzen
-L <DIR> Verzeichnis <DIR> zum Suchpfad für Bibliotheken hinzufügen
-l LIB Nach Bibliothek LIB suchen
-T FILE Verwende Datei als Linker-Script
-Tbss ADDR Setze Adresse der Sektion **.bss**
-Tdata ADDR Setze Adresse der Sektion **.data**
-Ttext ADDR Setze Adresse der Sektion **.text**
--verbose Ausführliche Ausgabe der einzelnen Schritte

4.3.2 Linker-Scripte

Linker-Scripte kontrollieren den Prozess der Image-Erstellung. Mit ihnen wird bestimmt, wie die in den Input-Files vorhandenen Sektionen im endgültigen Binary aufgeteilt werden. Außerdem wird mit ihnen das Speicher-Layout des Images festgelegt.
Jeder Link-Prozess verwendet ein solches Script. Wird dem Linker kein spezielles Script angegeben, verwendet er ein Standard-Script. Für die hier betrachtete Crosstoolchain ist dieses Standard-Script z. B.:

/usr/local/m68k-elf/lib/elf2flt.ld.

4.4 Server-Tools

Die auf dem Hostsystem benötigten Programme und Utilities hängen von den jeweiligen Anforderungen ab. Deshalb wird hier nur eine kurze, schrittweise Anleitung für die Installation und Konfiguration der wichtigsten Komponenten gegeben. Für Details wird auf die Dokumentation des Distributors verwiesen.

4.4.1 Terminalprogramm

Das Terminalprogramm auf dem Host wird dazu verwendet, über die serielle Schnittstelle mit dem Target zu kommunizieren. Alle Daten, die über die

serielle Schnittstelle an den Host gesandt werden, werden vom Terminalprogramm als ASCII-Zeichen angezeigt oder als Terminalbefehle interpretiert. Alle Eingaben, die per Tastatur gemacht werden, sendet das Terminalprogramm zur seriellen Schnittstelle heraus an das Target.
Auf Linux-Hosts sollen hier zwei Terminalprogramme vorgestellt werden: **minicom** und **kermit**. Beide Programme lassen sich über die Paketverwaltung der jeweiligen Distribution installieren.
minicom ist in der Bedienung intuitiv. Mit <Strg> + <A> und dann <O> bekommt man ein Menü, mit dem **minicom** konfiguriert wird.
Unter „Serial port setup“ muss die richtige serielle Schnittstelle gewählt werden. Üblicherweise steht **/dev/ttyS0** für die erste serielle Schnittstelle des PCs, **/dev/ttyUSB0** steht für einen USB-Seriell-Adapter. Mit der Taste <A> kann dieser Wert verändert werden. Mit der Taste <E> werden die Parameter der seriellen Schnittstelle beinflusst. Die Baudrate ist üblicherweise in der Board-Dokumentation angegeben. Die Datenübertragung erfolgt 8-bit breit. Parität wird üblicherweise nicht verwendet, und auch nur ein Stoppbit.
Sämtliche Flusskontrolle sollte abgeschaltet werden. Mit <Strg> + <A> und dann <X> wird **minicom** beendet. **minicom** ist ein sehr mächtiges und umfangreiches Programm, in dem schnell unbeabsichtigte Einstellungen vorgenommen werden können, die dann nicht mehr zu leicht rückgängig zu machen sind. Daher ist **minicom** nur eingeschränkt zu empfehlen.

Bei **kermit** sind zunächst einige Befehle zur Konfiguration einzugeben:

```
user@pc:~$ kermit
(/home/user/) set line <Schnittstelle>
(/home/user/) set speed <baudrate>
(/home/user/) set flow-control none
(/home/user/) set carrier-watch off
```

Nachdem die serielle Schnittstelle konfiguriert wurde, kann durch Eingabe von „c“ (connect) die Verbindung hergestellt werden. Durch Drücken von <Strg> + <AltGr> + <\> und dann „c“ (cancel) wird die Verbindung wieder abgebaut. Mit „q“ (quit) wird **kermit** beendet.

Unter Windows eignet sich das Programm **hyperterm** als Terminalprogramm. Die Benutzung wird in Kapitel 12 genau beschrieben.

4.4.2 NFS-Server

Das übliche Verfahren bei der Software-Entwicklung setzt voraus, dass auf dem Zielsystem eine funktionierende Embedded-Linux-Plattform existiert, welche die Applikation entgegennimmt und starten kann. Prinzipiell kann man, nachdem ein stabiler Kernel mit allen notwendigen Funktionen erzeugt wurde, an die Entwicklung von Anwendungs-Software gehen. Man schreibt und kompiliert die Programme, bindet sie in das ROMFS ein, erzeugt das Image und lädt dieses in die Zielplattform. Dies ist verhältnismäßig aufwändig, da man die meiste Zeit mit dem Neukompilieren und Downloaden des Images verbringt. Eine erhebliche Erleichterung stellt die Möglichkeit dar, die Anwendungsprogramme in einem Verzeichnis abzulegen, das via „Networked File System" (NFS) in die Verzeichnisstruktur des Embedded Linux eingebunden wird. Ein Beispielaufbau könnte wie folgt aussehen:

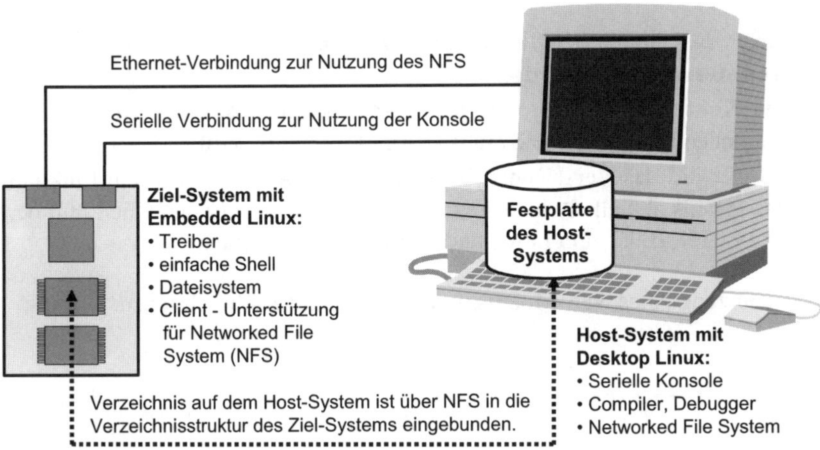

Bild 4.1 Software-Entwicklung mittels NFS

Der Host ist mit dem Target mittels einer seriellen Schnittstelle und einem Ethernet-Netzwerk verbunden.

Auf dem Embedded System existiert ein Dateisystem, in dem das Host-Verzeichnis mit den übersetzten und zu testenden Quelltexten der Applikation eingebunden wird (**Bild 4.1**). Das geschieht üblicherweise mit dem **`mount`**-

Befehl. Diese Vorgehensweise hat den Vorteil, dass die zu entwickelnde Anwender-Software nicht jedesmal über ein neues Image in das Zielsystem geladen werden muss, sondern auf der Festplatte des Host PC verbleiben kann.
Damit diese Strategie zur Entwicklung und zum Test von Anwender-programmen erfolgreich durchgeführt werden kann, ist es notwendig, dass folgende Optionen bei der Kompilierung des Kernels für das Target aktiviert werden:

- Treiber für die Ethernet Schnittstellen
- eine einfache Shell über eine serielle Konsole
- ein Dateisystem im RAM
- das ROM-Filesystem
- Unterstützung für Networked File System (als Client)
- das Programm **`mount`**

Zur Installation des NFS-Servers auf dem Host sind folgende Schritte notwendig:

- Paket installieren (SuSE: **`nfsserver.rpm`**, Debian: beispielsweise: **`nfs-user-server.deb`**)
- Zur Konfiguration dient die Datei **`/etc/exports`**. Diese enthält z. B. folgenden Eintrag: **`/home/uClinux 192.168.100.2(rw)`**
- Damit wird das Verzeichnis **`/home/uClinux/`** (was z. B. ein Link auf das jeweils aktuelle Arbeitsverzeichnis sein könnte) für den Client mit der IP 192.168.100.2 zum Lesen und Schreiben freigegeben.

Die Benutzung eines NFS-Mounts wird in Abschnitt 8.4 beschrieben.

4.4.3 TFTP-Server

Das TFTP (Trivial File Transfer Protocol) ist ein nützliches Hilfsmittel bei der Software-Entwicklung, da erstellte Programme mittels TFTP auf das Target geladen werden können.
Zur Installation eines TFTP-Servers auf dem Host-PC verfährt man folgendermaßen:

- Paket installieren (Debian: **`tftpd.deb`**, SuSE: **`tftp.rpm`**)

- Um Verbindungen von Clients über tftp vom „Internet Super-Server“ inetd verarbeiten zu lassen, muss in der **`/etc/inetd.conf`** folgender Eintrag enthalten sein:

```
tftp dgram udp wait root /usr/sbin/tcpd ↵
                             in.tftpd -s /tftpboot
```

Hinweis: Dieser Eintrag kann je nach Versionen und Distributionen leicht variieren. Zumeist wird er jedoch automatisch richtig gesetzt.

Nachdem die Installation erfolgreich abgeschlossen wurde, können tftp-Client-Programme alle Dateien lesen, die im Verzeichnis **`/tftpboot/`** liegen, und zwar ohne jegliche Form von Authentifizierung. Als tftp-clients treten oftmals Bootloader auf, die ein Kernel- bzw. uClinux-Image laden. Eine Liste von Bootloadern mit tftp-Funktionalität kann im Kapitel 9 gefunden werden.

4.4.4 Weitere Utilities

Bei der Arbeit mit dem Embedded Target können weitere Utilities nützlich sein. Hier seien vor allem genannt:

- **Tools zum Netzwerktest auf TCP/IP-Ebene wie ping, telnet, tcpblast:** Die ersten beiden werden meist bereits standardmäßig von den modernen Distributionen mitinstalliert. Das letztere dient der Messung des Durchsatzes der Ethernet-Verbindung. Es ist inzwischen in der uClinux-Distribution enthalten oder kann aus dem Internet geladen werden.
- **Ein Protokollanalysator („Sniffer") für den Netzwerkverkehr:** Hier kann z. B. ethereal (oder auf der Kommandozeile tethereal) verwendet werden (neuerdings unter dem Namen „Wireshark" bekannt). Es ist bereits bei den modernen Distributionen dabei (bei SuSE: **`ethereal.rpm`**, bei Debian in den Paketen **`ethereal.deb`** (bzw. **`tethereal.deb`**) sowie **`ethereal-common.deb`**).
  Die Homepage befindet sich auf [58]. Eine schlankere Alternative zu ethereal bietet tcpdump. Die uClinux-Distribution enthält bereits tcpdump, sodass hiermit auch auf dem Target gearbeitet werden kann.

4.5 Flash-Tools

Damit die erstellte Software (also das erstellte Image des Kernels inklusive der Applikation) permanent in das Target geladen werden kann, ist es notwendig, diese in den Flash zu programmieren. Die dazu verwendeten Tools hängen ebenfalls von den jeweiligen Anforderungen ab.

4.5.1 CF-Flasher

Der CF-Flasher (**Bild 4.2**) ist ein Tool, das man sich kostenlos von der Website von Freescale [26] laden kann. Das Tool unterstützt alle aktuellen Versionen der ColdFire-Prozessoren und die zugehörigen Evaluation-Boards. Der CF-Flasher wird permanent für alle neuen ColdFire-Prozessoren aktualisiert, läuft allerdings nur auf Windows-Systemen.
Als Alternative kommt auf einem Linux-Host der BDMFlasher in Frage, der ebenfalls von der Freescale-Website geladen werden kann [45]. Da er in Source-Code zur Verfügung gestellt wird, kann man ihn selbstständig an die verwendete Target-Hardware anpassen.

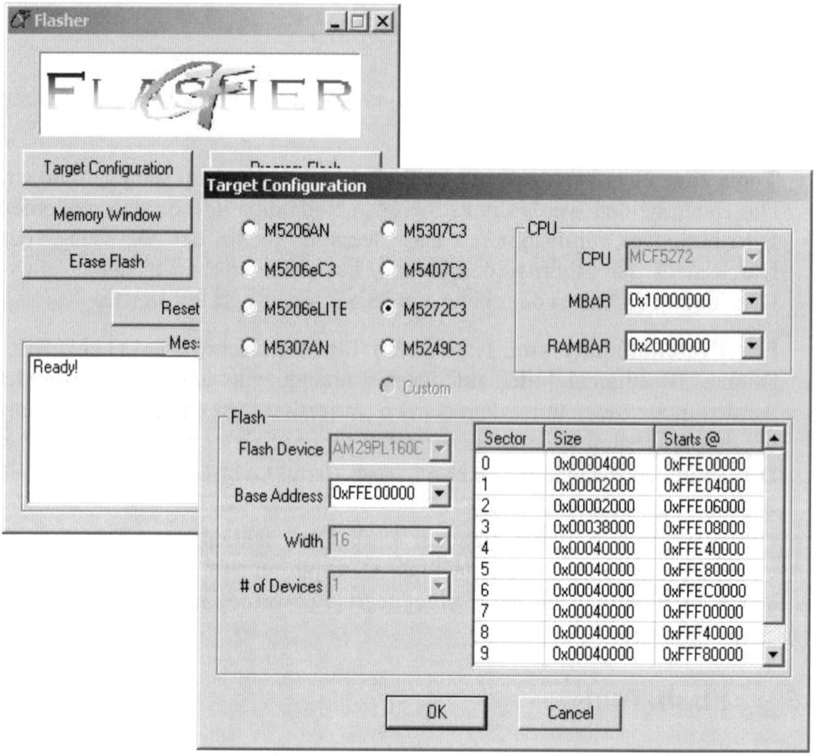

Bild 4.2 Oberfläche des CF-Flashers unter Windows

4.5.2 BDM-Tools

Das BDM-Tools-Projekt [59] bietet eine Sammlung von kleinen Programmen, um mit dem Background-Debug-Mode (BDM) zu arbeiten. Alle ColdFire-Prozessoren bieten den Anschluss eines BDM zum Debugging an. Es gibt unter anderem BDM-Adapter für die parallele Schnittstelle, die durch die BDM-Tools angesprochen werden können. Zur Benutzung ist ein spezielles Kernel-Modul erforderlich. Der Source-Code für dieses Modul ist Bestandteil der BDM-Tools, sodass dieses Kernel-Modul leicht selber erstellt werden kann. Nachdem das Kernel-Modul geladen wurde, können die BDM-Tools verwendet werden.

bdmflash
bdmflash ist ein Tool zum Beschreiben des Flash-Speichers an einem Coldfire-Prozessor.

```
user@pc:~$ bdmflash <bdm-device-file> <Basisadresse> ↵
             <Anzahl der Chips> <Busbreite in Bytes> ↵
                       <Befehl> <Parameter des Befehls>
```

bdm-device-file	Das Devicefile, über das das BDM angesprochen wird – meist **/dev/bdmcf0.**
Basisadresse	Adresse, ab der der Speicher anzusprechen ist. Für Coldfire irrelevant (also 0x0).
Anzahl der Chips	Anzahl der Flashchips. Meistens 1.
Busbreite in Bytes	Breite des Datenbusses zum Flash-Speicher. 1, 2 oder 4.

Befehle:

probe	Prüfe BDM, Prozessor und Flashspeicher.
detect	Versuche, Flash-Speichertypen zu erkennen.
erase	Speicher komplett löschen.
SectorErase <Offset>	Lösche Sektor an Position <Offset>.
BlockErase <Offset>	Lösche Block an Position <Offset>.
write <Datei> <Offset>	Schreibe Inhalt von <Datei> ab <Offset> in den Flash.
read <Datei> <Offset> <Länge>	Lese <Länge> Dateien beginnend an <Offset> vom Speicher in die Datei <Datei>

bdmreset

Mit dem Aufruf **`bdmreset`** kann der Prozessor zurückgesetzt werden.

```
user@pc:~$ bdmreset <bdm-device-file>
```

`bdm-device-file`	Das Devicefile, über das das BDM angesprochen wird – meist **`/dev/bdmcf0`**.

5 Der uClinux-Kernel

When in doubt, tell the truth.
Mark Twain

In diesem Abschnitt soll der Betriebssystemkern, der „Linux-Kernel", erläutert werden. Hierbei werden zunächst der Ablauf eines Systemstarts im Einzelnen behandelt sowie die dabei beteiligten Komponenten. Im Anschluss daran wird die Verzeichnisstruktur der Kernel-Sourcen besprochen.

5.1 Aufbau des Kernels

5.1.1 Einleitung

Der Aufbau von Linux kann, wie der vieler anderer Betriebssysteme auch, durch verschiedene „Schichten" veranschaulicht werden (siehe **Bild 5.1**). Jede Schicht hat dabei nur Zugriff auf die ihr untergeordnete Schicht, deren zur Verfügung gestellte Ressourcen sie benutzen kann.

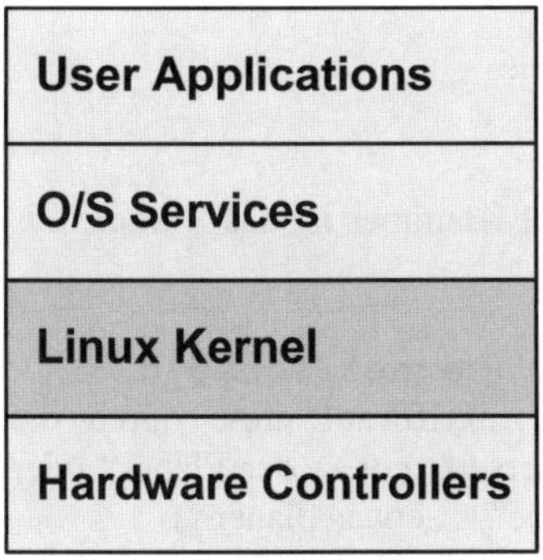

Bild 5.1 Der schichtweise Aufbau von Linux

Die unterste Ebene ist die reine Hardware des Systems. Bei Desktop-PCs sind das also z. B. CPU, Grafikkarte, Festplatte(n)-Speicher, die Tastatur sowie die dazu gehörigen Controller. Bei Embedded Systemen sind es neben der CPU ein etwaiger Grafik-Controller, diverse Timer, die serielle(n) Schnittstelle(n) usw. Diese Schicht wird vom Kernel kontrolliert und gesteuert.

Der nächsthöheren Schicht, der Betriebssystem-Ebene, werden zumeist alle Dinge zugeordnet, die nicht direkt vom Anwender benutzt werden, also z. B. eine Shell, ein „Graphical User Interfece“ GUI (wie das X-Window-System) oder auch die Tools für die Kernel-Programmierung (Compiler, Bibliotheken).

Die oberste Schicht ist die Anwender-Schicht, die all das enthält, was vom Anwender direkt verwendet wird, also z. B. eine Textverarbeitung, E-Mail-Client, Webbrowser oder Spiele.

Der Kernel ist also der „innerste“ Teil eines Betriebssystems. Er stellt über eine „virtuelle Maschine“ eine Schnittstelle zu den Prozessen des Betriebssystems und darüber zur Anwenderschicht dar. Prozesse brauchen also keine Details der zugrunde liegenden Hardware zu kennen, da diese von Linux in dieser virtuellen Schnittstelle abstrahiert wird. Weiterhin wird auf dieser Ebene Multitasking unterstützt, sodass auch dies vollkommen transparent für die Anwenderprogramme ist. Jeder Prozess kann so agieren, als wäre er der einzige Prozess, hätte also exklusiven Zugriff auf die Hardware, den Speicher etc. Der Kernel ist im Hintergrund dafür zuständig, die Systemressourcen gerecht auf die laufenden Prozesse aufzuteilen und Sicherheitsmechanismen zwischen den Prozessen zu gewährleisten.

5.1.2 Kernel-Komponenten

Der Kernel hat sechs wichtige Komponenten, in Klammer ist das Verzeichnis in den Kernelquellen angegeben:

Die Prozessverwaltung („Scheduler“, SCHED) (`kernel/sched.c`)
Der Scheduler verwaltet die CPU und den Zugriff auf diese durch die laufenden Prozesse. Scheduler bedeutet frei übersetzt etwa „der Planer“ oder „das Steuerprogramm“ (von englisch „to schedule“ = „etwas planen“)

Die Speicherverwaltung („Memory Management“, MM) (`mm/` bzw. `mmnommu/`)

Die Speicherverwaltung überwacht und verwaltet die Speicherzugriffe der laufenden Prozesse.

Das virtuelle Dateisystem („Virtual File System“, VFS) (`fs/`)
Über das virtuelle Dateisystem wird eine Schnittstelle auf alle Devices über „normale“ Dateizugriffe implementiert. Außerdem werden zahlreiche Dateisysteme und -formate auch anderer Betriebssysteme unterstützt.

Die Netzwerkunterstützung (NET) (`net/`)
Diese Komponente stellt eine Unterstützung der verschiedensten Netzwerkstandards, -geräte und -protokolle bereit.

Die Interprozess-Kommunikation (IPC) (`ipc/`)
Es gibt unter Linux mehrere Möglichkeiten, wie die laufenden Prozesse miteinander kommunizieren können.

Die Treiber (`driver/`)
Eine große Menge von Treibern für alle möglichen Peripherien sind in Linux bereits vorhanden.

5.2 Start des Kernels

5.2.1 Initialisierung

Der Linux-Kernel startet in mehreren Stufen. Zunächst muss die grundlegende Hardware initialisiert und das Ausführen von Code vorbereitet werden. Ist dies abgeschlossen, wird der Kernel-Start vorbereitet, ehe die Programmausführung dann endgültig an den Kernel übergeben werden kann.
Für die Initialisierung des Prozessors sowie zur Vorbereitung der Laufzeitumgebung des Linux-Kernels gibt es prinzipiell zwei Möglichkeiten:

- Initialisierung im Bootloader
- Initialisierung im Startup-Code des Kernels

Obwohl beide Wege gangbar sind, gilt als oberste Regel, dass so wenig dieser Aufgaben wie möglich im Bootloader erledigt werden sollten. Diese Initialisierung hat vor allem die Aufgabe, die Systemperipherie in einen definierten, möglichst passiven Zustand zu bringen. Hierzu zählen das Setup der SystemPLL und des Speichers (Layout und Zugriff), das Einrichten eines minimalen Stacks für die Startup-Routinen des Kernels, die Verschiebung (engl. „Relocation“) aller Data-Sektionen, für die dies notwendig ist, das „Ruhigstellen“ aller nicht notwendigen Interrupts usw.

5.2.2 Vorbereitung des Starts

Die Vorbereitung des eigentlichen Kernel-Starts erfolgt in den meisten Fällen in Dateien des Namens **crt0*.S**, z. B. **arch/m68knommu/platform/<Prozessor>/<board>/crt0_ram.S** im Kernel 2.4.

In Kernelversion 2.6 findet sich der Init-Code für alle Coldfire-Prozessoren in **arch/m68knommu/platform/5307/head.S.**
Der mögliche Aufbau einer solchen Datei soll im Folgenden beschrieben werden.

Zunächst werden die benötigten include-Dateien angegeben. Die **linux/autoconf.h** enthält beispielsweise die Variablendefinitionen, die sich aus den bei der Konfiguration des uClinux-Images getroffenen Einstellungen ergeben (z. B. **CONFIG_RAM16MB** oder **CONFIG_CLOCK _66MHz**). In Linux 2.6 heißt diese Include **config.h**. In der **asm/coldfire.h** und der **asm/mcfsim.h** befinden sich CPU-spezifische Definitionen, wie etwa **MCF_MBAR** oder **MCFSIM_CSBR1**:

```
#include "linux/autoconf.h"
#include "asm/coldfire.h"
#include "asm/mcfsim.h"
```

Linux 2.6 enthält zusätzlich die Dateien: **linux/sys.h** (veraltet), **linux/linkage.h** (Alignment), **asm/asm-offsets.h** (generierter Header mit Hilfsdefines), **asm/mcfcache.h** (Cache Initialisierung).
Das Verzeichnis **include/asm/** in den Kernel-Quellen wird während der Erzeugung des Linux-Images als statischer Link auf das entsprechende CPU-Verzeichnis angelegt, also zeigt **include/asm/** auf das Verzeichnis **include/asm-m68knommu**, wenn ein Kernel für einen ColdFire-Prozessor kompiliert wird.

Die nachfolgende Initialisierung des Prozessors erfolgt nahezu identisch in den Versionen 2.6 und 2.4 des Linux Kernels.

Zuerst wird der Speicherbereich initialisiert:

```
#define MEM_BASE 0x00000000 /* Memory base at address 0 */
#define VBR_BASE MEM_BASE /* Vector address */

#if defined(CONFIG_RAM32MB)
#define MEM_SIZE 0x02000000 /* Memory size 32Mb */
#elif defined(CONFIG_RAM16MB)
#define MEM_SIZE 0x01000000 /* Memory size 16Mb */
#elif defined(CONFIG_RAM8MB)
#define MEM_SIZE 0x00800000 /* Memory size 8Mb */
#else
#define MEM_SIZE 0x00400000 /* Memory size 4Mb */
#endif
```

Nun werden einige Variablen deklariert und initialisiert:

```
.global _start
.global _rambase
.global _ramvec
.global _ramstart
.global _ramend

/*****************************************************/

.data

/*
* Set up the usable RAM stuff. Size of RAM is determined
* then an initial stack set up at the end.
*/
_rambase:
.long 0
_ramvec:
.long 0
_ramstart:
```

```
.long 0
_ramend:
.long 0
```

Danach folgt die Text-Sektion mit dem eigentlichen Code:

```
.text

/*
* This is the codes first entry point. This is where it all
* begins...
*/

_start:
nop /* Filler */
move.w #0x2700, %sr /* No interrupts */
```

Jetzt sind alle Interrupts gesperrt. Nun werden die Interrupt-Vektoren initialisiert:

```
/*
* Setup VBR here, otherwise buserror remap will not work.
* if dBug was active before (on my SBC with dBug 1.1 of Dec
                                                   16 1996)
*
* bkr@cut.de 19990306
*
* Note: this is because dBUG points VBR to ROM, making
                                             vectors read
* only, so the bus trap can't be changed. (RS)
*/
move.l #VBR_BASE, %a7 /* Note VBR can't be read */
movec %a7, %VBR
move.l %a7, _ramvec /* Set up vector addr */
move.l %a7, _rambase /* Set up base RAM addr */

/*
* Set to 4 meg for the Cadre III board (m5206e).
*/
```

```
move.l #MEM_SIZE, %a0

move.l %a0, %d0 /* Mem end addr is in a0 */
move.l %d0, %sp /* Set up initial stack ptr */
move.l %d0, _ramend /* Set end ram addr */
```

Die Größe des verfügbaren RAM wurde nun eingestellt. Als nächstes wird der Cache eingeschaltet:

```
#if 1
/*
* Enable CPU internal cache.
*/
move.l #0x01000000, %d0 /* Invalidate cache cmd */
movec %d0, %CACR /* Invalidate cache */
move.l #0x80000100, %d0 /* Setup cache mask */
movec %d0, %CACR /* Enable cache */
#endif
```

Das ROM-Filesystem muss dorthin kopiert werden, wo es nicht durch die Initialisierung der Sektion bss überschrieben wird:

```
/*
* Move ROM filesystem above bss :-)
*/
lea.l _sbss, %a0 /* Get start of bss */
lea.l _ebss, %a1 /* Set up destination */
move.l %a0, %a2 /* Copy of bss start */

move.l 8(%a0), %d0 /* Get size of ROMFS */
addq.l #8, %d0 /* Allow for rounding */
and.l #0xfffffffc, %d0 /* Whole words */

add.l %d0, %a0 /* Copy from end */
add.l %d0, %a1 /* Copy from end */
move.l %a1, _ramstart /* Set start of ram */

_copy_romfs:
```

```
move.l -(%a0), %d0 /* Copy dword */
move.l %d0, -(%a1)
cmp.l %a0, %a2 /* Check if at end */
bne _copy_romfs
```

Jetzt kann die bss-Sektion mit „0“ initialisiert werden:

```
/*
* Zero out the bss region.
*/
lea.l _sbss, %a0 /* Get start of bss */
lea.l _ebss, %a1 /* Get end of bss */
clr.l %d0 /* Set value */
_clear_bss:
move.l %d0, (%a0)+ /* Clear each word */
cmp.l %a0, %a1 /* Check if at end */
bne _clear_bss
```

Dann erfolgt die Initialisierung von Stack und Task-Pointer für den Kernel:

```
/*
* load the current task pointer and stack
*/
lea init_task_union, %a0
movel %a0, _current_task
lea 0x2000(%a0), %sp
```

Als nächstes folgt ein Beispiel, wie man bereits in diesem frühen Stadium des Kernel-Starts das ChipSelect für einen angeschlossenen Controller einrichten könnte:

```
/*
* hede 20030320:
*
```

```
* We inititialize the controler if ↩
                                    CONFIG_FB_COBRA5272
* is set!
* init for the lcd controller
* ATTENTION!
* This has to be after the initialization of
* bss!
*
*
*/

#if defined(CONFIG_FB_COBRA5272)
/* set up CS1: */
move.l #0x40000201, %d0
move.l %d0, (MCF_MBAR + MCFSIM_CSBR1)
move.l #0xfff000fc, %d0
move.l %d0, (MCF_MBAR + MCFSIM_CSOR1)
/* enable /TA at PB5: */
move.l #0x55554555, %d0
move.l %d0, (MCF_MBAR + MCFSIM_PBCNT)
#endif /* end #if defined(CONFIG_FB_COBRA5272) */
```

Die Umgebung für den Kernel ist nun vorbereitet. Als nächstes wird die Start-Routine von Linux angesprungen:

```
/*
* Assember start up done, start code proper.
*/
jsr start_kernel /* Start Linux kernel */

_exit:
jmp _exit /* Should never get here */

/*****************************************************
*****/
```

5.3 Der Start des Linux 2.4-Kernels

Die am Ende der **crt0_ram.S** bzw. **head.S** aufgerufene **start_kernel** befindet sich in **init/main.c**. Hier werden alle notwendigen Initialisierungen des Kernels vorgenommen.

Nach dem „Locking“ des Kernels (auf SMP-Systemen) und der Ausgabe des Linux-Banners wird die Funktion **setup_arch()** aufgerufen. **setup_arch()** ist (logischerweise) architekturabhängig. Für MMU-lose m68k-Systeme wird diese in **arch/m68knommu/kernel/setup.c** definiert. Sie bekommt die Parameter übergeben, die dem Kernel beim Start mitgegeben wurden. Viele Teile dieser Funktion sind konfigurationsabhängig. Beispielsweise wird das Flash-Device nur dann initialisiert, wenn es auch wirklich benötigt wird.

Für alle Architekturen wird:

- der Speicher (**init_mm**) für die initiale Task-Struktur mit den Werten aus dem architekturspezifischen Linker-Script gefüllt
- die Funktion **config_BSP()** aufgerufen. In dieser Funktion können weitere board-spezifische Initialisierungen vorgenommen werden. So können beispielsweise die MAC-Adresse oder andere (Boot-)Parameter aus dem Flash kopiert und ausgewertet werden, oder man passt an dieser Stelle die Routinen für den Timer an die eigenen Bedürfnisse an (siehe z. B. **arch/m68knommu/platform/5272/config.c**)
- die Ausgabe der Boot-Meldungen in Abhängigkeit von der Konfigurationsvariable **DEBUG** mehr oder minder detailliert vorgenommen
- die Boot-Kommandozeile gesichert
- benötigter Speicher reserviert und nicht verwendeter Seicher freigegeben
- durch die Funktion **paging_init()** (siehe **arch/m68knommu/mm/init.c**) die restliche Speicherverwaltung initialisiert, die in **crt0_*.S** (bzw. **head.S** bei anderen Architekturen) begonnen wurde

In Abhängigkeit von der verwendeten Architektur werden entweder die „Credits“ des/der für die Portierung Verantwortlichen ausgegeben oder sogar spezifische Konfigurationen an der Hardware vorgenommen (siehe z. B. bei **CONFIG_M68360**).

Nach der Ausgabe der (kopierten) Kommandozeile, die dem Kernel übergeben wurde, wird die Original-Kommandozeile von der Funktion **parse_ options()** (**init/main.c**) ausgewertet. Sie untersucht, ob es sich bei den Argumenten um Parameter für den Kernel oder um Umgebungsvariablen für den **init**-Prozess handelt, und bereitet die Laufzeitumgebung entsprechend vor. Unter anderem wird dazu die Funktion **checksetup()** (Datei **init/main.c**) benutzt. Diese ruft alle Funktionen zwischen den Symbolen **__setup_start** und **__setup_end** mit dem übergebenen Parameter auf, wenn er übereinstimmt. In diesem Bereich befinden sich alle Funktionen, die mit dem Makro **__setup()** gekennzeichnet wurden. Die Definition eines Kernel-Parameters sowie des Makros **__setup()** kann aus **include/linux/init.h** entnommen werden. Als Beispiel, wie dies in der Praxis umgesetzt wird, kann die Boot-Option „**console=**" dienen. In **kernel/printk.c** wird diese als Parameter an den **Makro __setup()** übergeben. Nachdem der Kernel compiliert wurde, zeigt ein **m68k-elf-objdump -D kernel/kernel.o | less** die durch das Makro gebildete Funktion **__setup_console_setup** in der Sektion **.setup.init** und den zugehörigen **__setup_str_console_setup** in der Sektion **.data.init** (0x636f6e736f6c653d bedeutet natürlich „**console=**").
Das Linker-Script, z. B. **arch/m68knommu/platform/5272/senTec/ram.ld**, legt die Symbole **__setup_start** und **__setup_end** an und platziert zwischen diesen die erwähnte Sektion **.setup.init**. Das Ergebnis kann man sich am besten in der **System.map** anschauen. Hier findet sich auch die **__setup_console_setup** als eine der zwischen den beiden Symbolen eingetragene Funktion.
Die Funktion **trap_init()** ruft in **arch/m68knommu/kernel/traps.c** eine Funktion **mach_trap_init()** auf, wenn diese existiert. Diese ist plattformabhängig. Für die Boards, die auf dem ColdFire 5272 basieren. wird sie z. B. in **arch/m68knommu/platform/5272/config.c** als **coldfire_trap_init()** definiert. Deren Implementierung findet sich in derselben Datei. Hier werden alle Handler und deren Vektoren für die Interrupts und die Traps eingerichtet (siehe dazu auch **arch/m68knommu/platform/5307/entry.S**).
In der anschließenden **init_IRQ()** findet die Einrichtung der Interrupt-Handler statt. Für die MCF5272-basierten Plattformen ist dies in **arch/m68knommu/platform/5307/ints.c** zu sehen.

In **sched_init()** (**kernel/sched.c**) bereitet u. a. die Timer und die zugehörigen Bottom Halfs für die System-Timer und die Task Queue vor. Die folgende **softirq_init()** (**kernel/softirq.c**) initialisiert die so genannten Softwareinterrupts.
Mit **time_init()** (**arch/m68knommu/kernel/time.c**) wird die Systemzeit gesetzt. Dies wird entweder durch (eine eventuell definierte) **mach_gettod()** (Aufruf erfolgt aus **arch_gettod()** in **arch/m68knommu/kernel/setup.c**) oder durch Initialisierung auf 1.1.1970, 00:00:00. Weiterhin wird durch Aufruf von **mach_sched_init()** (wenn sie für die Plattform vorhanden ist) der Interrupt für die Systemzeit aktiviert. Für ColdFire basierte Systeme wird **mach_sched_init()** in **arch/m68knommu/platform/5???/config.c** auf **coldfire_timer_init()** gesetzt, und durch sie Timer 4 für den Systemtakt verwendet.
Der nächste Schritt ist die Einrichtung und Aktivierung der Console mit **console_init()** (Datei **drivers/char/tty_io.c**. Diese ruft, nach wenigen allgemein gültigen Einstellungen, die entsprechende architektur- bzw. plattformabhängige Funktion auf, wie etwa **mcfrs_console_init()** bei Verwendung einer seriellen Console auf einer ColdFire-Plattform (siehe auch **drivers/char/mcfserial.c** sowie **register_console()** in **kernel/printk.c**). An dieser Stelle sollten in einem angeschlossenen Terminal die Boot-Meldungen des Kernels erscheinen.
Wurde der Kernel für die Verwendung von ladbaren Kernel-Modulen („Loadable Kernel Modules, LKM") konfiguriert, wird jetzt **init_modules()** bzw. eine **arch_init_modules()** ausgeführt, die architekturabhängige Anpassungen der Umgebung vornimmt.
Die folgenden Zeilen werden nur durchlaufen, wenn der Kernel-Profiler verwendet wird. Sie sollen hier nicht weiter beachtet werden.
Der Cache für den Kernel-Speicher wird nun mit **kmem_cache_init()** (für Systeme ohne MMU siehe **mmnommu/slab.c**) eingerichtet. Aus diesem Cache wird der so genannte „Slab Allocator" bedient. Dieser stellt mehrere Caches, die „Slabs", jeweils mit Objekten gleicher Größe bereit, sodass Speicher für solche Strukturen effizienter reserviert und freigegeben werden kann.
Mit **sti()** werden nun Interrupts freigegeben (für die Implementierung auf ColdFire-Systemen siehe **__sti()** in **include/asm-m68knommu/system.h**).
Die Funktion **calibrate_delay()** (**init/main.c**) berechnet den so genannten BogoMips-Wert der CPU(s). Für weitere Informationen siehe das

„BogoMips mini-Howto". Der BogoMips-Wert ist eine (halbwegs genaue) Abschätzung der CPU-Geschwindigkeit, die u. a. die Variable **loops_ per_jiffy** ermittelt, die für Zeitmessungen z. B. in Kernel-Treibern verwendet werden kann. Die dazu benutzte Funktion **__delay()** ist architekturspezifisch. Für ColdFire-Systeme ist sie in **include/asm-m68knommu/delay.h** zu sehen.

Wird eine so genannte „Initial RAM Disk, INITRD" genutzt, werden nun einige Werte auf Korrektheit geprüft.

Die **mem_init()** ist für MMU-lose m68k-Systeme in **arch/ m68knommu/mm/init.c** implementiert. Hier werden abermals Symbole aus dem Linker-Script (z. B. **arch/m68knommu/ platform/5272/ senTec/ram.ld**) genutzt, um die Speicherbereiche zu bestimmen (siehe auch die vorbereitenden Maßnahmen in **setup_arch()** weiter oben).

Im Anschluss werden durch **kmem_cache_sizes_init()** (Datei **mmnommu/slab.c**) die restlichen internen und allgemeinen Caches initialisiert.

Die folgende **pgtable_cache_init()** ist für die meisten MMU-losen Systeme nicht implementiert (siehe z. B. **include/asm-m68knommu/ pgtable.h**).

Die Funktion **fork_init()** (**kernel/fork.c**) berechnet und setzt die Anzahl der maximal startbaren sowie die minimal für den Boot-Prozess notwendigen Threads.

Die Implementierung der **proc_caches_init()** ist in **kernel/fork.c**) zu finden. Hier werden weitere Slab-Caches für Objekte angelegt, die Teil der Task-Struktur von Linux sind, also einen (laufenden) Prozess unter Linux beschreiben.

Entsprechend werden mit **vfs_caches_init()** (**fs/dcache.c**) Slab-Caches für Objekte erzeugt, die Elementen des VFS („Virtual File System" - Virtuelles Dateisystem) zugeordnet sind. Von hier werden weitere Funktionen aufgerufen:

- **dcache_init()** (**fs/dcache.c**) initialisiert den so genannten „Dentry Cache" („Dentry" steht für „Directory Entry", also einen Verzeichniseintrag im VFS) und legt die zugehörige Hash-Tabelle an (für den Aufbau der Dentry-Struktur siehe **include/linux/dentry.h**).

- **inode_init()** (**fs/inode.c**) erzeugt die Hash-Tabelle für die verwendeten Inodes (**inode_hashtable**) sowie den Slab-Cache für Inode-Objekte (für den Aufbau der Inode-Struktur siehe **include/ linux/fs.h**).

- **files_init()** (**fs/file_table.c**) sorgt dafür, dass standardmäßig nur 10% des verfügbaren Speichers für File-Einträge des VFS verwendet werden.

- **mnt_init()** (**fs/namespace.c**) legt den Slab-Cache für Objekte des Typs **vfsmount** und eine Hash-Tabelle für diese an. Diese Objekte speichern innerhalb des Kernels die Einträge der gemounteten Dateisysteme (siehe auch **include/linux/mount.h**).

- **bdev_cache_init()** (**fs/block_device.c**) baut die Hash-Tabelle und den Slab-Cache für Objekte des Typs **block_device** auf (für den Aufbau dieser Struktur siehe **include/linux/fs.h**). Außerdem wird versucht, das Pseudo-Filesystem für blockorientierte Devices beim Kernel zu registrieren und einzubinden.

- **cdev_init()** (**fs/char_dev.c**) ist für die Erstellung des Slab-Cache und der Hash-Tabelle für Objekte des Typs **char_device** (siehe auch **include/linux/fs.h**) zuständig.

- **iobuf_cache_init()** (**fs/iobuf.c**) schließlich baut den Slab-Cache für Objekte des Typs **kiobuf** auf. Diese Objekte beschreiben Speicherseiten, die speziell für I/O-Operationen reserviert sind (siehe auch **include/linux/iobuf.h**).

Eine wichtige Komponente des Buffer-Caches, einem Teil des Speichers, der Kopien von Datenblöcken anderer Speichermedien enthält, wird in **buffer_init()** (**fs/buffer.c**) erstellt. Vor allem werden hier die Hash-Tabelle und der Slab-Speicher für Objekte des Typs **buffer_head** (siehe **include/linux/fs.h**) erzeugt.
In **page_cache_init()** (**mmnommu/filemap.c**) wird die Hash-Tabelle für Objekte des Page-Cache (des Typs page, siehe **include/linux/mm.h**) erzeugt. Die Funktion **ccwcache_init()** wird nur für die S390-Architektur aufgerufen, und wird hier nicht betrachtet.
Nun wird die Funktion **signals_init()** ausgeführt. In ihr wird der Slab-Cache für die Signal-Queue (Objekte vom Typ **sigqueue**, siehe **include/linux/signal.h** sowie für **siginfo_t**, z. B. in **include/asm-m68k/siginfo.h**) angelegt.
Wurde der Kernel für die Verwendung des proc-Filesystems compiliert, wird jetzt **proc_root_init()** (**fs/proc/root.c**) angesprungen. In ihr wird als erstes versucht, das (virtuelle) proc-Filesystem beim Kernel zu registrieren

und einzubinden. Aus **proc_root_init()** werden, je nach Architektur und Kernel-Konfiguration, weitere Routinen aufgerufen. Zu diesen zählen:

- **proc_misc_init()** (**fs/proc/proc_misc.c**) legt in Abhängigkeit von Kernel-Optionen und Architektur verschiedene Einträge im proc-Filesystem an.
- Die Aufrufe von **proc_mkdir()** (**fs/proc/generic.c**) erstellen jeweils Verzeichnisse mit dem übergebenen Namen unterhalb von **/proc** (diese Aufrufe erfolgen wieder abhängig von der Architektur bzw. von den Kernel-Optionen).
- **proc_tty_init()** (**fs/proc/proc_tty.c**) erzeugt den tty-Verzeichnisbaum unterhalb von **/proc**.

Mit **check_bugs()** (in **include/asm-m68knmmu/bugs.h** als leere Funktion deklariert) kann das System auf architekturspezifische Fehler hin untersucht werden (ein Beispiel für solche Tests kann **include/asm-i386/bugs.h** entnommen werden).

Auf Mehrprozessor- (SMP-) Systemen wären **smp_init()**, **smp_boot_cpus()** usw. dafür zuständig, dass alle CPUs initialisiert werden. Für die hier betrachteten Plattformen ist dies nicht notwendig.

„System V IPC“ (IPC steht für „Inter Process Communication“) sind Methoden, mit denen laufende Prozesse (Programme) sich synchronisieren bzw. Informationen austauschen können (für genauere Informationen siehe z. B. **info ipc**). Wenn die dafür notwendigen Bibliotheken und Routinen in den Kernel compiliert wurden, werden die benötigten Ressourcen (Semaphore, Messages und Shared Memory) durch **ipc_init()** (**ipc/util.c**) initialisiert.

Nach der Ausführung von **start_kernel()** arbeiten die CPU und die Prozess- sowie die Speicherverwaltung zusammen.

Es wird nun in die Funktion **rest_init()** gewechselt, dies ist zur Vermeidung von race-conditiones bei der Freigabe des Speichers der Start-up-Routinen erforderlich. **rest_init()** (**init/main.c**) startet gleich zu Beginn einen Thread mit der Thread-Funktion **init()**. Ansonsten wird der aktuelle Thread nur noch zum Verbrauchen nicht benötigter Rechenzeit verwendet. Die verbleibenden Initialisierungen werden in der Funktion **init()** erledigt, diese ruft gleich zu Beginn **do_basic_setup()** in derselben Datei auf.

Am Beginn werden je nach Konfiguration architektur- bzw. subsystemabhängige Initialisierungen aufgerufen.

In **sock_init()** (**net/socket.c**) wird das Grundgerüst für die Netzwerk-Sockets initialisiert. Dazu zählen alle unterstützten Protokollfamilien, der Slab-Cache für Objekte des Typs sock (Definition siehe **include/net/sock.h**) sowie Registrieren und Einbinden des Pseudo-Filesystems SOCKFS. Je nach Konfiguration werden weitere Subsysteme, wie z. B. die netfilter-Architektur, eingerichtet.
Durch **start_context_thread()** (**kernel/context.c**) wird ein Kernel-Thread erzeugt, in dem die Funktion **context_thread()** (**kernel/context.c**) ausgeführt wird (dieser Thread ist später als **keventd** z. B. bei **ps ax** zu sehen).
Die Funktion **do_initcalls()** (**init/main.c**) geht dann die Liste aller Funktionen durch, die durch die Makros **__initcall** oder **module_init** (siehe **include/linux/init.h**) als Initialisierungsroutinen gekennzeichnet sind. Diese befinden sich alle in einer Sektion **.initcall.init** (siehe **include/linux/init.h** und beispielsweise die Ausgabe des Kommandos **m68k-elf-objdump -D kernel/kernel.o | less**). Beim Linken des Kernel-Images werden sie durch das Linker-Script in die Sektion **.init** gelegt (vergleiche z. B. mit **arch/m68knommu/platform/5272/senTec/ram.ld**). Üblicherweise legt jeder Treiber einen solchen Eintrag an, mit dem dann die Init-Funktion des Treibers aufgerufen wird.
Durch **prepare_namespace()** wird die weitere Umgebung eingerichtet, einiges davon wieder in Abhängigkeit von der Architektur bzw. von der Konfiguration. Vor allem wird hier entschieden, was wohin zu mounten ist. Zunächst werden einige Verzeichnisse und Device-Einträge angelegt (**/dev, /root, /dev/console, /dev/root**), ehe **mount_root()** (**init/do_mounts.c**) ausgeführt wird. Diese ist dafür zuständig, dass je nach Kernel-Konfiguration versucht wird, die entsprechenden Root-Devices zu mounten, also z. B. NFS, Floppy usw. (dabei wird auch eine etwaige Boot-Option „**root=**" berücksichtigt). In **mount_block_root()** (**init/do_mounts.c**) werden die zu diesem Zeitpunkt bekannten Dateisysteme (also die fest in den Kernel compilierten) verwendet, um das potentielle Root-Device einzubinden. Gelingt dies, wird in das eingebundene Verzeichnis (**/root**) gewechselt. Schlagen alle Versuche fehl, kommt die bekannte Fehlermeldung „**VFS: Unable to mount root fs on ...**". Anschließend wird das Verzeichnis **/dev** (hier eventuell noch Bestandteil einer **InitRD**) wieder aus dem Verzeichnisbaum getrennt, das aktuelle Verzeichnis (**.**) als Wurzelverzeichnis (**/**) eingebunden und in dieses gewechselt.

Zu diesem Zeitpunkt ist der grundlegende Boot-Prozess abgeschlossen, und das System läuft prinzipiell.

In **free_initmem()** (**arch/m68knommu/mm/init.c**) wird der nun nicht mehr benötigte Speicher mit den Initialisierungsfunktionen (zwischen den Symbolen **__init_begin** und **__init_end**, siehe Linker-Script und **System.map**) wieder freigegeben.

unlock_kernel() hat für Einprozessorsysteme keine echte Funktion (siehe **include/linux/smp_lock.h**).

Mit **unshare_files()** (**kernel/fork.c**,) wird das „Sharing" von Files des aktuellen Tasks aufgehoben. Danach werden mit **put_files_struct()** (**kernel/exit.c**) die gerade geöffneten Dateien wieder freigegeben (für die Definition von **files_struct** siehe **include/linux/sched.h**).

Nun wird versucht, das Gerät **/dev/console** zu öffnen. Gelingt dies nicht, kommt es zur (eventuell bekannten) Warnung des Kernels „**Warning: unable to open an initial console.**" Im Anschluss wird durch das zweimalige Aufrufen von **dup()** (siehe **man 2 dup**) der File-Descriptor 0 (**stdin**) kopiert, wodurch die File-Descriptoren 1 (**stdout**) und 2 (**stderr**) entstehen.

Nun wird probiert, das **init**-Programm zu starten. Wurde ein „**init=xxx**" als Boot-Option gefunden, befindet sich das zu startende Programm in der globalen Variable **execute_command** (siehe **init/main.c**), die nun an **run_init_process()** (**init/main.c**) und damit an **execve()** (siehe **man execve**) übergeben wird. Sonst wird nacheinander mittels derselben Funktion versucht, Programme mit den Namen **/sbin/init**, **/etc/init**, **/bin/init** oder **/bin/sh** zu starten. Existiert eines dieser Programme und ist ausführbar, geht die Kontrolle an dieses Programm über. Wenn nicht, kommt es zur (sehr häufig zu findenden) Kernel-Panic „**No init found. Try passing init= option to kernel**".

5.4 Der Start des Linux 2.6-Kernels

Mit Linux 2.6 haben sich auch für den Startprozess viele Änderungen ergeben. Vieles ist noch immer ähnlich wie in Linux 2.4, insgesamt jedoch hat der Umfang erheblich zugenommen, und damit ist auch der Initialisierungsprozess komplexer geworden. Viele neue Funktionen, die während der Initialisierung aufgerufen werden, befassen sich jedoch mit „großen" Desktop- oder Server-Systemen, die alle ausnahmslos über eine MMU verfügen. In uClinux sind

diese Funktionen zumeist leer, oder sie werden durch leere Makros „gelöscht“. Daher soll in dieser Beschreibung nur Erwähnung finden, was für uClinux wirklich wichtig ist.
Die erste Funktion des Kernels in C heißt auch in Linux 2.6 **`start_kernel()`** und findet sich in **`init/main.c`**. Sie wird vom Assembler-Startup-Code aufgerufen.
Gleich die ersten Funktionen **`lock_kernel()`** und **`page_address_init()`** werden durch Makros „gelöscht“. Wie auch in Linux 2.4 wird als erstes der Banner ausgegeben. Er beinhaltet unter anderem die Version des Kernels und die Version des Compilers, mit der er gebaut wurde. Die Funktion **`setup_arch()`** ist stark plattformabhängig und in **`arch/m68knommu/kernel/setup.c`** für ColdFire-Prozessoren implementiert.

Folgendes wird für ColdFire in **`setup_arch()`** vorgenommen:

- Speicheranfang und -ende des Kernelimages speichern
- Aufruf von **`config_BSP()`** zum Kopieren der Commandline und zum Timersetup
- Ausgabe der Credits (Namen der beim Port beteiligten Personen und Firmen)
- Initialisierung der Speicherverwaltung; **`kmalloc()`** ist hiernach verwendbar

Nach der Rückkehr aus **`setup_arch()`** wird als nächste relevante Funktion **`sched_init()`** (**`kernel/sched.c`**) aufgerufen. Sie initialisiert Teile der Prozessverwaltung und macht den aktuellen Thread zum Leerlauf-Thread, der immer dann ausgeführt wird, wenn es wirklich gar nichts anderes zu tun gibt. Noch gibt es aber nur diesen Thread, und seine Ausführung geht voran.
Die Initialisierung der Speicherverwaltung wird mit den Funktionen **`build_all_zonelists()`** und **`page_alloc_init()`** fortgesetzt, und der Kernel gibt danach die Commandline aus.
Nun erfolgt das Parsen der Commandline durch **`parse_args()`** (**`kernel/params.c`**). Der Mechanismus läuft ganz ähnlich zu dem in Linux 2.4 ab. Im Kernelimage zwischen den Lables **`__start___param`** und **`__stop___param`** befinden sich Strings und Funktionspointer, Struktur **`struct kernel_param`** in **`include/linux/moduleparam.h`**. Wird einer der Strings in der Commandline gefunden, so wird die zugehörige Funktion aufgerufen.

Der Setup geht weiter mit **sort_main_extable()**; hierbei wird die Exception-Tabelle sortiert, damit binäre Suche möglich ist. Die Exception-Tabelle wird immer dann benötigt, wenn der Prozessor eine solche auslöst.
Die Funktion **trap_init()** ruft nach einigen Umwegen die Funktion **coldfire_trap_init()** (**arch/m68knommu/platform/5???/config.c**) für die Architektur ColdFire auf, damit die Interruptvektoren korrekt geschrieben werden.
Mit **rcu_init()** (**kernel/rcupdate.c**) wird das Read-Copy-Update-System zum gegenseitigen Ausschluss gestartet.
Was die Funktion **init_IRQ()** (für **m68knommu** in **arch/m68knommu/platform/5307/ints.c**) macht, braucht eigentlich nicht erwähnt zu werden. Dennoch: Für alle Interrupts wird der Standard-Handler gesetzt und damit das Interruptsystem initialisiert. Die Interrupts werden aber noch nicht freigeschaltet.
pidhash_init() richtet einen Hash ein, um die IDs der Prozesse schneller finden zu können. Abhängig vom Hauptspeicher wird die Größe der Hashes gewählt.
Nun wird mit **init_timer()** die Infrastruktur für Timer-Funktionen eingerichtet. Timer-Funktionen sind Funktionen, die beim Kernel registriert werden und die dann zu einem bestimmten Zeitpunkt aufgerufen werden.
Danach wird durch **softirq_init()** das SoftIRQ-Framework initialisiert. Es dient der nachgelagerten Bearbeitung von Daten, die wegen des Aufwands nicht in einer Interruptserviceroutine erfolgen kann. **time_init()** setzt die Systemzeit.
Durch Aufruf der Funktion **console_init()** wird dem Kernel die Ausgabe von Text erst ermöglicht. Alle vorherigen Ausgaben mit **printk()** sind in einen Puffer geschrieben worden und werden nun ausgegeben. Bei uClinux erfolgt dies üblicherweise über die serielle Schnittstelle.
Sollte es zuvor in der Initialisierungsphase einen schweren Fehler gegeben haben, dann wird nun eine Kernelpanik ausgelöst, die Fehlerbeschreibung wird ausgegeben, und das System stoppt.
Die Funktion **profile_init()** hat nur dann einen Effekt, wenn das Profiling bei der Kernelkonfiguration aktiviert wurde.
Ab Aufruf der Funktion **local_irq_enable()** (**include/asm-m68knommu/system.h**) kann die Hardware Interrupts auslösen.
Die folgenden Zeilen prüfen, ob eine initiale Ramdisk überschrieben wurde. Ramdisks sind auf Desktop- und Server-Systemen häufig zu finden, bei uClinux spielen sie kaum eine Rolle.
Mit Aufruf der Funktion **vfs_caches_init_early()** beginnt die Initialisierung des Dateisystems.

mem_init() setzt dann die Einrichtung der Speicherverwaltung fort.
Die Funktion **kmem_cache_init()** besorgt die Einrichtung der slab-Allokatoren, die in speicherintensiven Subsystemen verwendet werden, um die Anzahl der **kmalloc()** Aufrufe zu reduzieren.
Der Name der Funktion **numa_policy_init()** deutet schon an, dass es hier um Non-Unified-Memory-Access geht, also um große Mainframe-Systeme, für uClinux ist dies eine leere Funktion. Auch die Funktion **late_time_init()** spielt für uClinux keine Rolle.
Nun wird es wieder interessanter: Die Funktion **calibrate_delay()** schätzt die Leistungsfähigkeit ab. Es wird mittels einer Schleife geprüft, wie viele Befehle der Prozessor pro Zeiteinheit abarbeiten kann. Hieraus wird dann die Zahl der BogoMIPS errechnet, und die Wartefunktionen des Kernels werden danach eingestellt.
Der Speicher für die ProzessIDs wird alloziert in **pidmap_init()**.
Die Funktion **pgtable_cache_init()** ist für uClinux nicht relevant.
prio_tree_init() ermöglicht es dem Kernel, so genannte „radix priority search trees (PST)" zu verwenden. Die Speicherverwaltung und das Dateisystem machen davon Gebrauch.
Nur auf Prozessoren mit MMU hat die Funktion **anon_vma_init()** eine sinnvolle Aufgabe, für uClinux ist sie leer.
In **fork_init()** wird, wie schon in Linux 2.4, die Anzahl der maximal startbaren sowie die minimal für den Boot-Prozess notwendigen Threads festgelegt.
Die Initialisierung der Prozessverwaltung wird in **proc_caches_init()** fortgesetzt.
Nun wird das Subsystem *buffer* von **buffer_init()** gestartet, das für Dateisysteme von großer Bedeutung ist.
unnamed_dev_init() und **vfs_caches_init()** setzten den Prozess der Initialisierung des virtuellen Dateisystems fort.
Zwischendurch wird das „Security Framework" initialisiert (**security_init()**). Es wird unter anderem von selinux verwendet und ist für uClinux daher von nachrangiger Bedeutung.
Nun wird durch **radix_tree_init()** die Speicherstruktur „Radixtree" gestartet, sie findet in einigen Dateisystemen und beim Memorymanagement Anwendung.
Die Funktion **signals_init()** bereitet das Signalhandling im Kernel vor. Hiermit können sich Prozesse gegenseitig Signale zusenden, genauso wie auch der Kernel Signale an die Prozesse abgeben kann.

Ein weiteres Modul des Memorymanagements wird durch die Funktion **page_writeback_init()** bereitgestellt. Auch dies ist wiederum für Dateisysteme von Bedeutung.

Auf Systemen, die mit proc-fs-Unterstützung konfiguriert wurden, wird dieses nun gestartet. Mit nur sehr wenigen Ausnahmefällen verfügen alle Linux-Systeme über das proc-fs. Es ermöglicht das Auslesen von Kernel-Informationen aus Pseudo-Dateien im Verzeichnis **/proc/**.

Die Funktion **check_bugs()** prüft, ob bisher Fehler gemeldet wurden und behandelt diese; für m68k ist diese Funktion leer.

acpi_early_init() spielt für uClinux ebenfalls eine untergeordnete Rolle.

Der Kernel-Start wird nun in der Funktion **rest_init()** fortgesetzt. Hier gibt es kaum Änderungen gegenüber Linux 2.4. Ein Thread wird angelegt mit der Funktion **init()**, und einige für uClinux nicht relevante Funktionen werden aufgerufen.

Die Funktion **cpu_idle()** führt zu einer endlosen Schleife, die ständig prüft, ob nicht ein anderer Prozess lauffähig ist. Sinn der Schleife ist das Verbrauchen nicht benötigter Rechenleistung.

Der Thread mit der Funktion **init()** setzt den Start fort.

Begonnen wird mit einigen für uClinux wenig relevanten Funktionen.

Die Funktion **populate_rootfs()** stellt das root-Filesystem vorläufig bereit.

Weiter geht es in der Funktion **do_basic_setup()**.

Die drei ersten Funktionen **init_workqueues()**, **usermodehelper_init()** und **driver_init()** legen die Grundlagen für die Treiber. Es werden Verwaltungsstrukturen angelegt, auf die die Treiber später zugreifen können.

Die nachfolgende Funktion (**sysctl_init()**) initialisiert das SYSCTL-Interface, wenn es konfiguriert ist. Damit lassen sich erweiterte Parameter vom Kernel abfragen und einstellen.

Nun wird mit **sock_init()** das Netzwerksubsystem gestartet.

Die Funktion **do_initcall()** ruft nun alle Funktionen auf, die von Treibern zu deren Initialisierung gemeldet wurden. Die Reihenfolge der Aufrufe lässt sich mittels sieben Prioritätsgruppen beeinflussen. Die Datei **include/linux/init.h** definiert diese sieben Gruppen. Die meisten Treiber sind auf der Stufe sechs, also der zweitniedrigsten, zu finden.

In uClinux wird nun mittels **prepare-namespace()** das root-Filesystem gemountet. Anders konfigurierte Kernel können sich an dieser Stelle unterschiedlich verhalten.

Die Funktion **`free_initmem()`** gibt nun all den Speicher frei, in dem die init-Funktionen liegen, da diese nun nicht mehr gebraucht werden und somit gelöscht werden können. Üblicherweise gewinnt man hierdurch einige Kilobyte.
Die nächste relevante Funktion heißt **`sys_open()`**. Sie bereitet die Konsole auf Interaktion durch den User vor. Bei uClinux ist die Konsole üblicherweise mit der seriellen Schnittstelle verbunden. Die Konsole kann dann über den Filedescriptor 0 angesprochen werden. Gleich nachfolgend werden die Filedescriptoren 1 und 2 mittels **`sys_dup()`** erzeugt. Sie verweisen ebenfalls auf die Konsole und können als **`stdin`** bzw. **`stderr`** benutzt werden.
Als letzte Funktion wird **`run_init_process()`** aufgerufen, sie versucht ein bestimmtes Userlandprogramm zu starten. Dieses setzt die Initialisierung des Systems dann weiter fort. Es werden mehrere Programme durchprobiert, wird keines gefunden, gibt der Kernel die Meldung „**`No init found. Try passing init= option to kernel.`**" aus und löst ein Panic aus. Auch wenn das System nach Ausgabe dieser Meldung nicht benutzbar ist, zeigt sie doch, dass die Kernel-Initialisierung erfolgreich war. Das ist schon mal ein großer Schritt.

5.5 Aufbau der Kernel-Quellen

Der Aufbau der Kernel-Quellen unterscheidet sich zwischen den Versionen nur minimal. Einige Unterschiede zwischen Linux 2.6 und Linux 2.4 sind expliziet beschrieben.

5.5.1 Das Toplevel-Verzeichnis

Einen Überblick über das Toplevel-Verzeichnis der Quellen gibt Listing 1.
Es finden sich hier folgende Dateien:

`COPYING`
Die GNU GPL, unter der die Kernel-Sourcen stehen.

`CREDITS`
Ein (nicht vollständiges) Verzeichnis von Leuten, die zum Linux-Projekt beigetragen haben.

`MAINTAINERS`
Eine Liste der Teilbereiche des Kernels sowie der jeweils dafür Verantwort-

lichen und eine Beschreibung, wie diese zu kontaktieren sind sowie etwaige Verbesserungen eingereicht werden sollten.

`Makefile`
Das Toplevel-Makefile für die Kernel-Erzeugung.

`README`
Die „Releasenotes" für den Kernel, mit grundlegenden Informationen, was Linux ist, wie man mit den Kernel-Quellen umgeht, welche Tools man für die Compilierung benötigt etc.

`REPORTING-BUGS`
Eine Kurzanleitung, wie man etwaige Fehler des Kernels an die Entwickler melden kann.

`Rules.make` (nur Linux 2.4)
Regeln, die beim Übersetzen der Kernel-Quellen von mehreren Makefiles benötigt werden. Durch den kompletten Umbau des Buildsystems für Linux 2.6 ist diese Datei weggefallen.

5.5.2 Das Verzeichnis `Documentation/`

Ein Großteil der für den Linux-Kernel vorhandenen Dokumentation findet sich in diesem Unterverzeichnis. Die Informationen sind entweder in einzelnen Dateien dieses Verzeichnisses (wie z. B. für den IDE-Treiber von Linux in der Datei **`ide.txt`**) oder in speziellen Unterverzeichnissen (z. B. die netzwerkspezifische Dokumentation unterhalb von **`networking/`**) abgelegt. Einen ersten Überblick kann man sich mit einem Blick in die Datei **`Documentation/00-INDEX`** verschaffen, in der der Inhalt der einzelnen Dateien und Verzeichnisse beschrieben wird. Viele Dateien sind vermutlich eher für Entwickler interessant, wie die Dokumente, die die unterschiedlichen APIs und/oder Programmierrichtlinien bzw. -techniken beschreiben (wie etwa **`CodingStyle`**, **`SubmittingDrivers`**, **`SubmittingPatches`** oder **`watchdog-api.txt`**). Andere enthalten ebenso nützliche Tips und Hinweise für den Anwender (z. B. **`modules.txt`**, **`svga.txt`** oder **`kernel-parameters.txt`**). Weitere Links zu kernelspezifischer Dokumentation, wie zu Büchern, Webseiten o. Ä. sind in der Datei **`kernel-docs.txt`** enthalten. Außerdem liegen im Unterverzeichnis **`DocBook/`** Quellen, aus denen weitere Dokumente in unterschiedlichsten Formaten erstellt werden können. Beispielsweise erzeugt ein Aufruf von **`make htmldocs`** im

Kernel-Verzeichnis entsprechende Unterverzeichnisse mit HTML-Dokumenten unterhalb von **Documentation/DocBook/**. Näheres dazu ist **kernel-doc-nano-HOWTO.txt** zu entnehmen.

5.5.3 Das Verzeichnis arch/ für die unterstützten Architekturen

Der Hauptteil des Kernels ist architekturunabhängig. Die „hardware-nahen" Teile, wie etwa die Speicherauslegung, die Behandlung von Interrupts, die Intialisierung des Prozessors etc. sind allerdings architekturabhängig. Diese finden sich in getrennten Verzeichnissen für jede Architektur unterhalb von **arch/**, wie in dem folgenden Listing dargestellt:

```
user@pc:~/uClinux/linux-2.4.x$ ls arch/
alpha cris i386 m68knommu mips64 ppc s390x sparc64
arm ia64 microblaze niosnommu ppc64 sh v850
armnommu h8300 m68k mips parisc s390 sparc x86_64
[...]
user@pc:~/uClinux/linux-2.6.x$ ls arch/
alpha arm26 frv i386 m32r m68knommu parisc ppc64 sh
sparc um x86_64 arm cris h8300 ia64 m68k mips
ppc s390 sh64 sparc64 v850
```

5.5.4 Kernel-Unterstützung für Verschlüsselung unter crypto/

Seit Kernel-Version 2.4.22 besitzt Linux eine API zur Unterstützung verschiedener Algorithmen für die Verschlüsselung (z. B. von Dateisystemen, Netzwerkverkehr, E-Mails usw.), wie z. B. SHA-1, MD5, DES oder Blowfish. Diese API liegt in **crypto/**.

5.5.5 Die Gerätetreiber in drivers/

Hier findet man alle Quellen der Treiber des Linux-Kernels. Das Verzeichnis ist nach den verschiedenen Treiberarten weiter unterteilt. Beispielsweise gibt es Treiber für zeichenorientierte Geräte (Tastatur, Maus, Joystick) unterhalb von **char/** und solche für Geräte mit blockweisem Datenzugriff (Diskette, Festplatte, Ramdisk) unterhalb von **block/**. In anderen Verzeichnissen sind die Treiber „thematisch" zusammengefasst, wie etwa in **isdn/**, **pci/**, **video/** oder **sound/**.

```
user@pc:~/uClinux/linux-2.4.x$ ls drivers/
acorn cdrom gsc ieee1394 md net pnp sound zorro
acpi char hil input media nubus s390 tc
atm hotplug isdn message parport sbus telephony
block dio i2c macintosh misc pci scsi usb
bluetooth fc4 ide Makefile mtd pcmcia sgi video
[...]
user@pc:~/uClinux/linux-2.6.x$ ls drivers/
acorn block char eisa ide isdn mca misc nubus pci
sbus sn usb acpi bluetooth cpufreq fc4 ieee1394
md mmc oprofile pcmcia scsi spi video atm crypto
firmware infiniband macintosh media mtd parisc pnp
serial tc w1 base cdrom dio i2c input Makefile
message net parport s390 sh telephony zorro
```

5.5.6 Unterstützung von Dateisystemen unter `fs/`

Das Verzeichnis **`fs/`** beinhaltet den Code für die Behandlung der von Linux unterstützten Dateisysteme und -formate. Hier wird eine weitere Unterteilung nach File-Systemen vorgenommen wie **`ext2/, ext3/, dos/, vfat/`** usw. Außerdem liegt hier der Quell-Code, der den Umgang mit Dateien und Inodes allgemein behandelt (in **`attrib.c, file.c, inode.c`** u. a.) sowie der für den Umgang mit Executables unter Linux (in **`binfmt_*.c`**). Wichtig sind natürlich auch die „Spezialfälle" **`proc`**-Dateisystem (in **`proc/`**), das „Virtual File System", das eine Software-Schnittstelle des Kernels zum Zugriff auf Filesysteme aus dem Userspace bereitstellt (in **`vfs/`**).

5.5.7 Die Include-Dateien für den Kernel-Bau unter `include/`

In **`include/`** liegen fast alle Include-Dateien, die man zum Compilieren des Kernels benötigt (z. B. **`linux/, video/, net/`**). Neben diesen gibt es wieder architekturspezifische Unterverzeichnisse. Nach der Konfiguration des Kernel-Build-Prozesses liegt hier ein Link **`asm/`**, der auf die ausgewählte Architektur zeigt.

5.5.8 Die Initialisierung des Kernels in `init/`

Das Verzeichnis **`init/`** umfasst nur drei Dateien, die aber für die Initialisierung des Kernels entscheidend sind. Die **`version.c`** ist für die Erzeugung der Versionskennung des gerade erstellten Kernels verantwortlich. Die **`main.c`** enthält die Haupt-Routinen für die Initialisierung. Die **`do_mounts.c`** ist für das Mounten des Root-Filesystems verantwortlich.

5.5.9 Interprozess-Kommunikation in `ipc/`

Unter **`ipc/`** befindet sich der Code, der benötigt wird, damit die Prozesse unter Linux miteinander kommunizieren können.

5.5.10 Kernel-Code unter `kernel/`

Im Verzeichnis **`kernel/`** liegt der architekturunabhängige Teil des Kernels. Die Teile, die spezifisch für die jeweilige Architektur sind, finden sich unter **`arch/*/kernel/`**.

5.5.11 Libraries unter `lib/`

Das Verzeichnis **`lib/`** enthält immer wieder benötigte Funktionen allgemeiner Natur, wie zum Beispiel: Stringhandling, Kompression und Prüfsummen.

5.5.12 Netzwerk-Code in `net/`

Linux bietet eine sehr gute Netzwerkunterstützung. Der Code hierfür liegt in **`net/`**, und zwar aufgeteilt nach Netzwerktechnologie bzw. -art (z. B. **`ipx/`**, **`ethernet/`**, **`irda/`**, ...).

5.5.13 Code für das Speicher-Management in `mm/` und `mmnommu/`

Auch der Code für das Speicher-Management ist in architekturabhängige und -unabhängige Teile gegliedert. Die ersteren befinden sich in **`mm/`** bzw. **`mmnommu/`**, die letzteren unter **`arch/*/mm/`**.

Hinweis: Im Standard-Kernel ist das Verzeichnis **mmnommu/** nicht vorhanden. Das ist eine Erweiterung unter uClinux. Im Zuge der Umstellung auf Linux 2.6 ist das Verzeichnis **mmnommu/** wieder verschwunden.

5.5.14 Scripte für den Kernel-Bau unter scripts/

Bei der Konfiguration, der Pflege und zur Vorbereitung der Übersetzung des Linux-Kernels werden zahlreiche Scripte und Hilfsprogramme verwendet, die unter **scripts/** abgelegt sind, wie etwa **Configure** oder **Menuconfig** (zur Konfiguration des Kernels), **mkdep.c** (Erstellen der Abhängigkeiten aus den Source-Dateien) oder **patch-kernel** (hilft beim Einspielen so genannter Kernel-Patches).

5.5.15 Erweiterte Sicherheitsfunktionen unter security/

Einige Funktionen zur Absicherung des Systems sind in **security/** zu finden. Bei uClinux kommen sie zur Zeit noch eher selten zum Einsatz.

5.5.16 alsa-Sound unter sound/

Abweichend von der sonst üblichen Anordnung von Treibern unter **drivers/** sind die Treiber für Soundkarten in dem Verzeichnis **sound/** zu finden. Grund hierfür ist, dass Soundtreiber lange Zeit vom alsa-Projekt außerhalb des Kernels gepflegt wurden. Mit Linux 2.6 wurde alsa in den Kernel integriert, hierbei wurde die Treiberstruktur von alsa ohne große Anpassung in das Verzeichnis **sound/** kopiert.

5.5.17 Informationen aus Kconfig

Seit Linux 2.6 gibt es in jedem Verzeichnis, das auch Sourcen enthält, die Datei **Kconfig**. Ihr Inhalt kann zusammen mit dem **Makefile** als Informationquelle für den Code in dem aktuellen Verzeichnis dienen. Beim Aufruf von z. B. **make menuconfig** wird der Inhalt dieser Dateien analysiert und das Menü wird daraufhin aufgebaut.

5.6 Open Source

Diese ausführliche Betrachtung sollte nur einen groben Überblick über den Linux-Kernel geben, mit vielen Teilen kommt man auch als Entwickler für uClinux nur äußerst selten in Kontakt, Beispiele hierfür sind das Memory-Management, die Interna der Dateisysteme, die Schnittstellen zum Userland und vieles andere mehr. Kurz gesagt, alles, das nicht direkt mit Hardware in Verbindung steht, macht sehr selten bis nie Probleme. Sollte es dennoch einmal zu Fehlern aus diesen Subsystemen kommen, dann liegt es sehr wahrscheinlich an einer fehlerhaften Benutzung durch andere Systeme oder an Veränderungen des Codes durch illegales Schreiben in den Speicher oder falsch eingestellte Memory-Controller und Caches. Eine Fehlersuche in diesen Subsystemen ist also so gut wie nie erforderlich, sie wäre auf Grund ihrer massiven Komplexität auch sehr zeitaufwändig.

Außerdem soll in diesem Abschnitt der Linux-Kernel als Beispiel für „Open Source“ dienen und zeigen, dass man ausnahmslos alles sehen und beeinflussen kann. Optimierungen und Veränderungen sind bis in die kleinsten Details möglich.

Jeder kann den Linux-Kernel verändern und verbessern – und wer von seiner Arbeit besonders überzeugt ist, kann mittels der Linux-Kernel-Mailing-Liste (LKML) seine Änderungen in das offizielle Kernel-Release einfließen lassen. Auf der LKML wird jede Änderung genau untersucht und bewertet. Hat niemand mehr Einwände gegen die Änderung, so wird sie übernommen und in das nächste Release integriert. Nähere Informationen zur Mitarbeit an Linux liefert das Verzeichnis **`Documentation/`**.

6 Kernel-Treiber

You may be gone tomorrow,
but that doesn't mean that you weren't here today.

In diesem Kapitel geht es um Kernel-Treiber. Zunächst werden einige Grundlagen vermittelt. Im zweiten Teil wird eine für die Entwicklung solcher Treiber geeignete Arbeitsumgebung vorgestellt, ehe am Ende anhand eines konkreten Beispiels die praktischen Aspekte dieses Themas beleuchtet werden.

6.1 Einleitung

Jeder Computer, ob nun ein PC oder ein Embedded System, besteht aus Hardware, die für die zu erledigenden Aufgaben konfiguriert und gesteuert werden muss. Hierzu zählen prinzipiell die Steckkarten und Controller für alle Peripherie-Elemente, wie Laufwerke, Drucker, Scanner, Monitore, Eingabegeräte, Audio-Systeme, über Peripherie-Schnittstellen (seriell, USB, CAN-Bus, SPI, ...) bis zu angeschlossenen Karten oder Instrumenten usw. Obwohl diese Kontrollaufgaben im einfachsten Fall ein einziges Programm übernehmen kann, wird im Folgenden davon ausgegangen, dass ein Betriebssystem verwendet wird, das mit Hilfe spezieller Software auf diese Geräte zugreift. Die meisten Betriebssysteme bringen die für den Betrieb der Systemkomponenten notwendige Software bereits mit, sodass sich der Anwender keine Gedanken um deren Funktion machen muss.
Wird allerdings neue Hardware verwendet, muss eine Unterstützung oft erst implementiert werden. Dies ist vor allem im Embedded Bereich typisch, wo die verwendeten Systeme oft neu entwickelt und in Betrieb genommen werden.
Das vorliegende Kapitel befasst sich damit, wie die Zugriffe auf die Systemkomponenten vor allem unter uClinux realisiert werden können.

6.2 Hardware-Zugriffe aus dem User-Mode

Prinzipiell hat man unter uClinux auf Systemen ohne MMU immer die Möglichkeit, aus dem User-Kontext auch auf Register, Ports etc. zuzugreifen, da der gesamte Adressraum zugänglich ist.

```
#include <stdio.h>

#define IPSBAR  (0x40000000)

#define PTCPAR(IPSBAR + 0x0010005A)
#define PTDPAR(IPSBAR + 0x0010005B)
#define DDRTC  (IPSBAR + 0x00100023)
#define DDRTD  (IPSBAR + 0x00100024)
#define PORTTC(IPSBAR + 0x0010000F)
#define PORTTD(IPSBAR + 0x00100010)

int main(void)
{
    unsigned int iCount = 0;
    unsigned char ucPortMask = 0x01;
    // set the ports TC and TD to digital I/O:
    (*(unsigned char *)(PTCPAR)) = 0x00;
    (*(unsigned char *)(PTDPAR)) = 0x00;

    // set lower 4 Bits of the ports as outputs:
    (*(unsigned char *)(DDRTC)) = 0x0F;
    (*(unsigned char *)(DDRTD)) = 0x0F;

    // switch the leds off:
    *(volatile unsigned char *)(PORTTC) = 0x0F;
    *(volatile unsigned char *)(PORTTD)= 0x0F;

    while(1) {
     // control the LEDs:
     if (iCount++ >= 0xfff0) { // "some kind of" timer
        iCount = 0;
        ucPortMask <<= 1;    // shift to the next pin
        if (ucPortMask == 0) {
         ucPortMask = 0x01;
        }
        if (ucPortMask & 0x0F) {
         *(unsigned char *)(PORTTD) = 0x0F;
         *(unsigned char *)(PORTTC) = (unsigned ↵
              char)~ucPortMask;
        }
        else {
         *(unsigned char *)(PORTTC) = 0x0F;
         *(unsigned char *)(PORTTD) = (unsigned ↵
```

```
                    char)~(ucPortMask>>4);
            }
        }
    }
    return(0);
}
```

Listing 6.1 Hardware-Zugriff aus dem Userland

Das vorliegende Beispiel wurde für das COBRA5282-Board der senTec GmbH entwickelt, auf diesem Board sind auch die notwendigen LEDs an den GPIOs angeschlossen. Das Beispiel in Listing 6.1 kann mit der Befehlszeile

```
user@pc:~$ m68k-elf-gcc -m5307 -o led -Wl,-elf2flt ↵
                                            led_um.c -lc
```

kompiliert werden. Ist das Verzeichnis mit der kompilierten Anwendung auf dem PC via NFS in den Verzeichnisbaum des Targets eingebunden, wechselt man auf dem Target in dieses Verzeichnis. Nach dem Aufruf durch **./led** steuert das Programm die LEDs nacheinander an, sodass diese eine Art Lauflicht darstellen.

Hinweis: Bei der verwendeten Plattform muss der Zugriff auf die Ports aus dem User-Kontext heraus explizit durch die CPU freigegeben werden.

Zum Beispiel während der Prozessorinitialisierung mit:

```
    /*
     * User mode port access
     */
    move.l    #0x0000000c, %d0
    move.b    %d0, (IPSBAR+GPACR0)
```

Das Beispielprogramm ist wie folgt aufgebaut:

- Zunächst werden im Listing 6.1 einige Register-Adressen definiert.
- Dann werden die GPIO-Pins für Ausgabe eingerichtet.

- Die Endlosschleife bildet dann das eigentliche „Lauflicht“. Es wird jeweils eine Bitmaske um ein Bit verschoben und dann ausgerechnet, welche Bits der Port-Register gesetzt werden müssen, damit die angeschlossene LED leuchtet **Hinweis:** Die LED leuchtet, wenn das zugehörige Port-Bit gelöscht ist.

Sicherlich hat dieser recht einfache Ansatz ein paar Vorteile. So kann beispielsweise ohne großen Aufwand geprüft werden, ob Hardware-Zugriffe prinzipiell funktionieren, ob sich der geplante Algorithmus implementieren lässt etc. Außerdem stehen alle Funktionen der C-Bibliothek zur Verfügung, nicht nur der eingeschränkte Funktionsumfang, der Bestandteil des Kernels ist. Nicht zu verachten sind auch die deutlich besseren Debug-Möglichkeiten im User-Kontext. Trotzdem sollte diese Option nur in sehr seltenen Fällen genutzt werden, da sie auch mit einigen Nachteilen verbunden ist. Beispielsweise ist sie sehr fehlerträchtig, da man durch einen falschen Zugriff den Kernel auch aus dem User-Kontext heraus zum Absturz bringen kann. Natürlich gilt es – auch im Kernel-Kontext und insbesondere unter uClinux – extreme Vorsicht bei Zugriffen auf Adressen walten zu lassen. Jedoch das oben gezeigte Abschalten des Zugriffsschutzes für den User-Kontext verschärft das Problem noch. Neben dem genannten Punkt ist vor allem von Nachteil, dass nach dem hier gezeigten Prinzip erstellter Code nicht oder nur sehr schwer plattformübergreifend und damit wiederverwendbar sein wird. Außerdem lassen sich zeitkritische Aufgaben im User-Kontext nicht so gut lösen wie im Kernel-Kontext, da mehr Zeit für das Umschalten der Prozesse verwendet wird. Auch sind Interrupts nur im Kernel zugänglich, wodurch viele Anwendungen, die auf durch externe Ereignisse ausgelöste Interrupts reagieren müssen, nur als Kernel-Treiber realisierbar sind.

6.3 Treiber unter Linux

Unter Linux (wie unter Unix allgemein) übernimmt der Betriebssystemkern die Steuerung der Hardware. Dies geschieht unter Verwendung von Software-Komponenten, die jeweils für die Arbeit mit exakt einem der Geräte zuständig sind. Diese Software-Komponenten werden als „Kernel-Treiber“ (oft auch als „Device-Treiber“, also „Gerätetreiber“) bezeichnet. Sie sind eine Software-Ebene zwischen Anwendungen (wie z. B. den vom Nutzer gestarteten Programmen) und der eigentlichen Hardware des verwendeten Systems. Sie stellen einheitliche, Hardware-unabhängige Zugriffsmöglichkeiten bereit, die die Details der Hardware vor den „oberen“ Software-Schichten verbergen. Unter Linux (wie unter anderen Unix-Systemen auch) stellt der Kern für die Zugriffe auf die Geräte dieselben Möglichkeiten bereit wie beim Zugriff auf Dateien. Die Zugriffe, also z. B. `open`,

read, write und **close**, erfolgen dabei über eine spezielle virtuelle Datei im Dateisystem (definitionsgemäß unterhalb des Verzeichnisses **dev/**).

Eine wichtige Aufgabe moderner Betriebssysteme ist die Verwaltung aller Ressourcen und eine Kontrolle des Zugriffs auf diese. Zu diesem Zweck unterstützten aktuelle CPUs unterschiedliche Modi, in denen die einzelnen Prozesse laufen können. Linux nutzt zwei der möglichen Modi. Die im Kernel-Kontext (die CPU befindet sich im „Supervisor Mode“) ablaufenden Prozesse haben vollen Zugriff auf alle Ressourcen. Das Gegenteil davon ist der User-Kontext (der „User Mode“ der CPU). In diesem Modus werden die Zugriffe auf die Hardware und auf andere Ressourcen von der CPU kontrolliert und gesteuert. Aus dieser Unterteilung wird klar, dass die Kernel-Treiber stets im Kernel-Kontext laufen müssen, da sie direkten Zugriff auf die Hardware benötigen.

6.4 Geräteklassen

Unter Linux sind Geräte in verschiedene Klassen eingeteilt. Den Code für die dazugehörigen Treiber findet man unterhalb des Verzeichnisses drivers/ im Hauptverzeichnis des Kernels. Zu den wichtigsten Geräteklassen zählen:

- zeichenorientierte Geräte (Treiber unterhalb von **char/**)
  Die Kommunikation mit dem zu steuernden Gerät erfolgt zeichenweise, immer ein Zeichen (Byte) nach dem anderen, in einem Datenstrom. Beispiele sind Treiber für die Tastatur, die Maus oder ein über die serielle Schnittstelle angeschlossenes Gerät.
- blockorientierte Geräte (unterhalb **block/**)
  Hier erfolgt der Zugriff auf die Daten blockweise, meist in Blöcken der Größe von 1 kByte (oder einem Vielfachen davon). Blockorientierte Geräte können ein Dateisystem enthalten. Beispiele sind Festplatten, CD-ROMs, USB-Sticks oder Multimedia-Cards.
- Netzwerk-Geräte (Treiber-Code unterhalb von **net/**)
  Die Kommunikation ist vollkommen verschieden zu der mit zeichen- oder blockorientierten Geräten. Netzwerkschnittstellen haben zwar einen eindeutigen Namen (wie **eth0** oder **ppp0**), aber keine virtuelle Gerätedatei unterhalb von **dev/**.

Inzwischen gibt es eine große Zahl weiterer Geräteklassen im Linux-Kernel, wie USB, FireWire, SCSI, I²C usw., die hier nicht näher betrachtet werden sollen. Für alle diese Unterteilungen gilt aber, dass Gemeinsamkeiten der den Klassen jeweils

zugrunde liegenden Hardware zusammengefasst und den Zugriffen der Treiber-Entwickler über einheitliche Schnittstellen zur Verfügung gestellt werden.
In den folgenden Ausführungen soll das Hauptaugenmerk auf den zeichen-orientierten Geräten liegen, da an diesen die allgemeinen Prinzipien leicht verständlich und umfassend dargestellt werden können.

6.5 Gerätedateien

Hat sich ein Treiber für ein bestimmtes Gerät beim Kernel registriert, wartet er praktisch im Hintergrund darauf, dass eine Anwendung seine Dienste in Anspruch nehmen möchte. Die Anwendung sagt in einem solchen Fall dem Kern, auf welche Ressource sie mit welchem Treiber zugreifen möchte, indem sie die zugehörige Gerätedatei im Verzeichnis **/dev/** öffnet. Die Einträge in diesem Verzeichnis sehen beispielsweise folgendermaßen aus:

```
crw-------    1 0  0        4,  64 Jan  1  1970 ttyS0
crw-------    1 0  0        4,  65 Jan  1  1970 ttyS1
```

Dieses Beispiel zeigt die Ausgabe von **ls -al /dev/ttyS***. Gezeigt sind zwei Gerätedateien für die seriellen Schnittstellen. Dass die Treiber zeichen-orientierte Geräte bedienen, erkennt man am „c" (für „char", Zeichen) in der linken Spalte. Bei Dateien für blockorientierten Zugriff findet sich hier ein „b" (für „block"). Dies verdeutlicht z. B. die Ausgabe von **ls -al /dev/ram0**, die die entsprechenden Eigenschaften für eine Gerätedatei des Ramdisk-Treibers auflistet. Die rechte Spalte, also **ttyS0** bzw. **ttyS1** in der Ausgabe oben, zeigt den Namen der Gerätedatei. Eine Anwendung im User-Kontext kann dann den Eintrag unter dem hier angegebenen Namen öffnen, um mit dem Treiber zu kommunizieren. Die „4" in den beiden Zeilen ist die sogenannte „Major-Nummer". Ein Treiber sagt während seiner Initialisierung dem Kernel, für welche Datei, genauer: für welchen Eintrag, mit welcher Major-Nummer unter **/dev/** er sich verantwortlich fühlt. Wenn eine Applikation einen solchen Eintrag öffnet, werden alle dann aufgerufenen Operationen vom Kernel an die dafür vom zuständigen Treiber bereitgestellten Funktionen weitergeleitet. Die so genannte „Minor-Nummer", die 64 in der ersten bzw. die 65 in der zweiten Zeile, werden vom Kernel selbst nicht verwendet, sondern direkt an den Treiber übergeben. Diese Nummer kann vom Treiber in unterschiedlichster Art und Weise verwendet

werden. So könnte er z. B. hieran unterscheiden, welche von mehreren vom Treiber bedienten Hardware-Schnittstellen gemeint ist. Diese Möglichkeit wird im oben gezeigten Fall genutzt. Der Treiber kann hier anhand der Minor-Nummer erkennen, ob **/dev/ttyS0** oder **/dev/ttyS1** (die erste oder die zweite serielle Schnittstelle) benutzt wird. Andere Treiber können die Minor-Nummer z. B. dazu benutzen, verschiedene Betriebsmodi des angeschlossenen Gerätes zu unterscheiden etc.
Es gibt allerdings einen wesentlichen Unterschied zwischen Gerätedateien und „normalen" Dateien: Während letztere vom Nutzer einfach angelegt werden können (etwa mit einem Editor, durch das Kommando **touch**, mit Hilfe von Operationen der Kommando-Shell etc.), werden erstere normalerweise durch den Super-User unter Verwendung von **mknod** erstellt. Diesem Befehl wird der Name der zu erzeugenden Datei, ihr Typ (c für zeichenorientiert, b für blockorientiert) sowie die Major- und die Minor-Nummer übergeben. Die beiden oben gezeigten Dateien für die seriellen Schnittstellen wurden beispielsweise erzeugt durch:

```
# mknod /dev/ttyS0 c 4 64
# mknod /dev/ttyS1 c 4 65
```

was standardmäßig bereits bei der Konfiguration des Systems erfolgt.

Bei der Verwendung der uClinux-Distribution werden die Gerätedateien im Erstellungsprozess des Kernel-Images angelegt. Hierzu gibt es in **vendors/$(CONFIG_VENDOR)/$(CONFIG_BOARD)/Makefile** die Variable **DEVICES**, die die zu erzeugenden Einträge auflistet. Für jeden Eintrag entsprechen die Reihenfolge und die Bedeutung der Parameter der oben für **mknod** angegebenen, nur dass sie hier durch Kommata getrennt werden. Nach erfolgter Image-Erzeugung (oder nach Einzelaufruf von **make romfs**) kann man sich die dabei erzeugten Dateien im Verzeichnis **romfs/dev/** anschauen. Ein **ls -al romfs/dev/*ttyS*** zeigt dabei wieder die Dateien für die seriellen Schnittstellen:

```
romfs/dev/@ttyS0,c,4,64
romfs/dev/@ttyS1,c,4,65
```

Wie man sieht, handelt es sich hierbei noch um „echte“ Dateien, deren Dateinamen lediglich angeben, dass für sie später Einträge für Gerätedateien erzeugt werden sollen. Bei der Erzeugung des Rootfilesystemimages durch das Programm `genromfs` werden diese kodierten Dateien dann umgesetzt.

6.6 Hilfe zur Treiberprogrammierung

Es gibt einige gute Literaturstellen, die beim Einstieg in dieses Thema zu Rate gezogen werden können. Den umfassendsten Überblick bietet sicher „das“ Standardwerk von Rubini [60].
Soll ein eigener Treiber erstellt werden, ist zunächst zu überlegen, welche Aufgaben der Treiber erfüllen soll. Für die meisten Anwendungen dürfte sicher ein zeichenbasierter Treiber am geeignetsten zu sein. Hat man die entsprechende Geräteklasse ausgewählt, kann man in den Kernel-Quellen unter `drivers/char/` nachsehen, ob es bereits einen geeigneten Treiber als Vorlage gibt.

6.7 Statische oder ladbare Gerätetreiber

Prinzipiell kann ein Gerätetreiber fest in den Kernel eingebaut werden („built-in driver“) oder als ladbares Kernel-Modul („loadable kernel module, LKM“) realisiert sein. Bei Desktop-Systemen werden die meisten Geräte heute über nachladbare Module gesteuert, wofür insbesondere folgende Vorteile sprechen:

- Es werden nur Kernel-Module geladen, die wirklich benötigt werden, sodass kein Speicherplatz verschenkt wird.
- Kernel können sehr flexibel gehalten werden, sodass sie für viele Systeme verwendbar sind, wobei sie sich jeweils die Treiber für die aktuell vorgefundene Hardware nachladen (ein Punkt, der insbesondere für Linux-Distributoren von Interesse ist).
- Die Anschaffung neuer Hardware hat nicht automatisch das Neuerzeugen des gesamten Kernels zur Folge, sondern maximal nur die Erstellung und Installation des benötigten Moduls.
- Die Weitergabe von Treibern kann in compilierter Form erfolgen, sodass der Quell-Code an sich nicht unter die GPL gestellt werden muss.

Vermutlich wird bei diesen Systemen der Trend immer mehr in Richtung generischer Kernel mit ladbaren Modulen gehen. Eine Ausnahme hiervon bilden nur Treiber für Hardware, die der Kernel selbst bereits direkt beim Start benötigt, wie etwa die Ramdisk und alle Komponenten, die zum Zugriff auf die Festplatte benötigt werden. Diese Treiber müssen fest in den Kernel eingebaut werden.
Auch bei sicherheitskritischen Anwendungen, wie etwa auf Firewalls, kann das Abschalten der Fähigkeiten des Kernels zum Nachladen von Treibern anzuraten sein, da hier im Normalfall die verwendete Hardware bekannt und unveränderlich ist und somit die o. g. Vorteile durch die mit den LKM-Mechanismen verbundenen potentiellen Gefahren aufgehoben werden.
Auf den hier betrachteten Embedded Systemen können die Vorteile von ladbaren Kernel-Modulen nur bedingt zur Geltung kommen. Auch hier ist die zu steuernde Hardware bekannt und wird im laufenden Betrieb kaum verändert. Die schonende Ausnutzung des RAM wird in den meisten Fällen sicher durch die Verzögerungen aufgehoben, die sich durch das Laden bzw. Entladen der Module ergeben würden. Hier macht also die Verwendung von ladbaren Kernel-Modulen fast nur bei der Entwicklung der Kernel-Treiber Sinn, wo sie folgende Vorteile bietet:

- Es muss nicht jedes Mal das gesamte Kernel-Image auf den Target übertragen werden. Stattdessen kann das Arbeitsverzeichnis des Host in das Dateisystem des Clients eingebunden werden (z. B. über NFS), sodass das Modul dann aus diesem geladen werden kann.
- Das Debuggen des Treibers ist deutlich einfacher, da er schneller geladen und entladen werden kann, ohne den Kernel jeweils neu zu starten.

Um die Module einfach vom Entwicklungsrechner zum Target zu bewegen, empfiehlt es sich, ein NFS-System aufzubauen, wie es in Kapitel 8 beschrieben ist.

6.8 Ein Beispiel-Treiber

Im Folgenden wird beispielhaft der Kernel-Treiber **`leddrv.o`** realisiert, der dieselben Aufgaben erfüllt wie das in Abschnitt 6.2 erstellte Usermode-Programm **`led_um`**. Bei der Erstellung des Treibers werden die notwendigen Grundlagen der Treiberprogrammierung aufgezeigt.
Der Treiber wird als ladbares Kernel-Modul erstellt. Hierfür wird in der Konfiguration für den Kernel unter „Loadable module support“ „Enable loadable module support“ aktiviert (was in der **`linux-2.y.x/.config`** die Variable **`CONFIG_MODULES=y`** setzt). Zum Laden und Entladen der Module wird das Busybox-Programm **`insmod`** verwendet. Dazu werden im Konfigurationsmenü

für die Anwendungsprogramme unter dem Punkt „Busybox“ die Punkte „insmod“, „insmod: lsmod“, „insmod: rmmod“ und „insmod: 2.1 - 2.4 kernel modules“ oder „insmod: 2.6 kernel modules“ je nach Kernelversion eingeschaltet.
`config/.config` enthält dann u. a. **`CONFIG_USER_BUSYBOX_INSMOD=y`**, **`CONFIG_USER_BUSYBOX_LSMOD=y`**, **`CONFIG_USER_BUSYBOX_RMMOD=y`** und **`CONFIG_USER_BUSYBOX_2_4_MODULES=y`** oder **`CONFIG_USER_BUSYBOX_2_6_MODULES=y`**.
Da alle Gerätetreiber im Kernel-Kontext laufen, ist durch sie ein Zugriff auf alle Register, Ports und den Speicher ohne Problem möglich. Ein spezielles „Freigeben“ von Registern etc., wie für das Usermode-Programm gezeigt, ist hier nicht notwendig.

6.8.1 Ein erstes Beispiel

Um die Arbeitsumgebung sowie das Laden und Entladen von Treibern allgemein zu testen, soll mit folgendem kleinen Code-Stück begonnen werden:

```
#include <linux/kernel.h>
#include <linux/module.h>
#include <linux/init.h>

static int __init leddrv_init(void) {
    printk("Hello world!\n");
    return (0);
}

static void __exit leddrv_exit(void) {
    printk("Good bye!\n");
    return;
}

module_init(leddrv_init);
module_exit(leddrv_exit);
```

Dieser Code beinhaltet noch keinerlei wirkliche Funktionalität. Es wird lediglich beim Laden des Moduls der Text „Hello world!“ ausgegeben und beim Entladen „Good bye!“.

Das Beispiel wird für den Kernel der Verion 2.4 übersetzt mit:

```
m68k-elf-gcc -D__KERNEL__ -DMODULE -O1 -c leddrv1.c ↵
                                         -o leddrv.o
```

Für Linux-Kernels ab der Version 2.6 reicht das Objectfile des Compilers nicht mehr als Modul. Um Module für modernere Kernels zu bauen, ist es sinnvoll, auf Strukturen des Kernel-Build-Systems zurückzugreifen. Das bedeutet jedoch, dass ein Makefile (Listing 6.2) zum Bauen eines Moduls notwendig wird. Ebenso muss ein fertig konfigurierter Kerneltree vorhanden sein. Wurde uClinux zuvor bereits gebaut, dann befindet sich ein solcher Tree unter **uClinux-dist/linux-2.6.x/**.

```
ifneq ($(KERNELRELEASE),)
obj-m   := leddrv.o

else
AKT := $(shell pwd)
KERNEL   := <path-to-uclinux>/linux-2.6.x/

default:
    make -C $(KERNEL) SUBDIRS=$(AKT) modules
endif
```

Listing 6.2 Makefile für Linux-2.6-Module

Durch den Aufruf von **make** wird nun das Modul erstellt. Die Datei mit der Endung **.ko** beinhaltet das Modul und muss zum Testen auf das Target kopiert werden.

Zum Laden des Moduls, unabhängig von der Kernelversion, wechselt man auf dem Target in das Arbeitsverzeichnis und und ruft **insmod <module-file>** auf, was in etwa die folgende Ausschrift liefern sollte:

Linux 2.4.x:
 # insmod ./leddrv.o

Linux 2.6.x:
 # insmod ./leddrv.ko

Ausgabe in beiden Fällen:
Using ./leddrv.o
Hello world!
#

Danach muss das Modul **leddrv** in der Ausgabe des Kommandos **lsmod** auftauchen:

```
# lsmod
Module                  Size  Used by
leddrv                   172   0 (unused)
#
```

Zum Entladen bedient man sich des Befehls **rmmod**:

```
# rmmod leddrv
Good bye!
#
```

6.8.2 Die C-Bibliothek des Kernels

Für den Kernel stehen keine Funktionen der „normalen" C-Bibliothek zur Verfügung, sondern nur ein eingeschränkter Funktionsumfang kann verwendet werden, der Bestandteil der Kernel-Quellen ist.
So gibt es kein **printf()** zur Ausgabe von Meldungen. Stattdessen gibt es **printk()** mit demselben Interface. **printk()** kann immer verwendet werden, auch im Interruptservice.

Funktionen der Familie **memcpy()** u. Ä. sind im Kernel unverändert verfügbar.

Speicher wird im Kernel äquivalent zu **printk()** mit **kmalloc()** reserviert und mit **kfree()** freigegeben. Die Interfaces von **malloc()** und **kmalloc()** unterscheiden sich jedoch. **kmalloc()** erwartet einen zusätzlichen Parameter, der markiert, ob während der Allokation der Prozess schlafen gelegt werden darf. Im Interruptservice ist ein Schlafen nicht möglich, daher muss immer **kmalloc (<menge>,GFP_ATOMIC)** benutzt werden. Sonst ist **kmalloc(<menge>, GFP_KERNEL)** das Mittel der Wahl. Zu anderen Möglichkeiten sei auf die entsprechende Literatur verwiesen.
Der Zugriff auf Dateien, Netzwerkverbindungen und Ähnliches ist aus dem Kernel heraus möglich, aber ganz anders zu realisieren als im Userland. In den allermeisten Fällen sind solche Operationen auch nicht erforderlich. Entsprechend wenige Beispiele sind im Kernel zu finden.

6.8.3 Hilfsfunktionen des Treibers für das Laden und Entladen

Ein Treiber stellt dem Kernel einige Funktionen bereit, die bei der Initialisierung des Treibers (bei fest in den Kernel integrierten Treibern) oder beim Laden bzw. Entladen des Moduls aufgerufen werden. Diese werden mit dem Makro **module_init()** bzw. **module_exit()** markiert. Durch Laden des Moduls wird die Funktion aufgerufen, die **module_init()** als Parameter übergeben wurde. Wurde der Treiber fest in den Kernel integriert, dann werden der Reihe nach alle Funktionen, die mit **module_init()** markiert wurden, aufgerufen.
Die Funktion, die als Parameter an **module_exit()** übergeben wurde, wird aufgerufen, wenn mit **rmmod** das Modul entfernt wird. Wurde der Treiber fest in den Kernel integriert, dann werden diese Funktionen üblicherweise nicht aufgerufen. Oft wird der Code sogar gar nicht in das Kernelimage gelinkt. Der Grund hierfür ist, dass gerade in der Embedded Welt die Systeme selten überhaupt definiert heruntergefahren werden, und wenn, so erfolgt sowieso ein Reset direkt danach.

6.9 Einfache Interaktion mit dem Treiber

Listing 6.3 zeigt den gleichen Treiber, jedoch um ein Interface zum Userland erweitert. Außerdem kann die Variable PORT leicht auch als Hardwareregister angenommen werden.

```
#include <linux/kernel.h>
#include <linux/module.h>
#include <linux/init.h>
#include <linux/fs.h>

MODULE_AUTHOR("Heiko Degenhardt, Thomas Brinker");
MODULE_LICENSE("GPL");

#define LEDDRV_MAJOR       (241)
#define LEDDRV_SETBIT      (0)
#define LEDDRV_CLEARBIT    (1)
#define LEDDRV_SETPORT     (2)
#define LEDDRV_CLEARPORT   (3)

int PORT = 0;

int leddrv_ioctl (struct inode *inode, struct file ↵
      *file, unsigned int cmd, unsigned long arg)
{
        //sanity checks for IOCTL are missing
        switch(cmd) {
        case LEDDRV_SETBIT:
                PORT |= 0x1 << ( arg & 0x7 );
                break;
        case LEDDRV_CLEARBIT:
                PORT &= ~( 0x1 << ( arg & 0x7 ) );
                break;
        case LEDDRV_SETPORT:
                PORT |= (0xff);
                break;
        case LEDDRV_CLEARPORT:
                PORT &= ~(0xff);
                break;
        default:
                printk("unknow ioctl\n");
                return -ENOTTY;
        }
        printk("PORT=0x%02x\n",PORT);
        return 0;
}


static struct file_operations fops = {
```

```
        .owner = THIS_MODULE,
        .ioctl = leddrv_ioctl,
};


static int __init leddrv_init(void) {

        int retval = -1;

        retval = register_chrdev(LEDDRV_MAJOR, ↵
                "leddrv", &fops);
        if (retval<0) {
                printk("Cannot register device!\n");
        }
        else {
                printk("Hello world!\n");
        }
        return (retval);
}

static void __exit leddrv_exit(void) {

        unregister_chrdev(LEDDRV_MAJOR, "leddrv");

        printk("Good bye!\n");
        return;
}

module_init(leddrv_init);
module_exit(leddrv_exit);
```

Listing 6.3 Treiber mit Interaktion

In der Initialisierungsroutine des Treibers (**`leddrv_init()`**) werden nun mittels der **`fops`**-Struktur unter anderem Funktionen registriert werden, die dann später vom Kernel aufgerufen werden. Mit der Funktion **`register_chrdev`** werden diese Funktionen dann im Kernel angemeldet und der Major-Nummer (hier 241) zugeordnet. Dann wird die Pseudo-Datei angelegt mit **`mknod /dev/testtest c 241 0`**, siehe hierzu auch Abschnitt 6.5.

Es ist somit möglich, Funktionen für die **open()**- und **close()**-Operationen zu definieren, die genau dann aufgerufen werden, wenn eine Applikation **open()** bzw. **close()** auf der Datei ausführt. Genauso lassen sich **read**- und **write**-Funktionen definieren. Man ist aber nicht gezwungen, diese Funktionen zu definieren. Lässt man die entsprechenden Plätze in der Struktur **file_operations** leer, so wird stattdessen einfach eine Dummy-Funktion ausgeführt.

Im Beispieltreiber wurde nur die **ioctl**-Funktion registriert. Mit einem so genannten I/O-Control ist es möglich, diese Funktion aus dem Userland heraus anzusteuern. Zwei 32 bit breite Werte werden so an den Treiber gesandt. Diese können direkt z. B. als Integer interpretiert werden, wie im Beispiel, oder als Pointer auf Strukturen. Die Strukturen müssen jedoch erst in den Kernelspace kopiert werden, bevor sie gelesen werden dürfen. Auch das Rückschreiben von Strukturen ist mit I/O-Controls leicht möglich. Es bedarf jedoch wieder einer Kopie zurück in das Userland. Die Funktionen zum Kopieren heißen: **copy_to_user()** bzw. **copy_from_user()**.

Im Beispiel werden die 32-bit-Werte direkt interpretiert. Der erste, der üblicherweise immer eine Kommandonummer angibt, bestimmt, ob die LED ein- oder ausgeschaltet werden soll. Der zweite bestimmt, welche LED betroffen ist. Außerdem gibt es die Möglichkeit, mit einem I/O-Control alle Bits zu löschen und zu setzen.

6.9.1 Das Userland-Programm steuert

Das Userland-Programm (Listing 6.4) löst die I/O-Controls aus und steuert somit einen Lauflichteffekt.

Zunächst muss die Pseudo-Datei geöffnet werden. Danach können auf dem entstandenen File-Descriptor die I/O-Controls ausgelöst werden. Der erste Parameter nach dem File-Descriptor gibt das Kommando, der zweite den Wert an.

```
#include <stdio.h>
#include <sys/types.h>
#include <sys/stat.h>
#include <fcntl.h>

#define LEDDRV_SETBIT      (0)
```

```
#define LEDDRV_CLEARBIT    (1)


int main (void)
{
     int i,fd;

     fd = open("/dev/testtest",O_RDWR);

     while(1)
     {
          for (i=0;i<8;i++)
          {
               ioctl(fd, LEDDRV_SETBIT ,i);
               sleep(1);
          }
          for (i=0;i<8;i++)
          {
               ioctl(fd, LEDDRV_CLEARBIT ,i);
               sleep(1);
          }
     }
}
```

Listing 6.4 Userland-Applikation zur Steuerung des LED-Treibers

6.10 Interrupts

Interrupt-Serviceroutinen (ISR) können als normale C-Funktionen in einem Treiber geschrieben werden. Mittels der Funktion **`request_irq(int NR, <routine>,int flags,char *name, void *dev_id)`** wird die Funktion dann einem bestimmten Interrupt zugeordnet.
<NR> ist hierbei die Nummer des Interrupts, **`<routine>`** ist die C-Funktion, **`<flags>`** normalerweise **`SA_INTERRUPT`**, **`<name>`** ein Name für den Interrupt, mit **`<dev_id>`** ist es möglich, einen Pointer auf eine bestimmte Struktur an die ISR zu übergeben. Das Interface einer ISR sieht wie folgt aus: **`int isr (int irq, void *dev_id, struct pt_regs *regs)`**. **`dev_id`**, in der ISR und **`dev_id`** während der Registrierung korrespondieren.

6.11 Hardware-Zugriff

Die allermeiste Hardware, die von Embedded Linux gesteuert wird, liegt als On-Chip-Modul vor. Ihre Konfigurationsregister sind direkt in den Adressraum des Prozessors eingeblendet. Um solche Hardware zu steuern, müssen lediglich einige Werte an die richtige Speicheradresse geschrieben werden. Bei MMU-losen Systemen stellt das keine große Herausforderung dar. Zwei mögliche Ansätze sollen hier gezeigt werden. Zu Systemen mit MMU sei hier kurz zur Vollständigkeit das notwendige Remapping der Speicherbereiche erwähnt, mit dem ein physikalischer Adressbereich in den virtuellen Adressraum eingeblendet wird. **ioremap()** heißt die hierfür notwendige Funktion.

6.11.1 Zugriff mit Funktionen

Für den Zugriff auf Hardwareregister gibt es in Linux spezielle Funktionen zum Lesen und Schreiben von Bytes, 16-bit-Werten und 32-bit-Werten.
readb(<adr>) liefert ein Byte zurück, das von Adresse **<adr>** gelesen wurde. **readw(<adr>)** liefert einen 16-bit breiten Wert und **readl(<adr>)** einen 32-bit breiten Wert. Äquivalent funktionieren die Funktionen **writeb(<wert>, <adr>)**, **writew(<wert>, <adr>)** und **writel(<wert>, <adr>)**. Es ist jedoch zu beachten, dass **<wert>** eine passende Breite aufweist.

Ein Schreibzugriff auf das 16-bit breite Register **0xFC03_0400** sähe dann so aus:

```
writew(0x1001,0xFC030400);
```

Um nur ein einzelnes Bit zu setzen und alle anderen unverändert zu lassen, bietet sich Folgendes an:

```
short int tmp = readw(0xFC03_0400);
tmp |= 0x1000
writew(tmp,0xFC03_0400);
```

6.11.2 Direkter Zugriff

Eine andere und oft auch übersichtlichere Methode bieten direkte Zugriffe auf dereferenzierte Pointer. Hierbei ist leider ein aufwändiges und oft undurchsichtiges Casting erforderlich, das jedoch leicht mit Makros gekapselt werden kann.

Der Schreibzugriff sieht dann wie folgt aus:

```
#define REGISTER (*((short int *)0xFC030400))
REGISTER = 0x1001;
```

Die Modifikation eines einzigen Bit sieht dann so aus:

```
REGISTER |= 0x1000;
```

6.12 Fazit

Dieses Kapitel sollte einen kurzen Überblick über die Möglichkeiten der Kerneltreiberentwicklung geben. Viele Aspekte wurden jedoch ausgelassen. Zum Einstieg in professionelle Treiberentwicklung sei an weiterführende Literatur verwiesen [60]. Dort sollte insbesondere dem Thema Synchronisation Aufmerksamkeit geschenkt werden. Denn in vielen Fällen hat ein Treiber die Aufgabe, Datenströme an eine Applikation weiterzuleiten und diese mit dem Datenstrom zu synchronisieren.
Es sei zudem auf das neue Treibermodell des 2.6er Kernels hingewiesen, das nicht verpflichtend benutzt werden muss, aber oftmals doch sehr vieles leichter macht, gerade wenn die Systeme komplexer sind und die Hardware sich dynamisch ändern können soll. In Embedded Systemen sind diese Anforderungen zur Zeit noch eher selten zu finden. Daher und wegen ihrer Übersichtlichkeit wurde hier der traditionelle und noch immer funktionierende Weg der Treiberentwicklung beschritten.
Bevor man jedoch mit der Neuimplementierung eines Treibers beginnt, ist erst einmal genauestens zu prüfen, was es denn bereits im Linux-Kernel gibt. Nicht

selten findet man einen bereits passenden Treiber oder zumindest einen Treiber für eine ganz ähnliche Hardware, auf dem man aufbauen kann.
Bei Hardware, die über einen Bus wie z. B. I^2C oder SPI angeschlossen ist, ist dringend die Verwendung der entsprechenden Bustreiber anzuraten, diese haben bereits abstrakte Funktionen für bestimmte Busoperationen, sodass nicht alles neu implementiert und getestet werden muss.

7 Userland-Programmierung

It was all so different before everything changed.

Dieses Kapitel führt in die Programmierung von Applikationen für die Ausführung unter uClinux ein. Applikationsprogramme sind normale Computerprogramme zur Datenverarbeitung. Die zentralen Funktionen eines Embedded Systems werden in Applikationen codiert. Eine Applikation bekommt beispielsweise Eingabedaten von einem Kernel-Treiber geliefert und gibt die entsprechende Reaktion über einen Kernel-Treiber wieder aus. Dadurch, dass die Applikation im Userland, also mit beschränkten Rechten läuft, kann sie eine erheblich größere Komplexität aufweisen. Applikationen laufen in der Regel mit vergleichsweise geringerer Priorität als z. B. Teile des Kernels und können so das System nicht vollständig blockieren. Auch werden Probleme, wie etwa Programmfehler, innerhalb einer solchen Applikation nicht zwangsläufig zum Absturz des gesamten Embedded Systems führen. Oftmals werden die Applikationen von einer anderen Instanz überwacht, sodass ein unkontrolliertes Beenden der Applikation zum direkten Neustart dieser Applikation führt. Eine solche Funktionalität bietet z. B. der **`init`**-Prozess, der in diesem Kapitel behandelt wird.
Der Linux-Kernel ist nur dazu da, der Applikation eine Umgebung anzubieten, die ihr die Interaktion mit der Umwelt ermöglicht. Die Kernel-Programmierung sollte keine Programmlogik enthalten, insbesondere die oftmals anzupassenden bzw. zu ergänzenden Treiber für spezielle Hardware sollten nur als reine Ein-Ausgabe-Treiber dienen. Jede Form von Programmlogik in Treibern gefährdet die Gesamtstabilität des Embedded Systems.
Die Programmierung einer Applikation für ein Embedded System unterscheidet sich kaum von der Programmierung eines Linux-PC. Die häufigsten Programmiersprachen sind in beiden Fällen C und C++. Unterschiede ergeben sich aus den vorhandenen Libraries und der zwangsläufigen Benutzung von Cross-Compilern für das Embedded System. Außerdem ist natürlich die geringere Leistungsfähigkeit eines Embedded Systems zu berücksichtigen. Hieraus ergibt sich die Möglichkeit, eine Applikation sowohl für einen PC als auch für das Embedded System zu kompilieren und zu testen. Es sollte aber berücksichtigt werden, dass ein Embedded System oftmals nur über ein paar wenige Libraries verfügt. Gerade uClinux-Projekte verfügen oft ausschließlich über die Standard-C-Library „**`uClibc`**", die eine Untermenge der Funktionen von **`glibc`** bereitstellt. Spezielle Libraries sind eher selten anzutreffen. Bevor man eine Applikation mit Abhängigkeiten zu sol-

chen Libraries programmiert, sollte genau geprüft werden, ob diese auf dem Embedded System auch verfügbar sind.
Bezüglich der Hardwareausstattung sieht es oftmals jedoch umgekehrt aus. Was das Embedded System an Hardware beinhaltet, fehlt dem PC meist. So verfügt ein PC nur sehr selten über eine I^2C-Schnittstelle, GPIOs oder Ähnlichem. Will man die Applikation vollständig auf einem PC testen, so kann man die fehlende Hardware natürlich mit Dummy-Treibern ersetzen, aber der Entwicklungsaufwand für solche Treiber ist oftmals nicht gerechtfertigt.
Scripts-Sprachen fallen, bis auf eine Untermenge der Bash-Funktionalität, komplett aus, da weder Compiler noch Interpreter verfügbar sind.
Für uClinux sind leider keine freien JAVA-Virtual-Machines verfügbar. Außerdem ist JAVA durch seine wenig optimale Nutzung der Ressourcen nicht geeignet für ressourcenschwache Embedded Systeme. JAVA scheidet somit für die Programmierung einer Applikation unter uClinux weitestgehend aus.

7.1 Besonderheiten durch das Fehlen einer MMU

7.1.1 `vfork()` statt `fork()`

Die Funktion **`fork()`** ermöglicht es einem Prozess, sich zu verdoppeln, sodass nach dem Aufruf zwei nahezu identische Prozesse parallel laufen. Alle Variablen, Speicher und sogar der Programm-Code sind gleichen Inhalts, lediglich durch die Prozess-ID **`(PID)`** können die Prozesse unterschieden werden. Beginnt einer der Prozesse in eine gemeinsame Variable zu speichern, so tut er dies nur in seine lokale Kopie. Der andere Prozess wird keine Veränderung am Inhalt der Variablen feststellen können. Auch der Inhalt von Speicherbereichen, wie z. B. „arrays“, kann unterschiedlichen Inhalts für beide Prozesse sein, selbst wenn beide mit derselben Adresse diesen Bereich ansprechen. Diese doppelte Benutzung ein- und desselben Speicherbereichs aus verschiedenen Prozessen heraus ist nur durch die Virtualisierung der Speicheradressen durch die MMU möglich.
Auf MMU-losen Prozessoren ist es nicht möglich, **`fork()`** mit dieser Semantik zu implementieren. Als Ersatz kann **`vfork()`** genommen werden. **`vfork()`** hat eine ähnliche Semantik wie **`fork()`**, dennoch unterscheiden sie sich deutlich voneinander. **`vfork()`** stoppt den aufrufenden Prozess (Elternprozess), um nur den neuen Kindprozess im selben Speicherbereich laufen zu lassen. Der Kindprozess wird beendet, und der Elternprozess wird wieder fortgesetzt, wenn der Kindprozess **`exit()`** oder eine Funktion der **`exec`**-Familie z. B. **`execlp()`**, **`execvp()`**

usw. aufruft. Für den Fall, dass eine Funktion aus der **exec**-Familie aufgerufen wird, wird ein neuer Prozess erzeugt, und der Kindprozess wird beendet. Der neue Prozess läuft nun parallel zum Elternprozess.

```
02 #include <stdio.h>
05 #include <sys/types.h>
06 #include <unistd.h>
07
08 int main (int argc, char** argv)
09 {
10   int pid;
11
12   pid = vfork();
13
14   if ( pid < 0 ) {
15     printk("failed to vfork()\n");
16     return;
17   }
18
19   if (pid == 0) {
20     // we are the childprocess
21     execlp("foo", "foo", "-c", "/dev/bar", NULL);
22     // we will never get here
23     // but parent will go on after exec
24   }
25   // after exec parent will continue here
26
27   while (1) {
28     // do something parallel to foo
29     printf("Parent is running\n");
30     sleep(1);
31   }
32 }
```

Listing 7.1 vfork.c

Das **Listing 7.1** zeigt ein Beispiel für den Einsatz von **vfork().** Ein Kindprozess wird in Zeile 12 erzeugt. Der Elternprozess hält daraufhin an. Der Kindprozess läuft auf demselben Speicher und damit auch auf demselben Code weiter. Das **if**

in Zeile 19 spaltet nun die Wege von Elternprozess und Kindprozess auf. Der Kindprozess geht in das **`if`** und startet einen neuen Prozess. Der Code für diesen neuen Prozess wird aus der ausführbaren Datei **`foo`** genommen, nach ihr wird in der **`PATH`**-Umgebungsvariablen gesucht. Als Parameter des neuen Prozesses werden wie unter Unix üblich der Name der ausführbaren Datei übergeben (2. Parameter von **`execlp()`**) sowie weitere Parameter. Der Abschluss der Parameterliste ist zwangsläufig eine **`Null`**. Der Aufruf von **`execlp()`** führt außerdem zur Fortsetzung des Elternprozesses. Dieser geht nicht in das **`if`** in Zeile 19, da **`pid`** die Prozess-ID des Kindprozesses beinhaltet, welche ungleich null ist. Der Elternprozess beginnt also sogleich mit der Ausgabe von Text, Zeile 29.
Das Programm **`foo`** hat von **`execlp()`** die Prozess-ID des Kindprozesses zurückgegeben bekommen. Mittels dieser ID kann eine weitere Kommunikation der beiden Prozesse erfolgen. So kann zum Beispiel mit der Funktion **`kill(<pid>,<signal>)`** das Signal **`<signal>`** an den Prozess mit der Prozess-ID **`<pid>`** gesendet werden. Weitere Informationen zu Signalen sind über die Unix Manpages verfügbar. „**`man signal`**" ist ein guter Einstiegspunkt.
Die Tatsache, dass **`fork()`** nicht eingesetzt werden kann, hat weitreichende Konsequenzen für die Verwendung von vorhandenen Applikationen. Alle hierin enthaltenen Aufrufe von **`fork()`** müssen durch **`vfork()`** ersetzt werden, die unterschiedliche Semantik von **`vfork()`** und **`fork()`** erfordert dann wiederum ein weiteres Umarbeiten der Applikation, was oftmals einen erheblichen Aufwand mit sich bringt. Einige der großen bekannten Open-Source-Projekte lassen sich daher nur mit langwierigen Anpassungen auf ein uClinux-System übertragen.

7.1.2 Besonderheiten bei der Reservierung von Speicher

Mittels der Funktion **`malloc()`** kann eine bestimmte Menge an Speicher reserviert werden. Dieser kann durch Aufruf der Funktion **`free()`** wieder freigegeben werden. **`malloc()`** reserviert die angeforderte Menge Speicher in einem zusammenhängenden Block. Kann **`malloc()`** kein genügend großes freies Stück finden, so gibt es **`NULL`** zurück und signalisiert damit das Fehlschlagen der Reservierung. Sollte im Speicher kein genügend großer zusammenhängender Block frei sein, so kann eine CPU mit MMU mehrere kleine Blöcke zusammenfassen zu einem passend großen Block. MMU-lose CPUs haben diese Möglichkeit nicht, und der Aufruf von **`malloc()`** schlägt fehl.
Wird auf einem uClinux-System ohne MMU ein Block von 1 MByte angefordert und es sind nur Blöcke kleiner 1 MByte frei, so scheitert **`malloc()`**, auch wenn die Summe der freien Blöcke 1 MByte überschreitet. Man spricht hierbei von einer Speicherfragmentierung. Eine solche Speicherfragmentierung lässt sich nur mit

massivem Freigeben von Speicher teilweise auflösen. Eine endgültige Auflösung ist nur durch einen Reboot möglich.
Als Konsequenz für die Applikationsprogrammierung ergibt sich, dass **`malloc()`** äußerst sparsam angewendet werden sollte. Ein möglichst symmetrischer Einsatz von **`malloc()`** und **`free()`** kann ebenfalls helfen, dieses Problem zu unterdrücken. Bei einem symmetrischen Einsatz wird immer der Block freigegeben, der zuletzt reserviert wurde. Absolute Grundvoraussetzung ist natürlich, dass die Applikation keine Speicherlecks enthält. Speicherlecks lassen sich gut durch einen Testlauf auf einem PC mittels des Debuggers **`valgrind`** [61] aufdecken. Eine weitere effektive Strategie zur Unterdrückung der Fragmentierung ist das Speicherplatz-Recycling. Während des Starts der Applikation wird genügend Speicher reserviert, sodass im späteren Verlauf dieser Speicher immer wieder verwendet werden kann und keine Neureservierung mehr nötig ist.

7.1.3 Speicherschutz

Die MMU einer CPU verhindert, dass ein Prozess auf Speicher zugreift, der nicht zu ihm gehört bzw. auf den der Zugriff nicht erlaubt ist. Ein Prozess kann also nur seinen eigenen Speicher modifizieren. Greift der Prozess auf Speicher zu, auf den er nicht zugreifen darf, so bricht das Betriebssystem den Zugriff ab und sendet dem Prozess ein Signal (Segmentation fault, SIGSEGV), standardmäßig führt dies dann zum Abbruch des Prozesses.
Auf CPUs ohne MMU kann diese Funktionalität kaum implementiert werden, da eine MMU, die alle Speicherzugriffe überwacht, fehlt. Der Speicher steht allen Prozessen zur Verfügung, ein illegaler Zugriff kann nicht detektiert werden. Ein Prozess kann den Speicher eines anderen in jeder beliebigen Art und Weise modifizieren, was im Allgemeinen nicht erwünscht ist. Auch kann ein Prozess auf den Speicher des Kernels zugreifen und so das gesamte System leicht zum Absturz bringen. Aus dieser Tatsache sind mehrere Konsequenzen zu ziehen:

- defensive und sorgfältigste Programmierung auch bei Applikationen
- nur vertrauenswürdige Programme ausführen
- Testen der Applikation auf einem PC, z. B. mit dem Debugger **`valgrind`**

Der uneingeschränkte Zugriff auf den gesamten Speicher ermöglicht jedem Systembenutzer, der Code ausführen kann, Vollzugriff auf alle Daten, die sich im System befinden. Diese Tatsache macht eine User-Verwaltung mit Zugriffskontrolle überflüssig. Alle User könnten sich sehr leicht Superuser-Rechte beschaffen, also kann man sie auch gleich als Superuser (**`root`**) ins System lassen oder, besser, man sperrt externe User aus, sodass sie keinen eigenen Code ausführen und nur vorinstallierte Programme nutzen oder bedienen können.

7.1.4 Direkter Hardwarezugriff

Wegen des fehlenden Speicherschutzes können Applikationen direkt auf die Konfigurationsregister der Hardware zugreifen. Dies wird jedoch oftmals durch eine rudimentäre Zugriffskontrolle der Prozessoren unterbunden. Außerdem widerspricht ein direkter Zugriff auf die Hardware der strikten Trennung von Applikation und Treiber, und die Vorteile der Abstraktion von der Hardware durch standardisierte Treiberschnittstellen verfallen.
Von diesem Ansatz der Hardwaresteuerung sollte nur in absoluten Ausnahmefällen Gebrauch gemacht werden.
Zum Debugging eines Treibers im Kernel kann jedoch das Auslesen der Konfigurationsregister aus dem Userland heraus ganz praktisch sein.

7.1.5 Swapping

Die Möglichkeit, selten benutzte Teile des Arbeitsspeichers auf einen Hintergrundspeicher, z. B. eine Festplatte, auszulagern – so genanntes Swapping – setzt eine MMU voraus. Wenn auf einen Block ausgelagerten Speichers zugegriffen würde, so würde die MMU dies bemerken und das Wiederheranholen des Blocks veranlassen.
Die Funktionalität des Swappings entfällt bei Embedded Systemen schon meist durch das Fehlen einer Festplatte. Die fehlende MMU steht dem Swapping allerdings grundsätzlich im Wege.

7.1.6 Binary File Format

Das unter Linux verwendete Format für ausführbare Dateien, **`execute- and loadable file (ELF)`**, ist unter uClinux nicht anwendbar. **`ELF`** erwartet, dass an einer bestimmten Adresse einfach Speicher verfügbar ist, in dem das Programm dann ausgeführt werden kann. Ohne MMU ist es nicht möglich, an beliebiger Adresse Speicher bereitzustellen.
Für uClinux wurde ein spezielles Format für ausführbare Dateien aus dem alten `a.out`-Format entwickelt. **`Binary Flat Fomat (bflt)`** ist ein Dateiformat, das die notwendigen Informationen beinhaltet, um das Programm an beliebiger Stelle im Speicher ausführen zu können (Position Independent Code, PIC).
Zur Erzeugung solcher ausführbaren Dateien bedarf es einiger Änderungen an der Toolchain. Hiervon ist hauptsächlich der Linker betroffen.

Bei allen vorgefertigten Toolchains braucht hierauf keine Rücksicht genommen zu werden; die Linker solcher Toolchains sind bereits entsprechend vorbereitet.
Eine Besonderheit stellt die zusätzlich zur ausführbaren Datei erzeugte Datei mit der Endung **`.gdb`** dar. Sie ist im **`ELF`**-Format gespeichert und wird zum Debugging der Applikation verwendet.

7.1.7 Beschränkung des Stacks

C-Programme verwenden immer einen Stack (Last-In-First-Out-Speicher). Der Stack wird für den Programmierer völlig transparent auf- und abgebaut und auch vom Prozessor mit speziellen Befehlen unterstützt. Auf dem Stack werden vor allem lokale Variablen der C-Funktionen und Rücksprungadressen gespeichert. Je mehr Funktionen innerhalb einer anderen Funktion gestartet werden, umso mehr Daten werden auf dem Stack gespeichert. Rekursive Selbstaufrufe mit großer Rekursionstiefe führen zu besonders großen Stacks.
Der Stack einer jeden Applikation unter uClinux wird initial angelegt und ist im späteren Programmablauf nicht mehr erweiterbar. Sobald der Stack überläuft, also mehr Speicher verbraucht, als zuvor reserviert wurde, wird wichtiger Speicher des Prozesses überschrieben, und es kommt zum unkontrollierten Absturz des Prozesses. Die Größe des Stacks beträgt standardmäßig 4 kByte, sie lässt sich jedoch manuell anpassen. Fügen Sie dazu einfach diesen Parameter in den Linkeraufruf mit ein: **`-Wl,-elf2flt="-s<new_stacksize>"`**.
Bei der Programmierung von Applikationen sollte die Stackgröße beobachtet werden. Viele große lokale Arrays in Funktionen führen schnell zum Stacküberlauf.

```
...
int main(int argc, char** argv)
{
  char array[4096];
...
}
```

Listing 7.2 Stacküberlauf

Das Beispiel in **Listing 7.2** führt unweigerlich zu einem Stacküberlauf, wenn für den Stack die Standardmenge an Speicher reserviert wird.

7.1.8 Systemaufruf `mmap`

Mit dem Systemaufruf **`mmap`** kann eine Datei direkt in den Speicherbereich eines Prozesses eingeblendet werden. Die Datei erscheint dann wie ein Array im Speicher, das den Inhalt der Datei enthält. Änderungen am Inhalt der Daten im Speicher werden in die Datei übernommen.
Ohne MMU muss die Datei komplett in den Speicher kopiert werden, wenn sie nicht im **`romfs`**-Image liegt. Steht nicht genügend Speicher für die Kopie der Datei zur Verfügung, so scheitert der **`mmap`**-Aufruf. Änderungen an den Daten der Datei werden erst nach dem Aufruf von **`munmap`** gespeichert.

7.2 Fehlende Floating Point Unit

Die allermeisten uClinux-Systeme besitzen keine Floating Point Unit (FPU). Der Prozessor kann ohne FPU keine Fließpunktzahlen direkt verarbeiten. Ein Aufruf entsprechender Prozessorbefehle führt unweigerlich zu einer Illegal Instruction Exception. Dennoch ist die Benutzung der C-Datentypen float, double u. Ä. möglich. Zur Lösung gibt es zwei Ansätze:

- Floatingpoint-Emulation
- Softfloat

Bei der Emulation werden ganz normal Floating-Point-Befehle vom Compiler eingesetzt. Sobald diese Befehle dann vom Prozessor ausgeführt werden sollen, kommt es zu einer Illegal Instruction Exception. Die ausgelöste Exception wird vom Linux-Kernel abgefangen, und es findet eine Emulation der Floating-Point-Befehle mit den vorhandenen Ganzzahl- und Shift-Befehlen statt. Nach Rückkehr aus der Exception findet der auslösende Prozess die erwarteten Ergebnisse vor. Die Emulation der Befehle ist für die Applikation transparent.
Beim Softfloat setzt der Prozessor anstelle von Floating-Point-Befehlen eine Emulation der Befehle mit vorhandenen Ganzzahl- und Shift-Befehlen ein. Softfloat steht auf allen Prozessorfamilien für uClinux zur Verfügung, da für diese Funktionalität nur die Toolchain passend zu konfigurieren ist.
Floating Point Emulation wird für ARM-Architekturen empfohlen, während es für m68k-Prozessoren nur eine hochgradig experimentelle Fassung gibt, von deren Verwendung derzeit noch abgeraten wird.
Softfloat ist etwas schneller als die Emulation der Befehle, da in beiden Fällen in etwa die gleichen Befehle zum Nachbilden der float-Befehle ausgeführt werden müssen. Bei der Emulation kommt aber noch die Behandlung der Exception hinzu.

Soweit möglich, werden beide Technologien eingesetzt, um eine maximale Flexibilität zu erreichen.
Steht keine Emulation zur Verfügung, so müssen alle Applikationen mit Softfloat kompiliert werden. Kann auf den Quelltext dazu nicht zurückgegriffen werden, so ist die Applikation wahrscheinlich nicht ausführbar.
Für die Entwicklung von Applikationen ergibt sich aus dem Fehlen der FPU nur die Konsequenz, Fließpunktzahlen eher sparsam zu verwenden, da für ihre Verarbeitung viele zusätzliche Befehle nötig sind. Es ist jedoch nicht notwendig, Fließpunktzahlen grundsätzlich zu vermeiden.

7.3 uClibc – als libc

Standard-Linux-Distributionen, wie sie auf PCs laufen, basieren unter anderem auf der **`glibc`**, der GNU Library für C-Programme. Sie ist die Hauptvertreterin der Gruppe der C-Libraries. Nahezu jedes Programm macht von solch einer Library Gebrauch, auch wenn es ursprünglich nicht in C kodiert wurde. Die bekannteste Funktion aus den C-Libraries ist wohl **`printf()`** zur Ausgabe von Textmeldungen. Andere Funktionen dieser Libraries dienen dem Öffnen und Schließen von Dateien, dem Reservieren von Speicher und dem Verbindungsaufbau über ein Netzwerk sowie vielen weiteren Funktionalitäten. Kurz gesagt: Die **`libc`** ist die zentrale Schnittstelle zwischen Applikation und Kernel.
Um vom Kernel Informationen anzufordern oder an ihn zu übergeben, löst die `libc` einen Prozessortrap bzw. eine Exception aus. Der Kernel fängt dies ab, verarbeitet die übergebenen Daten und setzt dann die Applikation wieder fort. Ferner enthält eine **`libc`** mathematische Funktionen und Funktionen zum Rechnen mit Datum und Uhrzeit.
Ein weiteres Mitglied der Gruppe der C-Libraries ist die **`uClibc`**, die Mikrocontroller-**`libc`**. Sie ist funktional leicht eingeschränkt gegenüber der **`glibc`**, um weniger Speicherplatz zu verbrauchen. Im Alltagsgeschäft eines Entwicklers macht sich die funktionale Beschränkung so gut wie gar nicht bemerkbar, obwohl die kompilierte **`glibc`** bis zu 60-mal größer ist als die **`uClibc`**. Die massive Ersparnis an Speicherplatz ist vor allem in der Aufgabe von Abwärtskompatibilität zu DOS und BeOS begründet.

7.4 Beispielhafte Kompilation und Integration in uClinux

7.4.1 Applikation in uClinux integriert

Dieses Beispiel zeigt, wie man eine eigene Applikation in den uClinux-Verzeichnisbaum einfügt. Alle in uClinux verfügbaren Applikationen sind im Verzeichnis **`uClinux/user/`** gespeichert.

Für jede Applikation gibt es hier ein Unterverzeichnis. Beispielhaft wurde hier das Verzeichnis **`bsp-proj/`** hinzugefügt. Außerdem musste das **`makefile`** in **`uClinux/user/`**, wie **Listing 7.3** zeigt, angepasst werden.

```
...
dir_$(CONFIG_USER_BRCTL_BRCTL)          += bridge-utils
dir_$( CONFIG_USER_BSPPROJ_BSPPROJ)     += bsp-proj
dir_$(CONFIG_USER_BUSYBOX_BUSYBOX)      += busybox
...
```

Listing 7.3 Anpassungen am **`makefile`**

Damit die Applikation auch als Option im Menü erscheint, muss **`uClinux/config/config.in`**, wie in **Listing 7.4** gezeigt, ergänzt werden.

```
...
mainmenu_option next_comment
comment 'Miscellaneous Applications'

bool 'bsp-proj'
CONFIG_USER_BSPPROJ_BSPPROJ

bool 'a60'                              CONFIG_USER_LANG_A60
...
```

Listing 7.4 Erweiterung der Konfiguration

Damit eine kleine Hilfe zu der Option **`bsp-proj`** angezeigt werden kann, ist auch **`uClinux/config/Configure.help`** zu erweitern. **Listing 7.5** zeigt, wie es geht.

```
CONFIG_USER_IPROUTE2_IP_RTPR
  Print routes.

CONFIG_USER_BSPPROJ_BSPPROJ
  Example project.

CONFIG_USER_LANG_A60
  A relatively complete Algol 60 interpreter.  This
  options adds about 99k to the image.
```

Listing 7.5 Ergänzung der Hilfe

```
#include <math.h>

#include "helper.h"

float testfunction()
{
  return sin(M_PI);
}
```

Listing 7.6 helper.c

```
float testfunction();
```

Listing 7.7 helper.h

```
#include <stdio.h>
#include "helper.h"

int main(int argc, char** argv)
{
  printf("hello world testvalue:%f\n", testfunction());
  return 0;
}
```

Listing 7.8 main.c

Den Code des Beispielprojekts zeigen **Listing 7.6**, **Listing 7.7** und **Listing 7.8.** Es handelt sich um ein Project mit Fließpunktzahlen und Abhängigkeiten zur mathematischen Library. Das zugehörige **makefile** (**Listing 7.9**) setzt einige vorangegangene Definitionen aus anderen **makefiles** voraus, die Bestandteil von uClinux sind.

```
all: main

helper.o: helper.c
	ucfront-gcc m68k-elf-gcc -c -m5307 -Wall ↵
	                      -msep-data -o helper.o helper.c

main.o: main.c
	ucfront-gcc m68k-elf-gcc -c -m5307 -Wall ↵
	                          -msep-data -o main.o main.c

main: main.o helper.o
	ucfront-gcc m68k-elf-gcc -m5307 -Wl,-elf2flt ↵
	     -Wl,-move-rodata -o main main.o helper.o -lm

clean:
	rm -f *~ *.o main main.gdb
```

Listing 7.9 makefile

Wirklich individuell für dieses Projekt sind nur die ersten drei Zeilen. **EXEC** legt fest, wie die ausführbare Datei heißen soll, OBJS definiert die zu kompilierenden Dateien anhand der aus ihnen zu erzeugenden Objectfiles. **LDLIBS** legt fest, welche Libraries zusätzlich benötigt werden. Die **libc** braucht hier nicht explizit angegeben zu werden.

Sind alle Dateien angepasst und ist das Programm fertig codiert, so muss das neue Programm noch in der Konfiguration ausgewählt werden. Rufen Sie dazu **make config_menuconfig** auf, und navigieren sie zu ihrem neuen Programm, um es sogleich auszuwählen. Beenden Sie den Konfigurationsdialog, und starten Sie einen Compiler-Durchlauf. Rufen Sie dazu einfach **make** im uClinux-Verzeichnis auf (siehe hierzu auch Kapitel 3). Sollte es zu einem Fehler während des Kompilierens kommen, so wird der gesamte Vorgang abgebrochen. Korrigieren Sie den Fehler, und starten Sie erneut mit der Eingabe von **make**. Nach erfolgreichem Durchlauf liegt die ausführbare Datei im Verzeichnis **romfs/bin/**. Nach dem

Start des neuen Images auf dem Board kann das Programm direkt mit Eingabe des Dateinamens aus **EXEC** gestartet werden.

7.4.2 Beispielhafte Kompilation außerhalb uClinux

Das **Listing 7.9** zeigt ein beispielhaftes **makefile**, um ein Projekt außerhalb des uClinux-Verzeichnisses zu bauen. Bei der Erstellung des **makefiles** wurde bewusst auf die vielen Automatismen von **make** verzichtet, um den genauen Compiler-Lauf leicht nachvollziehen zu können. Der Quell-Code dieses Beispielprojekts ist in **Listing 7.6**, **Listing 7.7** und **Listing 7.8** zu sehen und gleicht dem des vorherigen Beispiels.
Ein Compiler-Lauf wird mit **make** angestoßen. Zuvor sollten Sie sicherstellen, dass das Compiler-Frontend auch gefunden werden kann. Setzen Sie dazu die PATH-Umgebungsvariable (siehe **Listing 7.10**).

```
user@pc$:~/proj$ export PATH=<path-to-
                                    uclinux>/tools:$PATH
user@pc$:~/proj$ make
```

Listing 7.10 PATH zum Compiler-Frontend

Außerdem ist es wichtig, dass bereits ein uClinux-Image erstellt worden ist. Eventuell sollte man **make** in **uClinux/** aufrufen.
Die beiden Quelldateien werden jeweils für sich in Objektfiles kompiliert. Sind **main.o** und **helper.o** fertiggestellt, so werden beide zusammengelinkt und in ein Binary-Flat-File **main** gewandelt. Die Zwischenprodukte in Form von Objektfiles (**main.o**, **helper.o**) bleiben in dem Verzeichnis liegen, um spätere Compiler-Aufrufe zu beschleunigen. Die Datei **main.gdb** wird beim Debugging der Applikation wieder wichtig.
Das Compiler-Frontend **ucfront-gcc** stellt sicher, dass gegen die richtigen Libraries, die auch Bestandteil des uClinux-Images sind, gelinkt wird. Sind mehrere uClinux-Verzeichnisse auf einem Rechner installiert, muss das Compiler-Frontend aus dem richtigen uClinux-Verzeichnis genommen werden.
Um das Programm nun ausführen zu können, muss nur die Datei **main** auf das Target kopiert werden. Hierzu können Sie einen NFS-Mount (siehe Kapitel 8) verwenden oder die Datei in das Verzeichnis **uClinux/romfs/bin/** kopieren und das Image mit **make image** neu erstellen.

7.4.3 Automatisches Starten der Applikation

In vielen Fällen soll eine bestimmte Applikation unmittelbar nach dem Start von uClinux gestartet werden. Nachdem der Kernel seine Initialisierung abgeschlossen hat, startet er automatisch das Programm **`init`**, das unter **`/bin/`** gefunden werden kann. **`init`** wiederum kann per Konfigurationsdatei so eingestellt werden, dass es weitere Programme startet und Befehle ausführt. Die Befehle und Programme, die einmalig nach dem Start ausgeführt werden sollen, werden in der Datei **`/etc/rc`** angegeben. Die Datei ähnelt einem Shell-Script.
Soll eine Applikation überwacht werden, so kann dies ebenfalls von **`init`** übernommen werden. Hierzu ist die Datei **`/etc/inittab`** zu ergänzen. Bei der **`init`**-Version, die von uClinux verwendet wird, genügt es, eine Zeile im Format **<id>:unknown:<absolut-path-to-exe>** hinzuzuzufügen. Für **<id>** kann ein beliebiger String, der bisher noch nicht verwendet wurde, angegeben werden. **<absolut-path-to-exe>** ist durch den Namen der auszuführenden Datei mit absolutem Pfad anzugeben, beispielsweise:

```
main:unknown:/bin/main
```

Der **`init`**-Prozess startet die überwachten Applikationen sofort wieder, wenn sie beendet wurden, auch dann, wenn sie zuvor abgestürzt sind.

7.5 Echtzeitverhalten

Ein echtzeitfähiges Embedded System reagiert auf bestimmte Eingangsereignisse innerhalb einer garantierten Zeitspanne. Liegt die Reaktion innerhalb dieser Zeitspanne, so wurde rechtzeitig reagiert. Tritt die Reaktion erst nach Verstreichen der Zeitspanne ein, so liegt ein Fehler vor, die Reaktion war nicht rechtzeitig.
Eingangs dieses Kapitels wurde auf die notwendige Trennung von Programmlogik und Treiberprogrammierung hingewiesen. Die Integration von Programmlogik in den Treiber, insbesondere in eine Interrupt-Serviceroutine, bietet jedoch auch scheinbare Vorteile, nämlich eine größere Echtzeitfähigkeit.
Interrupt-Serviceroutinen sind jedoch sehr empfindlich. Sie besitzen eine sehr hohe Priorität und können mit sehr hoher Frequenz aufgerufen werden. Sie müssen also möglichst schnell abgearbeitet werden.
Jeder Programmfehler, wie zum Beispiel ein falscher Speicherzugriff, kann sofort zum totalen Absturz des Embedded Systems führen.
Der Interrupt-Service des Linux-Kernels ist zudem keineswegs echtzeitfähig. Es ist gut möglich, dass ein sehr häufig auftretender Interrupt eine andere Interrupt-

Serviceroutine für lange Zeit von der Ausführung abhält. Eine Priorisierung der Interrupts ist mit Linux nicht möglich.
Die Nachteile der Verlagerung von Programmlogik in Interrupt-Serviceroutinen überwiegen also bei weitem die Vorteile. Teile der Programmlogik kann auch in Bottom-Half- und Software-Interrupt-Funktionen integriert werden. Nachdem alle Interrupts abgearbeitet wurden, werden die Bottom-Half- und Software-Interrupt-Funktionen ausgeführt. Diese können dann wieder von Interrupts unterbrochen werden. Üblicherweise werden Bottom-Half- und Software-Interrupts von Interrupt-Serviceroutinen als ausführbar markiert und nach dem Interrupt-Service vom Kernel ausgeführt, um nachrangige Aufgaben zu erledigen.
Mittels Bottom-Halfs und Software-Interrupts kann das Echtzeitverhalten des Interruptservices verbessert werden. Doch auch für Bottom-Half- und Software-Interrupts gilt, Programmlogik möglichst zu vermeiden, denn es gelten dieselben Regeln wie beim Interrupt-Service im Fehlerfalle.
Nur in extremen Ausnahmefällen sollte man über die Integration von Programmlogik in den Kernel nachdenken.
Wie jedoch sieht es mit der Echtzeitfähigkeit aus, wenn die Daten erst in das Userland verschoben werden, um dort in einer Programmlogik abgearbeitet zu werden? Eine harte Echtzeitfähigkeit war schon beim Interrupt-Service nicht möglich. Es können also auch hierbei nur Aussagen über die Wahrscheinlichkeit der Rechtzeitigkeit gemacht werden.
Die Bedingungen für eine optimal schnelle Reaktion können von mehreren Faktoren negativ beeinflusst werden. Je höher die gesamte Systemlast durch andere Prozesse ist, umso höher ist die Wahrscheinlichkeit, dass der für die Reaktion verantwortliche Prozess zu lange vom Prozessor ferngehalten wird. Je höher die Interruptlast durch andere Peripherie ist, desto wahrscheinlicher ist die Verdrängung aller Userland-Programme vom Prozessor. Wenn in der Verarbeitung Speicher zusätzlich reserviert werden muss, so kann eine hohe Speicherauslastung zu langer Reservierungszeit oder zum Fehlschlagen der Reservierung führen.
All diese Aspekte wiegen bei Embedded Systemen jedoch nicht allzu schwer. Die Zahl der Prozesse ist oftmals sehr überschaubar. Die Anzahl der Interrupts beläuft sich durch die fest vorgegebene Hardware ebenfalls auf nur einige wenige. Die Auslastung des Speichers kann experimentell bestimmt und optimiert werden. Die Schwankungsbreite der Systembelastung und damit die Gefährdung der Rechtzeitigkeit ist sehr gering. Hat ein System ein gutes Echtzeitverhalten im Labor gezeigt, so ist die Wahrscheinlichkeit, dass die Reaktion im Feld nicht rechtzeitig erfolgt, sehr gering.
In vielen Embedded-Linux-Projekten wurde die Erfahrung gemacht, dass die gebotene hohe Wahrscheinlichkeit der Rechtzeitigkeit völlig ausreicht.

Problematisch können Interrupts sein, die durch Hardwarefehler oder missbräuchliches bzw. bösartiges Verhalten sehr viel häufiger auftreten als kalkuliert. Sie können das ganze System zum Stillstand bringen. Gerade das Netzwerk ist hierfür anfällig. Ein Embedded System sollte daher vom Internet aus nicht schutzlos zugänglich sein.

7.6 BusyBox – das Schweizermesser eines Embedded Linux

Ein überaus nützliches Programm für alle Anwender von Embedded Linux ist die BusyBox. Das ist ein einzelnes Programm, das verschiedene traditionelle Unix-Kommandos zusammenfasst. Es bietet einen Ersatz für die meisten Dienstprogramme, die man üblicherweise in einer GNU/Linux-Umgebung findet, wie z. B. Werkzeuge für Filesysteme, Eingabeaufforderungen der Shell usw.
In einem traditionellen Linux-System sind die einzelnen Aufrufe der Shell jeweils einzelne aufrufbare Programme (Binärdateien), die in den Verzeichnissen für Binärdateien des Linux-Rechners (**`/bin, /sbin, /usr/bin, usr/sbin, /usr/local/bin, /usr/local/sbin`** usw.) abgelegt sind. Diese Vorgehensweise wäre auf einem Embedded-Linux-System theoretisch auch möglich, würde jedoch sehr viel Speicherplatz kosten. Da Speicherplatz und Rechenleistung auf einem Embedded-Linux-System begrenzt sind, ist BusyBox als ein zusammengefasstes, platzsparendes Binärprogramm ausgeführt. BusyBox ist ein Multi-Call Binary. Das bedeutet, das Programm kann durch symbolische Verknüpfungen mit einer Vielzahl von verschiedenen Funktionsaufrufen (Namen) gestartet werden. Diese symbolischen Verknüpfungen entsprechen den Funktionsaufrufen der Unix-Kommandos und sind auch auf dem Embedded-Linux-System in dem Verzeichnis **`/bin`** abgelegt. Die BusyBox-Versionen der Unix-Kommandos haben in der Regel einen etwas reduzierten Funktionsumfang gegenüber ihren „großen Brüdern“, kennen jedoch genau wie diese verschiedene Optionen und Übergabeparameter.
Die Funktionen, die die BusyBox ausführen kann, werden zur Compile-Zeit festgelegt und durch die Datei **`Config.h`** definiert, die vor dem **`make`**-Prozess entsprechend editiert werden muss. Übliche Funktionen sind die Shell selber sowie Standard-Kommandos zur Datei- und Prozessverwaltung, wie z. B. **`ls, ps, cat, chmod, kill`** usw.
Die BusyBox hat einen eigenen Entwicklerstab rund um Erik Andersen und eine eigene Projektseite [62], ist jedoch heute in den meisten Fällen bereits integraler Bestandteil der herunterladbaren uClinux-Pakete. In diesen Fällen muss man dann nicht mehr die **`Config.h`** editieren, sondern kann die Funktionen der BusyBox grafisch z. B. in **`make menuconfig`** konfigurieren (siehe Abschnitt 3.2.1).

8 Debugging von Applikationen und Kernel

It's lucky you're going so slowly,
Because you're going in the wrong direction!

8.1 Übersicht über die Debug-Möglichkeiten

Unter „Debugging“ soll hier im einfachsten Fall die Überprüfung der Funktionsweise einer Anwendung oder des Kernels verstanden werden. Weiterhin kann es beim Debugging Möglichkeiten geben, „von außen“ Einfluss auf Programm-Interna zu erlangen. Im Prinzip hat man verschiedene Optionen, dies zu erreichen:

8.1.1 Verifizierung des Programmablaufs

Natürlich ist das die einfachste Debug-Möglichkeit. Es wird keine zusätzliche Soft- oder Hardware benötigt, und der Programm-Code muss nicht angepasst werden. Man erhält zwar eine Aussage, ob das Programm wie geplant funktioniert, hat aber keine oder kaum Einflussmöglichkeiten auf die Interna.

8.1.2 printf/printk

Hierbei ist ebenfalls keine zusätzliche Soft- oder Hardware erforderlich. Der Programm-Code muss allerdings dahingehend angepasst werden, dass man sich z. B. den Inhalt von Variablen oder Statusmeldungen mit **`printf`** (im User-Space) bzw. **`printk`** (im Kernel-Space) ausgeben lässt. Die allermeisten Fehler und Probleme lassen sich mit der gelegentlichen Ausgabe so genannter Trace-Meldungen aufdecken und lösen. Die einfache Frage, ob eine bestimmte Stelle im

Programm überhaupt erreicht wird, lässt sich sehr gut mit der Ausgabe von Dateiname und Zeilennummer verfolgen. Der GNU-Compiler stellt hierfür Variablen bereit, die die aktuelle Zeilennummer bzw. den Dateinamen beinhalten. Die **Tabelle 8.1** gibt einen Überblick über die Variablen.

Variable	**Wert**
__LINE__	Aktuelle Zeilennummer
__FILE__	Dateiname
__FUNCTION__	Aktueller Funktionsname
__DATE__	Datum des Compile-Laufs
__TIME__	Zeit des Compile-Laufs

Tabelle 8.1 Hilfreiche Makros

8.1.3 GDB auf der Kommandozeile

Der GNU-Debugger GDB [63] ist ein sehr umfangreiches und leistungsfähiges Debug-Werkzeug. Mit seiner Hilfe können Breakpoints und Watchpoints eingesetzt werden, er unterstützt Backtraces, man kann auf den Inhalt von Adressen, Variablen und Registern zugreifen und vieles anderes mehr.
Die Verwendung seiner Kommandozeilenversion macht keine Installation weiterer Software auf dem Host notwendig, ist allerdings teilweise nicht sehr „intuitiv".

Die Verwendung des GDB mit grafischem Frontend (z. B. Insight [36] oder DDD [37], siehe **Bild 8.1**) ist sicher die leichteste und einsteigerfreundlichste Debug-Möglichkeit, da ein GUI für den GDB zur Verfügung steht. Allerdings muss zusätzliche Software installiert werden, die eventuell weitere Fehlerquellen darstellt. Außerdem steigen so die Anforderungen an die System-Ressourcen.

Zum Debugging ist ein Cross-GDB erforderlich, wie er üblicherweise mit einer Cross-Toolchain ausgeliefert wird.
Voraussetzung ist bei Verwendung des GDB (natürlich in einer Variante mit Unterstützung für die Ziel-Architektur) immer, dass das zu testende Programm mit der Compiler-Option „-g" übersetzt wurde, damit die ausführbare Datei Debug-Informationen enthält. Außerdem kann zusätzliche Hardware notwendig sein, wie etwa ein BDM-Interface zum Kernel-Debugging.

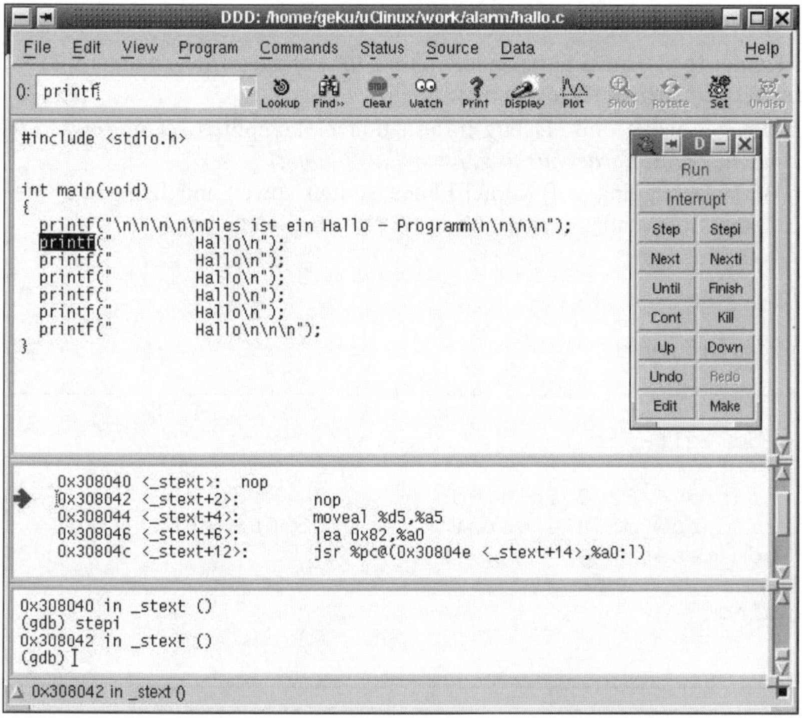

Bild 8.1 GDB mit grafischer Benutzeroberfläche DDD

8.2 Beispiel für Kernel-Debugging

Im Folgenden wird gezeigt, wie man unter Verwendung des **`m68k-bdm-elf-gdb`** den Kernel-Start debuggen kann. Hierfür muss die Verbindung zwischen Host und Target über die BDM-Schnittstelle bereits funktionieren. Es wird in einem Terminal der Debugger gestartet und in einem anderen Terminal eine Software, mit der Images auf den Target geladen werden können (im vorliegenden Fall Freescale's dBUG).

Die Initialisierung des Target-Systems muss vom Debugger vorgenommen werden. Hierzu verwendet man am besten ein Init-Script für den GDB. Als Grundlage für den verwendeten Prozessor kann z. B. eines der Scripte dienen, die sich unterhalb von **`uClinux-dist/tools/misc/`** finden.

Wichtig bzw. hilfreich für das Debugging des Kernels sind folgende Punkte:

- das Kernel-Image muss unter anderem im **ELF**-Format vorliegen unter **uClinux-dist/linux-2.6/linux**
- das Image muss mit Debug-Informationen kompiliert sein (*make linux_menuconfig, Kernel hacking, Kernel debugging*)
- bei BDM-Debugging auf Kernel-Ebene sollten soweit möglich Hardware-Breakpoints verwendet werden (**hb** in **m68k-bdm-elf-gdb**)

Beispiel:

1. Aufruf des Debuggers:

```
$ m68k-bdm-elf-gdb images/image.elf
...
(gdb) source ~/5249-init.gdb
Coldfire debug module version is 0 (5206(e))
(gdb) bdm_reset
(gdb) c
Continuing.
...
```

2. Wechsel in dBUG (anderes Terminal) und „normaler" Download des Images:

```
...
dBUG> dn
Eth Mac Addr is 00:CF:52:49:C3:01
Downloading Image 'image.bin' from 192.168.100.1
Wait for PC to init, then press any key to
continue....
TFTP download successful
Read 2363368 bytes (4616 blocks)
dBUG>
```

3. Wechsel zurück in den GDB. Stoppen des dBUG mit <Strg> + <C>. Setzen des Programm-Counters auf den Beginn des geladenen Images. Setzen eines Hardware-Breakpoints und Starten des Images:

```
...
^C
Program received signal SIGTSTP, Stopped (user).
0xffe21442 in ?? ()
1: x/i $pc 0xffe21442: beqs 0xffe2143c
(gdb) set $pc=_start
(gdb) hb start_kernel
Hardware assisted breakpoint 1 at 0xfa316: file
init/main.c, line 362.
(gdb) c
Continuing.
Program received signal SIGTRAP, Trace/breakpoint
trap.
0xfa31c in start_kernel () at init/main.c:362
362 printk(linux_banner);
1: x/i $pc 0xfa31c <start_kernel+12>: lea 0x28718
<printk>,%a2
(gdb)
...
```

Von da an ist „normales“ Debugging möglich (mittels **s, n, si, ni, i,** ... siehe Hilfe **help** in **gdb**).

8.3 Beispiel für Applikations-Debugging über Ethernet

Das Debuggen über das Ethernet-Interface kann dann zum Einsatz kommen, wenn uClinux auf dem Target erfolgreich gestartet wurde. Hierbei kann der **gdbserver** verwendet werden, der Bestandteil der uClinux-Distribution ist. Grundlage ist natürlich eine funktionierende Ethernet-Verbindung zwischen Host und Target. Das zu debuggende Programm muss Debug-Informationen enthalten.

Beispiel:

1. gdb-Server auf dem Target starten:

```
gdbserver :7777 /bin/busybox ls
Process /bin/busybox created; pid = 41
code at 0x40ec0040 - 0x40ef6820, data at 0x40f00004
```

Wichtig ist hier eine korrekte Prozess-ID (**pid**) und „sinnige“ Adressen für Code und Daten, also z. B. nicht 0xffffffff!

2. Starten des Debuggers (auf dem Host) mit der **.gdb ELF**-Datei des zu debuggenden Programms:

```
user@host:~/uclinux$ m68k-bdm-elf-gdb -n
user/busybox/busybox.gdb
GNU gdb 6.3
Copyright 2004 Free Software Foundation, Inc.
GDB is free software, covered by the GNU General Public
License, and you are
welcome to change it and/or distribute copies of it un-
der certain conditions.
Type "show copying" to see the conditions.
There is absolutely no warranty for GDB.  Type "show
warranty" for details.
This GDB was configured as "--host=i686-pc-linux-gnu -
target=m68k-bdm-elf"...
(gdb)
```

3. Verbinden mit dem **gdbserver** auf dem Target:

```
(gdb) target remote 192.168.4.33:7777
Remote debugging using 192.168.4.33:7777
0x40ec0048 in _start ()
```

(Im Terminal, in dem der **gdbserver** gestartet wurde, sollte nun eine Ausgabe der Art „`Remote debugging using :7777`“ erscheinen!)

4. Setzen eines Breakpoints:

```
(gdb) b main
Breakpoint 1 at 0x40ec006e:
file /<..>/uclinux/user/busybox/applets/busybox.c,
line 75.
```

5. Programm starten:

```
(gdb) c
Continuing.
```

6. Breakpoint wird erreicht:

```
Breakpoint 1, main (argc=0, argv=0x40f0ff74)
at /<..>/uclinux/user/busybox/applets/busybox.c:75
75              bb_applet_name = argv[0];
(gdb)
```

Von hier an sind alle Debug-Möglichkeiten des GDB einsetzbar.

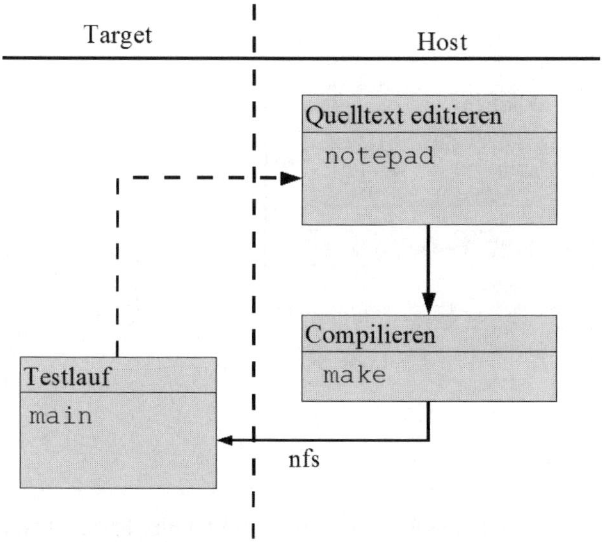

Bild 8.2 Debugging mit NFS

8.4 Networked Filesystem (NFS)

Ein so genannter NFS-Mount kann die Entwicklungszyklen erheblich verkürzen, da beim Debugging einer Applikation nicht immer ein komplettes uClinux-Image erstellt werden muss, das dann auch noch komplett transferiert und gestartet werden müsste. In **Bild 8.2** und **Bild 8.3** wird der Unterschied verdeutlicht.

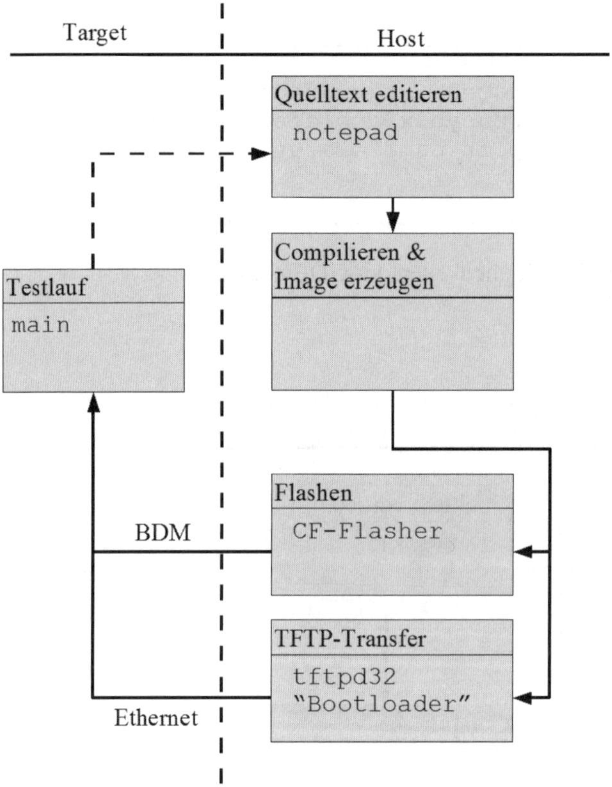

Bild 8.3 Debuggen von Images

Mit Hilfe eines NFS-Servers und NFS-Unterstützung im uClinux-Kernel kann der Inhalt eines Verzeichnisses auf dem Server im Verzeichnisbaum auf dem Target eingeblendet werden. Liegt innerhalb dieses Verzeichnisses dann die zu testende Applikation, so kann sie aus dem NFS-Verzeichnis heraus direkt ausgeführt und getestet werden. Nach dem Test kann die Applikation wieder auf dem Server geändert und kompiliert werden und steht sofort in der geänderten Version auf dem Target zum Testen bereit. Üblicherweise übernimmt der Host-PC, auf dem auch entwickelt wird, die Rolle der NFS-Servers.

8.4.1 Einrichten eines NFS-mounts

Gehen Sie zum Einrichten eines NFS-Servers wie folgt vor:

Versichern Sie sich, dass ein NFS-Server auf dem Host PC installiert ist. Ziehen Sie im Zweifelsfalle die Dokumentation ihrer Distribution zu Rate. Exportieren Sie ein Verzeichnis per NFS. Fügen Sie dazu folgenden Zeile in der Datei **/etc/exports** hinzu:

```
<absoluter_pfad_zum_verzeichnis> ↵
        192.168.0.0/255.255.0.0(rw,sync,no_root_squash)
```

Es können nun alle Rechner mit den IPs 192.168.0.0 bis 192.168.255.254 auf das Verzeichnis lesend und schreibend zugreifen. Die Daten werden sofort übertragen (**sync**) und Zugriffe als root auf den Client bleiben auch root-Zugriffe auf dem Server (**no_root_squash**). Starten Sie den NFS-Server neu, und vergewissern Sie sich mittels **exportfs**, dass das Verzeichnis korrekt exportiert wurde. Es sollte das Verzeichnis und die IP-Adressen in der Ausgabe von **exportfs** erscheinen.

Um das Verzeichnis auf dem Board einzubinden, man spricht bei diesem Vorgang vom mounten, muss zunächst sichergestellt werden, dass NFS als Dateisystem in den Kernel für das Target einkompiliert wurde. Die zugehörige Konfigurationsoption ist unter File systems -> Network File Systems in der Kernel-Konfiguration zu finden. Aktivieren Sie mindestens NFS file system support; Support für NFSv3 und NFSv4 ist ebenfalls empfehlenswert – von direct I/O ist eher abzuraten. Auf die Änderung der Konfiguration geht Kapitel 3 genauer ein. In den allermeisten Fällen ist NFS standardmäßig schon installiert.

Eine andere Möglichkeit, Informationen über die unterstützten Filesysteme zu bekommen, bietet die Pseudo-Datei **/proc/filesystems** auf dem Target. Sie beinhaltet eine Tabelle mit allen unterstützten Dateisystemen, die Namen der Dateisysteme stehen in der zweiten Spalte. Listet diese Tabelle NFS nicht auf, so muss die Kernel-Konfiguration wie oben beschrieben geändert werden.

Stellen Sie nun sicher, dass NFS-Server und Client über das Ethernet miteinander kommunizieren können. Weisen Sie Server und Client möglichst IPs aus demselben Segment zu, beispielsweise: 192.168.4.56 für den Server und 192.168.4.33 für den Client. Benutzen Sie hierzu das Kommandozeilenprogramm **ifconfig**.

Beispiel für den Server:

```
$ ifconfig eth0 192.168.4.56
```

Auf dem Client (Board):

```
$ ifconfig eth0 192.168.4.33
```

Nach diesen Einstellungen kann die Verbindung getestet werden. Benutzen Sie dazu das Programm **ping**, und testen Sie, ob der Server den Client erreichen kann. Eine Beispieleingabe auf dem Server mit positivem Ergebnis sieht so aus:

```
$ ping 192.168.4.33
PING 192.168.4.33 (192.168.4.33) 56(84) bytes of data.
64 bytes from 192.168.4.33: icmp_seq=1 ttl=64 time=3.72 ms
64 bytes from 192.168.4.33: icmp_seq=2 ttl=64 time=1.38 ms
64 bytes from 192.168.4.33: icmp_seq=3 ttl=64 time=1.47 ms
<Strg>+<c>
--- 192.168.4.33 ping statistics ---
3 packets transmitted, 3 received, 0% packet loss, time
2009ms
rtt min/avg/max/mdev = 1.388/2.193/3.720/1.081 ms
```

Prüfen Sie ebenso, ob der Server auch vom Client bzw. Board aus erreichbar ist. Hier ein Beispiel für den Client mit einer einfacheren Version von **ping**, ebenfalls mit positivem Ergebnis:

```
$ ping 192.168.4.56
192.168.4.56 is alive!
```

Alle anderen Meldungen von **ping** insbesondere solche mit dem Resultat „100 % packet loss", sind als fehlerhaft zu betrachten. Der Versuch, eine NFS-Freigabe zu mounten, wird dann mit hoher Wahrscheinlichkeit scheitern. Im Fehlerfall sollten die Netzwerkverbindung und die IP-Adressen geprüft werden.

Zur Kommunikation verwendet NFS „Remote Procedure Call (RPC)". RPCs werden über das Programm **portmap** abgewickelt. Bevor also ein Verzeichnis per NFS eingebunden werden kann, muss **portmap** gestartet werden:

```
$ portmap &
```

Eventuell muss **portmap** vorher noch in das uClinux-Image eingefügt werden. Markieren Sie es dazu in **make config_menuconfig**.

Zum Mounten geben Sie nun folgenden Befehl ein:

```
$ mount -t nfs -o rsize=4096,wsize=4096
<hostip>:/<absoluter_pfad_auf_dem_host> <absolu-
ter_pfad_auf_dem_target>
```

Das Verzeichnis **<absoluter_pfad_auf_dem_host>** haben Sie schon auf dem Host in die **/etc/exports** eingetragen. Der Inhalt des Verzeichnisses **<absoluter_pfad_auf_dem_target>** wird von dem Inhalt des Verzeichnisses auf dem Host überdeckt. Üblicherweise wird auf dem Target das sonst leere Verzeichnis **/mnt/** genommen.

Beispiel:

```
$ mount -t nfs -o rsize=4096,wsize=4096
192.168.2.56:/opt/tmp/ /mnt
```

Die Verwendung von **portmap** kann auch umgangen werden, wenn man den **mount**-Befehl um **nolock** ergänzt.

Beispiel:

```
$ mount -t nfs -o rsize=4096,wsize=4096,nolock ↵
                            192.168.2.56:/opt/tmp/ /mnt
```

Nachdem der **mount**-Befehl fehlerlos ausgeführt wurde, steht der Inhalt inklusive aller Unterverzeichnisse des Serververzeichnisses **/opt/tmp/** auf dem Board unter **/mnt** zur Verfügung. Wird der Inhalt des Verzeichnisses auf dem Server oder dem Board verändert, sind die Änderungen sofort auf dem anderen Partner verfügbar.

Kopieren Sie auf dem Server die ausführbare Datei der zu testenden Applikation einfach in dieses Verzeichnis und führen Sie die Applikation auf dem Board aus.

Auf dem Server:

```
$ cd uClinux-dist
$ cp user/busybox/busybox /opt/tmp/
```

Auf dem Client (Board):

```
$ /mnt/busybox
```

Die Applikation kann natürlich auch mit dem **gdbserver** ausgeführt werden, um ein professionelles Debugging zu nutzen.

9 Bootloader

3 – 2 – 1 – Start!

Der Bootloader ist die erste Software, die nach dem Einschalten oder dem Reset gestartet wird. Er initialisiert den SDRAM-Controller und die System-PLL, lädt und startet dann das uClinux-Image (**Bild 9.1**). Der Bootloader hat eine komplett eigene Codebasis.

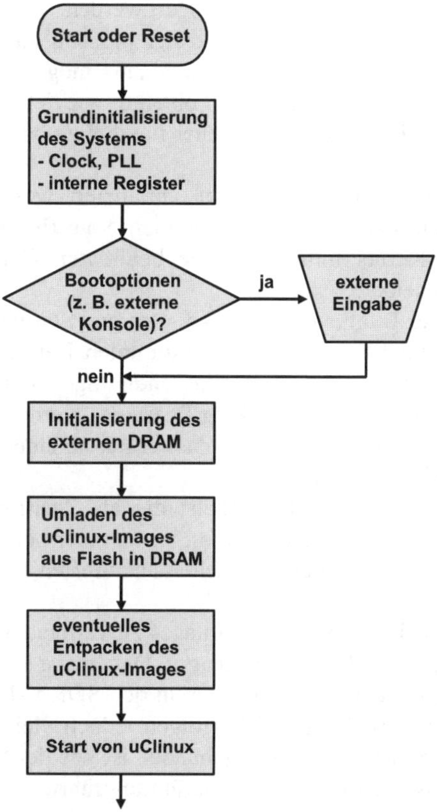

Bild 9.1 Ablaufdiagramm beim Starten eines uClinux-Bootloaders

Durch die äußere Beschaltung lässt sich das Startverhalten moderner Embedded Prozessoren in beschränktem Rahmen kontrollieren.
Die Konfiguration wird üblicherweise so gewählt, dass sofort nach dem Einschalten dem Prozessor ein NOR-Flash-Speicher zur Verfügung steht. Der Bootloader befindet sich innerhalb dieses Speichers und wird so unmittelbar nach dem Einschalten ausgeführt.
Er übernimmt nun die Initialisierung weiterer Speicher, z. B. des On-Chip-SRAM, um eigene Variablen zu speichern. Der Bootloader fährt mit der Einstellung der System-PLL fort. Zuvor oder direkt danach ist die Anzahl der Wait-States für die bisher initialisierten Speicher anzupassen. Hierbei wird darauf geachtet, dass der Speicher nie zu schnell angesteuert wird. Eventuell muss also vorher die Anzahl der Wait-States erhöht oder hinterher verringert werden.
Der SDRAM-Controller wird vom Bootloader passend zu den bestückten Speicherbausteinen eingestellt. Hierbei ist es durchaus möglich und üblich, mehrere Konfigurationen durchzuspielen und zu probieren, wieviel Speicher verfügbar ist. Ein solches Probing erlaubt es, den Speicher flexibel zu bestücken, ohne die Software ändern zu müssen.
Weitere Geräte können vom Bootloader initialisiert werden. Für die meisten Geräte ist dies jedoch überflüssig, wenn sie nicht vom Bootloader selber benötigt werden. Der Linux-Kernel initialisiert alle benötigten Geräte (außer PLL und SDRAM) beim Start selber.
Die letzte Aufgabe des Bootloaders ist das Laden und Starten des uClinux-Images. Das uClinux-Image liegt dazu in einem bestimmten Bereich des Flashspeichers. Der Bootloader kopiert das Image an seine endgültige Stelle im SDRAM. Diese Speicherstelle wurde schon in der Linking-Phase des Kernels festgelegt, das heißt, der uClinux-Kernel wurde so kompiliert, dass er nur an einer bestimmten Stelle im Speicherraum ausgeführt werden kann.
Ausnahmen hiervon sind uClinux-Kernels, die als Position Independend Code (PIC) übersetzt wurden. Dies ermöglicht es, sie an einer beliebigen Stelle im Speicher auszuführen. Sie sind jedoch sehr selten anzutreffen, da sie langsamer in der Ausführung sind.
Eine Möglichkeit, das Umkopieren des Images zu vermeiden, ist die Verwendung eines Execute-In-Place (XIP) uClinux-Images. Das Image selbst verbleibt dabei im Flash, lediglich einige wenige Teile werden in den SDRAM kopiert. Bei der Ausführung des uClinux-Kernels mit XIP erfolgen jedoch viele Speicherzugriffe auf den Flashspeicher, der selten so gut angebunden ist wie der SDRAM, was zu starken Geschwindigkeitseinbußen bei der Ausführung führt.

9.1 CoLiLo

CoLiLo ist die Abkürzung für ColdFire Linux Loader. Es handelt sich hierbei um einen sehr kleinen Bootloader, der mit komprimierten Images umgehen kann. Ein uClinux-Image kann mit dem Programm **gzip** gepackt und auf das Board transferiert werden. Dort kann es dann von CoLiLo ausgepackt und gestartet werden. Diese Funktion ermöglicht es, auch auf Boards mit sehr wenig Speicher uClinux starten zu können.
Der Transfer des Images kann leider nicht von CoLiLo übernommen werden. Es wird ein fertiges, komprimiertes Image im Flashspeicher erwartet.

Ein solches Image kann wie folgt hergestellt werden:

```
user@pc:~$ gzip -9 image.bin
user@pc:~$ m68k-elf-objcopy -I binary -O srec ↵
       --adjust-vma 0xffe40000 image.bin.gz imagegz.s19
```

Zuerst wird das uClinux-Image komprimiert, der zweite Befehl macht daraus dann ein S19-File, dessen Startadresse 0xffe40000 ist. Diese Startadresse ist mit der Adresse in Übereinstimmung zu bringen, ab der CoLiLo das Image erwartet, 0xffe40000 ist ein typischer Wert. Die Datei **imagegz.s19** wird dann mit einem BDM- oder JTAG-Adapter in den Flashspeicher geschrieben.
Da die Programmierung eines einzelnen Images recht aufwändig ist, ist CoLiLo für die Phase der Kernelentwicklung weniger geeignet.

9.2 Miniloader

9.2.1 Quellcode

Der hier vorgestellte Miniloader soll nur als minimales Beispiel für einen Bootloader dienen. Er soll einen Eindruck von extrem hardwarenaher Programmierung in C und Assembler geben. Außerdem wird die Verwendung von Linker-Scripten gezeigt. Trotz aller Einfachheit kann dieser Bootloader auf ColdFire-Boards verwendet werden. Die Funktionalität kann durch Ergänzungen im Code nach Belieben erweitert werden. Es muss jedoch jeder Algorithmus voll ausprogrammiert werden, da keinerlei Libraries eingebunden werden.

Das Image des Miniloaders muss direkt an den Anfang des Flashspeichers gebrannt werden. Der Prozessor ist so zu konfigurieren, dass beim Einschalten der Flashspeicher ab Adresse 0x0 angesprochen wird.

```
.text
_vectors:
.long   0x00000000, _start
.long   _fault, _fault, _fault, _fault, _fault,
_fault, _fault, _fault
[...]

_start:
  nop
  move.w #0x2700,%sr

  /* Vector Base Register setup */
  move.l #_vectors,%d0
  move.c %d0,%VBR

  /* int. SRAM setup !!! */
  move.l #0x80000001,%d0
  move.c %d0,#0xc05

  /* setup inital stackpointer !!! */
  move.l #0x80003FFC,%sp

  /* Disable Cache */
  move.l #0x01000000, %d0
  move.c %d0,%CACR
  clr.l %d0
  move.c %d0,%ACR0
  move.c %d0,%ACR1

  jsr init

  jmp start_linux

[...]
```

```
111  .globl   call
112 call:
113  move.l %sp@(4),%a0
114  jmp (%a0)
```

Listing 9.1 boot.S

Das **Listing 9.1** enthält zu Beginn eine große Anzahl an Vektoren, die ein ColdFire-Prozessor unmittelbar nach dem Einschalten an Adresse 0x0 erwartet. Der erste 32 bit breite Wert stellt den initialen Stackpointer dar. Das nachfolgende Programm setzt den Stackpointer selbstständig, er kann somit mit 0 initialisiert werden. Es folgt der initiale Programcounter (PC), der hier auf den Start des Assembler-Codes gesetzt wird. Alle nachfolgenden und hier gekürzt dargestellten Vektoren sind Sprungvektoren zu Interrupt-Serviceroutinen. Da nicht geplant ist, innerhalb dieses Bootloaders Interrupt-Service vorzunehmen, führen alle Vektoren zum Eintritt in die Endlosschleife **`fault`**.

Nachdem der Prozessor den initialen PC übernommen hat, startet die Ausführung zunächst mit einem Leerlaufbefehl, Zeile 57. Danach wird das Statusregister zurückgesetzt, Zeile 58. Es folgt die Einrichtung der Interrupt-Vektoren. In den Zeilen 65 und 66 wird der On-Chip-SRAM ab Adresse 0x80000000 eingeblendet. Gleich darauf wird der Stackpointer (SP) so eingerichtet, das er in den On-Chip-SRAM zeigt. Da der Stack von hohen Adressen nach kleinen wächst, wird der SP üblicherweise mit dem Wert der letzten gültigen Adresse initialisiert. Um Probleme mit altem Cache-Inhalt zu umgehen, wird in Zeile 72ff. der Cache komplett abgeschaltet. Nun ist der Prozessor bereit, C-Prozeduren auszuführen. Zunächst wird **`init()`** ausgeführt. **`init()`** vervollständigt das Setup der C-Umgebung, indem es die Funktion **`copydata_and_clearbss()`** aufruft.

```
extern int* _etext;
extern int* _sdata;
extern int* _edata;
extern int* _sbss;
extern int* _ebss;

void copydata_and_clearbss(void) {
  int* src=(int*)&_etext;
  int* dst=(int*)&_sdata;
```

```
  int* bss=(int*)&_sbss;
  while(dst<(int*)&_edata) {
    *dst=*src;
    dst++;
    src++;
  };
  while(bss<(int*)&_ebss) {
    *bss=0;
    bss++;
  };
};

int testval = 0xfabecaff;


void init(void) {
[...]
  copydata_and_clearbss();
[...]
  if (testval != 0xfabecaff)
  {
    stop();
 }

};

#define IMAGE_SRC 0x00100000
#define IMAGE_DST 0x40000000
#define IMAGE_SIZE (4*1024*1024) /* 4MB */

void start_linux(void)
{
  int* src = (int*)IMAGE_SRC;
  int* dst = (int*)IMAGE_DST;

 while(dst < (int*)(IMAGE_SIZE+IMAGE_DST))
  {
    *dst=*src;
    dst++;
```

```
61      src++;
62    };
63
64    cache_on();
65
66    call(IMAGE_DST); //call linux
67
68  };
```

Listing 9.2 boot.c

`copydata_and_clearbss()` kopiert die Sektionen *data* und löscht die Sektion *bss*. Die Sektion *data* enthält alle globalen Variablen, die mit einem Wert ungleich null initialisiert werden. *bss* enthält alle Variablen, die keinen Initialwert haben oder deren Initialwert null ist. Die Korrektheit des Kopiervorgangs und der Linkereinstellungen wird in Zeile 41 verifiziert. Die globale Variable *testval* ist Bestandteil der Sektion *data* und enthält nur ihren Initialwert, wenn der Kopiervorgang und das Linking richtig ausgeführt wurden. Sollte nicht erfolgreich kopiert oder gelinkt worden sein, stoppt der Bootloader in der Endlosschleife **`stop()`**.

Traten keine Probleme auf, so geht es zurück in den Assemblercode. Hier können weitere Befehle in Assembler eingefügt werden. In der gezeigten Fassung des Bootloaders geht es jedoch sofort weiter mit Ausführung der C-Funktion **`start_linux()`**. Diese Funktion kopiert das uClinux-Image an seine endgültige Stelle, Zeile 57ff., schaltet den Cache ein und startet uClinux mit Hilfe der Assemblerfunktion **`call()`**.

Die C-Defines haben folgende Bedeutung:

- **`IMAGE_SRC`** Startadresse des Images im Flash
- **`IMAGE_DST`** Adresse, ab der das Image ausgeführt wird, üblicherweise im SDRAM
- **`IMAGE_SIZE`** Größe des Images

Das **Listing 9.3** zeigt das zugehörige Linkerscript.

```
MEMORY {
  flash: ORIGIN = 0x00000000, LENGTH = 0x000FFFFF
  ram  : ORIGIN = 0x80000000, LENGTH = 0x00003FFF
}

SECTIONS {

  .text : {
      _stext = . ;
      *(.text)
      *(.rodata)
      . = ALIGN(4);
      _etext = . ;
  } > flash

  .data : AT(_etext) {
      _sdata = . ;
      *(.data)
      . = ALIGN(4);
      _edata = . ;
  } > ram

  .bss : {
      _sbss = . ;
      *(.bss)
      *(COMMON)
      . = ALIGN(4);
      _ebss = . ;
  } > ram
}
```

Listing 9.3 boot.ld

Es werden zu Beginn zwei Speicherbereiche definiert, **flash** und **ram**, beide haben jeweils eine Basisadresse (ORIGIN) und eine Länge (LENGTH). Nachfolgend werden die Ausgangssektionen festgelegt. Es gibt derer drei. Ihnen wird ein Platz im Speicher zugewiesen, an dem sie während der Ausführung liegen. Die **text**-

Sektion, die die Befehle und andere Nur-Lese-Werte beinhaltet, liegt im Flashspeicher, Zeile 15. Die Sektion **data** beinhaltet Daten, die veränderbar und initialisiert sind. Sie wird daher in den RAM gelegt, Zeile 22. Dort liegt sie jedoch nicht von Anfang an, sondern wird erst von **copydata_and_clearbss()** dorthin kopiert. Zunächst aber wird die **data**-Sektion an das Ende der **text**-Sektion gelegt, Zeile 17. In die Sektion **bss** legt der Linker all die Variablen, die veränderbar sind und inital null enthalten. Die Sektion **bss** wird ebenfalls in den RAM gelegt, siehe Zeile 30.

In den Zeilen 10, 14, 18, 21, 25 und 29 werden die Variablen angelegt, die in Listing 9.3 in Zeile 6ff. referenziert werden. So enthält z. B. **_stext** den Beginn der **text**-Sektion, **_sdata** beinhaltet den Beginn der **data**-Sektion zum Ausführungszeitpunkt.

Listing 9.4 zeigt, wie das Image des Miniloaders entsteht.

```
all: miniloader.bin

miniloader.bin: miniloader.elf ↵
     m68k-elf-objcopy -O binary miniloader.elf miniloader.bin

miniloader.elf: boot.o main.o ↵
  m68k-elf-ld -M -T boot.ld -o miniloader.elf boot.o main.o ↵
                                                miniloader.map

main.o: main.c ↵
        m68k-elf-gcc -m5307 -g -c -Os -o main.o main.c ↵
                                        -fno-builtin -nostdinc

boot.o: boot.S ↵
        m68k-elf-gcc -m5307 -g -c -o boot.o boot.S -nostdlib

clean:
     rm -f miniloader.bin boot.bin boot.elf boot.map
     rm -f *.o *~ *.elf *.map
```

Listing 9.4 Makefile

9.2.2 Benutzung

Vergewissern Sie sich zunächst, dass der ColdFire-Prozessor so eingestellt ist, dass er automatisch auf den Flashspeicher zugreift, sobald er mit Spannung versorgt wird. Dann ist zu überprüfen, ob die Adresse und die Größe des SRAMs mit den Werten im Linkerscript und der Initialisierung in **`boot.S`** übereinstimmt. Ebenso muss der Stackpointer auf die letzte gültige Adresse des SRAMs gelegt werden. Nun sind Basisadresse des SDRAMs, Startadresse des uClinux-Images und das Define **`IMAGE_DST`** in Einklang zu bringen. Abschließend ist zu prüfen, ob der Wert des Defines **`IMAGE_SIZE`** hinreichend groß ist. Brennen Sie das uClinux-Image dann an die Adresse **`IMAGE_SRC`** in den Flashspeicher.
Um eine größere Flexibilität, die vor allem in der Entwicklungsphase nötig ist, zu erlangen, empfiehlt sich der Einsatz eines funktionsreicheren Bootloaders.

9.3 U-Boot – Universal Bootloader

Es gibt fast keine Hardware, auf der dieser Bootloader nicht läuft. So gibt es Ports für PowerPC, ARM, x86, MIPS und ColdFire sowie für einige Softcores [64].
Im Folgenden soll nicht auf die Kompilierung und eventuelle Portierung von U-Boot eingegangen werden, sondern auf die Benutzung einer bereits installierten Version auf einem Board.

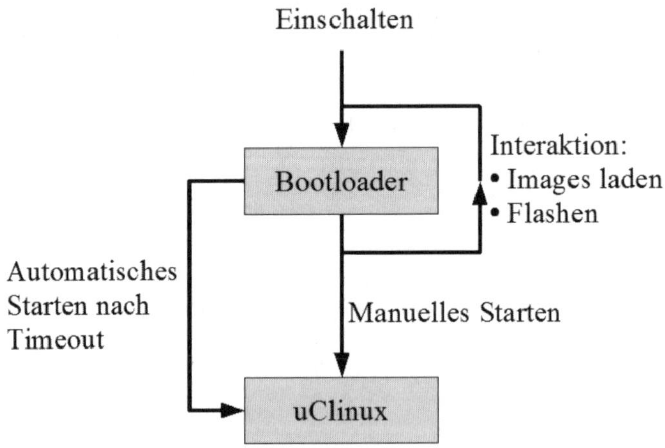

Bild 9.2 Arbeitsablauf von U-Boot

U-Boot kann sowohl im Produktiveinsatz als auch als Entwicklungstool eingesetzt werden. Es lässt sich so konfigurieren, dass automatisch ein uClinux-Image gestartet wird. Im Entwicklungsprozess kann U-Boot uClinux-Images per Ethernet laden und in den Flash kopieren, **Bild 9.2**. Außerdem kann U-Boot eine Kernelcommandline übergeben und hierüber dem Kernel unter anderem die Größe des verfügbaren Speichers mitteilen.
Nach dem Einschalten gibt U-Boot üblicherweise auf einer seriellen Schnittstelle einige Informationen zur Version aus. Danach können Befehle auf der U-Boot-Konsole eingegeben werden.

9.3.1 U-Boot-Befehle

U-Boot verfügt über eine große Anzahl an Befehlen, die auf der U-Boot-Kommandozeile eingegeben werden können, **Tabelle 9.1** zeigt eine kleine Auswahl der häufig benötigten Befehle:

Befehl	***Beschreibung***
tftpboot <address> <file>	Lädt die Datei <file> per **`tftp`** an die Adresse <address>; verwendet außerdem die Environment-Variablen **`ipaddr`**, **`serverip`**; setzt die Variable `filesize` auf die Größe der geladenen Datei
iminfo <address>	Zeigt die Informationen eines U-Boot-Images an Adresse <address> und prüft es, s. u.
bootm <address>	Startet U-Boot-Image an Adresse <address>
flinfo	Gibt Informationen über den Flash aus

Tabelle 9.1 U-Boot Befehle

Befehl	***Beschreibung***
cp.b <source> <destination> <count>	Kopiert eine Anzahl von <count> - Bytes von Adresse <source> nach <destination>
reset	Resettet das Board
help	Zeigt eine Hilfe zu den U-Boot-Befehlen an
setenv <variable> <wert>	Setzt die Umgebungsvariable <variable> auf den Wert <wert>
printenv	Zeigt alle Umgebungsvariablen und deren Wert an.
saveenv	Speichert das aktuelle Environment dauerhaft im Flash.

Tabelle 9.1 (Fortsetzung)

9.3.2 Environment

U-Boot besitzt ein Environment, das auf dem Flash gespeichert wird. Das Environment ist eine Sammlung von Variablen mit Inhalt. Der Inhalt besteht immer aus Zeichenketten (Strings).
Der Befehl **`printenv`** zeigt alle Variablen im Environment an. Links des Gleichheitszeichens steht der Name, rechts der aktuelle Wert der Environment-Variable.
Mit dem Befehl **`setenv <name> <wert>`** kann einer Variable ein neuer Wert zugewiesen werden. Existierte die Variable zuvor nicht, so wird sie angelegt.
Der Befehl **`saveenv`** sichert das aktuelle Environment in den Flash, nur wenn das Environment in den Flash gespeichert wurde, stehen die Werte auch nach einem Neustart wieder zur Verfügung.
Es gibt eine große Zahl von Variablen des Environments, die eine bestimmte Bedeutung haben. **Tabelle 9.2** zeigt einige davon.

Befehl	*Beschreibung*
baudrate	Baudrate der Konsole
bootdelay	Wartezeit bis zum automatischen Boot
bootcmd	Befehle, die U-Boot zum Booten ausführt
bootargs	Kernelcommandline
bootfile	Dateiname des zu ladenden Images
serverip	IP des (tftp)-Servers
ipaddr	IP des Targets

Tabelle 9.2 U-Boot-Environment

9.3.3 U-Boot-Images

U-Boot benutzt ein eigenes Dateiformat, um Images zuspeichern. Dies dient zur Absicherung gegen Übertragungsfehler, spart Ressourcen und verhindert, dass ein falsches Image verwendet wird. Das Dateiformat fügt dem Image lediglich einen Header hinzu der folgende Daten enthält:

- eine Prüfsumme zur Unterbindung von Übertragungsfehlern
- die Prozessorarchitektur, um zur vermeiden, dass ein ungültiges Image gestartet wird
- einen Imagetypen zur Unterscheidung zwischen Daten und ausführbaren Images
- Informationen über die Kompression; anhand dieser Information kann U-Boot das Image beim Laden entpacken; so können Ressourcen effektiv gespart werden; mögliche Kompressionen sind gzip und bzip2
- die Ladeadresse, an die das Image geladen werden soll
- die Einstiegsadresse, wo im Image die Programmausführung gestartet werden soll; bei uClinux sind Lade- und Einstiegsadresse identisch

- das enthaltene Betriebssystem, um unter anderem die Übergabe der Kommandozeile richtig ablaufen zu lassen
- das Datum, wann das Image erstellt wurde
- einen beliebigen Namen für das Image

Mit dem U-Boot-Befehl **`iminfo`** können die Header-Informationen angezeigt und soweit möglich verifiziert werden.
U-Boot-Images werden mit dem Programm **`mkimage`** auf dem Host-PC erzeugt. Soweit möglich werden die Imageinformationen als Parameter dem Programm übergeben. Die Parameter sind in **Tabelle 9.3** aufgelistet.

```
mkimage [-x] -A <arch> -O <os> -T <type> -C <comp> -a
<loadaddr> -e <entry> -n <name> -d <inputfile> <output-
file>
```

Parameter	*Beschreibung*
`-x`	Gibt an, dass das Image Execute-In-Place ist, wird eher selten benutzt
`<arch>`	die Prozessorarchitektur auf dem Board, Beispiele: *arm, m68k*
`<os>`	das Betriebssystem, Beispiel: *linux*
`<type>`	der Type des Images, Beispiel: *filesystem, kerne*
`<comp>`	die Kompressionsart der Datei **`<inputfile>`**, denn **`mkimage`** kann selber nicht komprimieren; daher muss **`<inputfile>`** schon vorher komprimiert worden sein; mögliche Angaben: *none, bzip2, gzip*
`<loadaddr>`	die Adresse, an die das Image geladen werden soll
`<entry>`	die Eintrittsadresse
`<inputfile>`	das Imagefile, es muss entsprechend den Angaben unter **`<comp>`** komprimiert sein
`<outputfile>`	der Name der Ausgangsdatei

Tabelle 9.3 U-Boot-Parameter

Um ein definiertes U-Boot-Image zu erhalten, sollten möglichst immer alle Parameter angegeben werden. Eine U-Boot-Image-Datei, die ein uClinux-Image in sich trägt, lässt sich wie folgt erstellen:

```
$ cd uClinux-dist
$ gzip images/image.bin
$ mkimage -A m68k -O linux -T kernel -C gzip -a ↵
               0x40000000 -e 0x40000000 -n uClinux -d ↵
                       images/image.bin.gz image.u-boot
```

9.3.4 U-Boot bei der Entwicklung

In der Entwicklungsphase ist es oft notwendig, immer wieder neue uClinux-Images zu erzeugen und zu testen. Dazu ist es erforderlich, dass das Image schnell auf das Board transferiert und gestartet wird. Dieser Vorgang sollte möglichst automatisch ablaufen. U-Boot ist hierbei sehr hilfreich.

Eine solche Entwicklungsumgebung, in der der Linux-Kernel mit verschiedenen Einstellungen leicht getestet werden kann, lässt sich mit den folgenden Befehlen einrichten. Die hier verwendeten IP- und Speicheradressangaben sind als beispielhaft anzusehen.

Legen Sie die IP-Adresse des Boards fest:
`=> setenv ipaddr 192.168.1.2`

Definieren Sie die IP-Adresse des Servers. Sie und die IP-Adresse des Boards sollten im selben Netzwerksegment liegen, sonst muss auch die Environmentvariable **`gatewayip`** definiert werden.
`=> setenv serverip 192.168.1.1`

Legen Sie eine Kommandozeile für den Kernel fest. Wird keine gebraucht, so braucht **`bootargs`** auch nicht definiert zu werden. Der Inhalt einer Kernelkommandozeile kann sehr stark variieren, diese Zeile soll hier nur als Beispiel dienen. Leerzeichen sind bei der Eingabe kein Problem, sie werden einfach als Leerzeichen eingegeben.
`=> setenv bootargs console=ttyS0,19200 debug`

Der folgende Befehl legt die Befehle fest, die U-Boot automatisch nach Ablauf der Wartezeit nach dem Einschalten ausführt. Befehle werden mit Semikolon voneinander getrennt. Das Semikolon muss mit einem Backslash maskiert werden.

```
=> setenv bootcmd tftpboot image.u-boot 0x40040000\;
bootm 0x40040000
```

Dieses Kommando legt die Wartezeit zwischen dem Start von U-Boot und dem automatischen Ausführen der Befehle in **bootcmd** fest. Der Wert entspricht der Wartezeit in Sekunden.

```
=> setenv bootdelay 3
```

Abschließend wird das Environment im Flash gespeichert.

```
=> saveenv
```

Wird das Board nun eingeschaltet, lädt U-Boot nach drei Sekunden vom tftp-Server die Datei **image.u-boot** an die Adresse 0x40040000. Sobald dies abgeschlossen ist, wird das Image geprüft und gestartet.

9.3.5 U-Boot in der Produktion

Im Produktionseinsatz ist es oft gewünscht, dass uClinux innerhalb kürzester Zeit gestartet wird. Das Bootdelay wird also auf 0 gesetzt:

```
=> setenv bootdelay 0
```

Jetzt muss der Bereich im Flash, der mit dem neuen Image beschrieben werden soll, gelöscht werden:

```
=> erase 0x00004000 0x0006FFFF
```

Die beiden Adressen geben das erste und das letzte Byte des zu löschenden Bereichs an. Alle Flashblöcke dazwischen werden gelöscht.

Laden Sie nun das uClinux-Image in den RAM:

```
=> tftpboot image.u-boot 0x40040000
```

und kopieren Sie es an seine endgültige Stelle im Flash:

```
=> cp.b 0x40040000 0x00004000 ${filesize}
```

Die Environment-Variable **filesize** wurde von **tftpboot** implizit auf die Größe der geladenen Datei gesetzt. **cp.b** erkennt automatisch, dass ein Flash-

Schreib-Algorithmus verwendet werden muss, wenn die Destinationsadresse innerhalb des NOR-Flashes liegt.

Der Wert der Variablen **`bootcmd`** vereinfacht sich zu:
`=> setenv bootcmd bootm 0x00004000`

Abschließend muss noch das Environment gespeichert werden:
`=> saveenv`

Nachdem diese Einstellungen erfolgreich vorgenommen wurden, startet unmittelbar nach dem Einschalten U-Boot mit dem Prüfen und Laden des Images, das dann unverzüglich ausgeführt wird.

9.4 dBUG

Der Bootloader dBUG ist kein Bootloader im engeren Sinne. Während der Entwicklungsphase lässt er sich allerdings gut und effektiv einsetzen. Mit ein paar Änderungen kann dBUG Betriebssysteme auch direkt nach dem Einschalten starten.
dBUG ist eine proprietäre Software von Freescale [26], der Quelltext ist jedoch verfügbar. dBUG ist üblicherweise auf allen Evaluation-Boards der m68k/ColdFire-Prozessorfamilie installiert. Die Dokumentation von dBUG ist in der Board-Dokumentation enthalten. Daher soll in **Tabelle 9.4** nur ein kurzer Überblick gegeben werden.

Befehl	***Beschreibung***
show	Zeigt eine Liste der Umgebungsvariablen und ihre Werte
set <variable> <wert>	Setzt die Variable <variable> auf den Wert <wert>
dn	Lädt eine Datei per tftp; verwendet die Werte der Umgebungsvariablen: **`server`**, **`client`**, **`filename`**

Tabelle 9.4 die wichtigsten dBUG-Befehle

Befehl	*Beschreibung*
go <adresse>	Setzt die Ausführung an Adresse <adresse> fort
bm <from_start> <from_end> <to_start>	Kopiert Daten zwischen <from_start> und <from_end> nach <to_start> und folgende
fl w <to> <from> <size>	Kopiert <size> Bytes von <from> nach <to> in den Flash, löscht zuvor die benötigten Sektoren

Tabelle 9.4 (Fortsetzung)

9.5 Fazit

Für die Entscheidung, wann welcher Bootloader der am besten geeignete ist, sind vorwiegend die Aspekte Funktionsumfang und Speicherplatzbedarf ausschlaggebend. Die **Tabelle 9.5** gibt einen kurzen Vergleich der verschiedenen Bootloader.

	CoLiLo	Miniloader	U-Boot	dBUG
Größe	< 16 kByte	< 1 kByte	> 60 kByte	≈ 3 kByte
Netzwerkzugriff	Nein	Nein	Ja	Ja
Flash beschreiben	Ja	Nein	Ja	Ja
Komprimierte Images	Ja (gzip)	Nein	Ja (bz2 und gzip)	Nein
Debugging	Nein	Nein	Nein	Ja
Compile mit gcc	Ja	Ja	Ja	(Ja)
Lizenz	GPL	GPL	GPL	Eigene

Tabelle 9.5 Bootloader-Vergleich

10 Beispiel einer grafischen Benutzeroberfläche

You will always get the greatest recognition
for the job you least like.

Heute wird in mehr und mehr Embedded Anwendungen die Einbindung einer grafischen Oberfläche gefordert. Bei einem herkömmlichen Desktop-Linux wird dies mit dem so genannten „X Windows System“ realisiert. X Windows ist allerdings aufgrund seiner Größe und seiner Anforderungen an die Systemressourcen für den Embedded Bereich ungeeignet, wo es vor allem auf geringen Speicherverbrauch ankommt. Außerdem wird hier oft lediglich eine vereinfachte Grafik benötigt. Aus diesem Grund wurde das Projekt „NanoX“ ins Leben gerufen [65]. Das ist ein Projekt, das die Möglichkeiten einer modernen grafischen Benutzeroberfläche auf kleinere Systeme überträgt. Die Architektur ist so gestaltet, dass sich einfach verschiedene unterschiedliche Anzeigen, Displays, Bildschirme, Mäuse, Tastaturvorrichtungen und Touchscreens integrieren lassen.
Dieses Kapitel führt in die Struktur von NanoX ein und beschreibt die Einbindung einer NanoX-Oberfläche in ein typisches uClinux-System. Als Beispiel wird ein System vorgestellt, in dem ein Grafik-Controller von Epson an einen ColdFire-Mikroprozessor angeschlossen wurde sowie ein System mit dem Prozessor MCF5329 mit integriertem LCD-Controller. Auf den Prozessoren wurde uClinux implementiert, wobei die Grafik-Ausgabe über NanoX erfolgt.

10.1 NanoX

NanoX ist ein Open-Source-Projekt, das die Features moderner Grafiksysteme auch auf Embedded Devices und Plattformen bringen möchte.

10.1.1 Eigenschaften von NanoX

NanoX wurde mit dem Ziel hoher Portierbarkeit designed und ist in unterschiedlichsten Hard- und Softwareumgebungen lauffähig. NanoX unterstützt Displays mit 1, 2, 4, 8, 16, 24 und 32 bit per Pixel Farbtiefe. Es kann auf verschiedensten Betriebssystemen laufen, aber auch auf der „reinen“ Hardware.

Es ist beispielsweise möglich, die Grafikausgabe des Targets auf dem Host-System zu „emulieren“ und so die Anwendungen zu testen, ohne sie neu crosskompilieren zu müssen.

Welche Vorteile bietet NanoX?

- die Anwendungen können sowohl unter Linux als auch unter Windows entwickelt und getestet werden (Nano-X oder Win32 GDI)
- das Projekt ist komplett in C geschrieben
- kurze Entwicklungszyklen
- relativ geringer Speicherbedarf (100 kByte bis maximal 600 kByte inklusive Bibliotheken)
- gute Portierbarkeit durch Mehrschicht-Design
- Unterstützung der Framebuffer-Architektur (für Linux-Kernel > 2.2.)

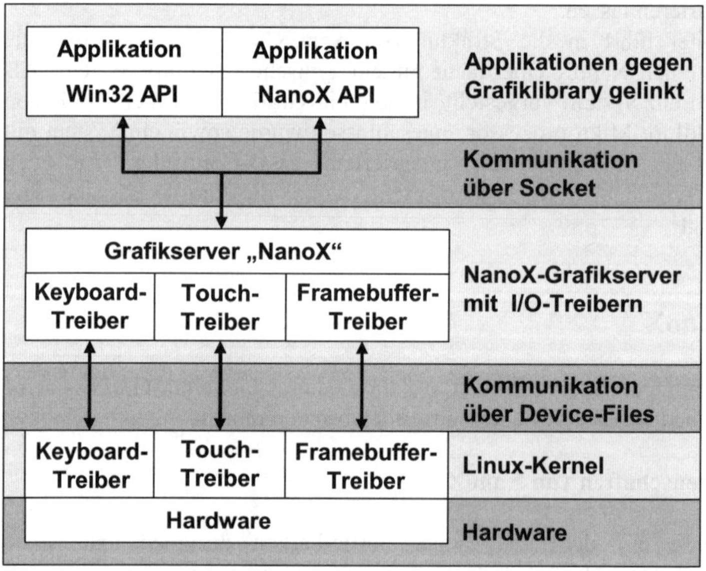

Bild 10.1 Architektur von NanoX

10.1.2 Das NanoX-Design

Das Hauptziel der Entwicklung für NanoX war eine geringe Größe bei optimaler Funktionalität und Portierbarkeit, was gerade im Embedded Bereich von entscheidender Bedeutung ist. Durch das Design soll sichergestellt werden, dass das Grundsystem auf mehreren Ebenen im Bedarfsfall leicht angepasst und erweitert werden kann. Deshalb ist NanoX in drei „Schichten" aufgebaut (**Bild 10.1**):

a) „driver level"
Auf dieser (der „untersten") Ebene abstrahiert NanoX eine Datenstruktur für einen Display-Treiber, einen Maus- oder einen Touchpanel-Treiber und einen Tastatur-Treiber. Diese Schicht implementiert Zugriffe auf die von Linux bereitgestellten Treiber, also zum Beispiel auf das Devicefile `/dev/fb0` für die Display-Driver. Ein Maustreiber würde dann auf das Devicefile **`/dev/ttyS1`** zugreifen, wenn eine serielle Maus an dieser Schnittstelle angeschlossen ist.

b) „engine level"
Das Programm **`nano-X`** repräsentiert diese Ebene. Es ist gegen die Treiber aus dem „driver level" gelinkt und initiiert einen Unix-Socket. Über diesen werden Befehle zum Zeichnen von Linien und Polygonen, zum Füllen von Rechtecken, zum Ausschneiden/Einfügen sowie zum Umgang mit Farbpaletten entgegengenommen werden. Es gibt auch Funktionen zum Laden und Darstellen von Bildern in verschiedensten Formaten, wie etwa BMP und GIF. Die MicroGUI ist unabhängig von der zugrunde liegenden Hardware. Sie greift auf diese nur über die Treiber der hardwarenahen Schicht zu.

c) „API level"
In dieser, der „obersten" Ebene sind zwei verschiedene APIs implementiert. Die Win32-API orientiert sich sehr stark an der Grafikprogrammierung von Win32, die NanoX-API lehnt sich sehr stark an die Programmierung von X11 unter Unix an. Je nach persönlichem Geschmack kann man zwischen den APIs auswählen.
Die Funktionen der APIs leiten alle Arbeit durch den Socket an den Server weiter, wo sie dann ausgeführt werden. Dieses Design ermöglicht es, mehrere NanoX-Programme gleichzeitig laufen zu lassen, wobei die Grafik immer nur im jeweiligen Fenster landet. Die Fenster können sich dabei auch überlappen.
Außerdem gibt es die Möglichkeit, einen so genannten Window-Manager zu starten. Dieser ist nichts weiter als ein weiteres Programm, das über den Socket

mit dem Server kommuniziert. Der Window-Manager zeichnet dann einen Rahmen um jedes Fenster und ermöglicht es, das Fenster zu verschieben oder die Größe zu verändern.

Beispiel-Applikationen
Die NanoX-Distribution enthält bereits einige Demo-Applikationen, die nach dem Start des NanoX-Servers getestet werden können.

Programm	**Beschreibung**
ntetris	Tetris-Spiel
nclock	Analoge Uhr
nanowm	Window-Manager
launcher.sh	Shell-script, startet ein Menü

10.1.3 Hardware-Lösung mit externem Grafik-Controller

NanoX wurde auf verschiedenen Hardware-Plattformen getestet, z. B. mit einem COBRA5272-Modul, an das ein externer Grafik-Controller angeschlossen wurde. Das Modul wird auf ein Basisboard mit zusätzlicher Peripherie aufgesteckt. Es wurde ein Color-Display mit 320 × 240 Bildpunkten und 8 bit Farbtiefe angesteuert. Dazu wurde ein Grafik-Controller EPSON S1D13706 verwendet (**Bild 10.2**).

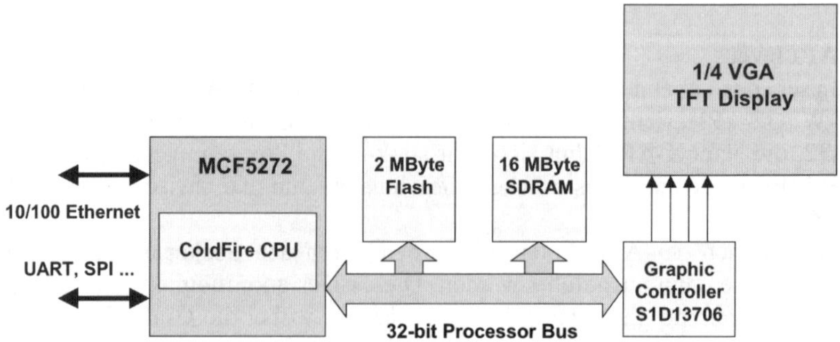

Bild 10.2 NanoX-Testsystems mit COBRA5272

Ehe die Arbeit an der Implementierung einer Grafiklösung beginnen kann, müssen zunächst einige hardwaretechnische Funktionalitäten sichergestellt werden. Dazu gehört die Lösung etwaiger schaltungstechnischer Probleme sowohl bei der Anbindung des Controllers an den ColdFire-Prozessor wie auch bei der Ansteuerung des Displays. Hierbei kommt es vor allem auf detaillierte Dokumentationen der verwendeten Komponenten an, aber auch auf geeignete Messmöglichkeiten.

Bild 10.3 Testsytem mit COBRA5272 und NanoX-Grafik

Funktioniert die Hardware dann stabil und reproduzierbar, kann man damit beginnen, den Grafik-Controller auch softwareseitig anzusteuern. Dies erfolgt am besten zunächst sehr hardwarenah, also durch direkte Registerzugriffe. Im ersten Schritt wird man sicher versuchen, einzelne Register auszulesen und zu beschreiben. Klappt dies, kann eine Initialisierungsroutine für den Controller geschrieben werden, die alle notwendigen Einstellungen vornimmt.

10.1.4 COBRA5329 mit integriertem Grafik-Controller

Das neue COBRA5329-Modul basiert auf dem neuen MCF5329-Prozessor mit integriertem Grafik-Controller. An den MCF5329-Prozessor kann ein LCD-Farbbildschirm mit maximal 600 × 800 Pixel und einer Farbtiefe von bis zu 24 bit pro Pixel angeschlossen werden (siehe **Bild 10.4**).
NanoX wurde auf diesem System implementiert und stellt neben dem Grafik-Display einen Anschluss für eine Maus als Zeigerinstrument zur Verfügung.

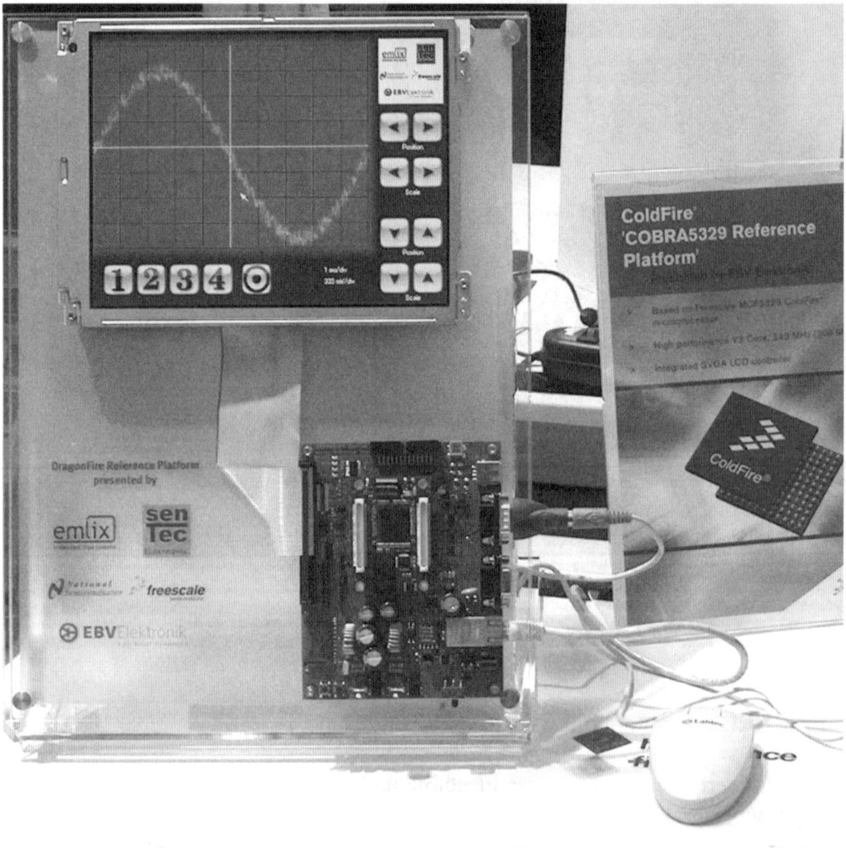

Bild 10.4 System mit COBRA5329 und NanoX-Grafik

10.2 Das Framebuffer-Device

10.2.1 Einleitung zum Framebuffer

Das Framebuffer-Device abstrahiert die Grafik-Hardware und stellt der Software Zugriffsmöglichkeiten auf diese über ein definiertes Interface zur Verfügung. Die Software braucht deshalb keine Details der eigentlichen Hardware (wie etwa Lage und Bedeutung von Registern, Größe des Speichers, Mechanismen zum Hardwarezugriff usw.) zu kennen. Durch Schreiben in das Framebuffer-Device-File kann eine Applikation den Videospeicher manipulieren.

10.2.2 Gerätedateien – Anwendersicht

Das Framebuffer-Device kann über Dateien der Art **`./dev/fb*.`** angesprochen werden. Hierbei steht **`/dev/fb0`** für das erste Framebuffer-Device, **`/dev/fb1`** für das zweite und so weiter.
Diese (zeichenorientierten) Gerätedateien haben standardmäßig die Major-Number 29. Die Framebuffer-Devices können allerdings auch wie „normale“ Dateien angesprochen werden, was z. B. ein Lesen oder Schreiben des Inhalts ermöglicht. So erzeugt beispielsweise der Befehl

```
# cp /dev/fb0 sreen.dump
```

ein Abbild des aktuellen Bildschirminhalts (einen „Screen Dump“).

Der Befehl

```
# cat /dev/urandom > /dev/fb0
```

füllt das gesamte Display mit zufälligen Farben.

10.2.3 Gerätedateien – Programmiersicht

Da sich das Framebuffer-Device genau wie andere Speicher-Devices (wie z. B. **/dev/mem**) verhält, können alle Funktionen, mit denen Speicher manipuliert werden kann, auch auf den Framebuffer angewendet werden. Dies umfasst beispielsweise das Lesen, Schreiben, Suchen sowie das „Mappen" des Videospeichers in Bereichen des Speichers von Applikationen mittels **mmap**-Systemcall.

Eine andere Zugriffsmöglichkeit auf das Framebuffer-Device sind die so genannten „**ioctl**"-Funktionen, mit denen allgemein Eigenschaften von Hardware bzw. von deren Treibern abgefragt und Änderungen vorgenommen werden können. Mit den für das Framebuffer-Device implementierten **ioctls** können u. a. Informationen über die zugrunde liegende Hardware (wie Speicheradressen, Name etc.) angezeigt, variable Parameter (z. B. Farbtiefe, Auflösung, Timing usw.) verändert oder die Farbpalette gelesen und geschrieben werden.

Durch diese Abstraktion ist das Erstellen oder die Portierung von Grafik-Applikationen deutlich einfacher, da diese Applikationen keine Details über die zugrunde liegende Hardware wissen brauchen. Alle Zugriffe auf diese geschehen stattdessen über definierte Funktionsaufrufe, die dann vom Framebuffer-Treiber in konkrete Befehle an die Hardware umgesetzt werden.

10.2.4 Datenstrukturen im User-Space

fb_fix_screeninfo

Diese Struktur enthält Informationen über das Framebuffer-Device sowie den eingestellten Videomodus, die normalerweise nicht verändert werden können. Die Unterschiede zwischen Linux 2.4 und Linux 2.6 sind minimal. Insbesondere die Größe der Datenstrukturen hat sich nicht geändert.

```
struct fb_fix_screeninfo {
char id[16]; /* identification string eg "TT Builtin" */
unsigned long smem_start; /* Start of frame buffer mem */
/* (physical address) */
__u32 smem_len; /* Length of frame buffer mem */
__u32 type; /* see FB_TYPE_* */
__u32 type_aux; /* Interleave for interleaved Planes */
__u32 visual; /* see FB_VISUAL_* */
```

```
__u16 xpanstep; /* zero if no hardware panning */
__u16 ypanstep; /* zero if no hardware panning */
__u16 ywrapstep; /* zero if no hardware ywrap */
__u32 line_length; /* length of a line in bytes */
unsigned long mmio_start; /* Start of Memory Mapped I/O */
/* (physical address) */
__u32 mmio_len; /* Length of Memory Mapped I/O */
__u32 accel; /* Type of acceleration available */
__u16 reserved[3]; /* Reserved for future compatibility */
};
```

Zum Auslesen dient der **ioctl FBIOGET_FSCREENINFO**.

fb_var_screeninfo
Diese Struktur stellt die veränderbaren Informationen über das Framebuffer-Device und den Videomode zur Verfügung.

```
struct fb_var_screeninfo {
__u32 xres; /* visible resolution */
__u32 yres;
__u32 xres_virtual; /* virtual resolution */
__u32 yres_virtual;
__u32 xoffset; /* offset from virtual to visible */
__u32 yoffset; /* resolution */
__u32 bits_per_pixel; /* guess what */
__u32 grayscale; /* != 0 Graylevels instead of colors */
struct fb_bitfield red; /* bitfield in fb mem if true
color, */
struct fb_bitfield green; /* else only length is
significant */
struct fb_bitfield blue;
struct fb_bitfield transp; /* transparency */
__u32 nonstd; /* != 0 Non standard pixel format */
__u32 activate; /* see FB_ACTIVATE_* */
__u32 height; /* height of picture in mm */
__u32 width; /* width of picture in mm */
__u32 accel_flags; /* acceleration flags (hints) */
/* Timing: All values in pixclocks, except pixclock (of
course) */
__u32 pixclock; /* pixel clock in ps (pico seconds) */
__u32 left_margin; /* time from sync to picture */
__u32 right_margin; /* time from picture to sync */
```

```
__u32 upper_margin; /* time from sync to picture */
__u32 lower_margin;
__u32 hsync_len; /* length of horizontal sync */
__u32 vsync_len; /* length of vertical sync */
__u32 sync; /* see FB_SYNC_* */
__u32 vmode; /* see FB_VMODE_* */
__u32 rotate; /* angle we rotate counter clockwise */
__u32 reserved[5]; /* Reserved for future compatibility */
};
```

Diese Informationen können mit Hilfe der ioctls **FBIOGET_VSCREENINFO** und **FBIOSET_VSCREENINFO** gelesen bzw. verändert werden.

fb_cmap

Alle Informationen über die (geräteunabhängige) Farbtabelle sind in dieser Struktur zusammengefasst. Diese können mit den ioctls **FBIOGETCMAP** bzw. **FBIOSETCMAP** beeinflusst werden.

```
struct fb_cmap {
__u32 start; /* First entry */
__u32 len; /* Number of entries */
__u16 *red; /* Red values */
__u16 *green;
__u16 *blue;
__u16 *transp; /* transparency, can be NULL */
};
```

10.2.5 Datenstrukturen im Kernel-Space

struct fb_info

Die Struktur **fb_info** beinhaltet generische Informationen sowie solche auf API-Ebene für eine spezielle Instanz des Framebuffer-Geräts. Die Differenzen zwischen Linux 2.4.und Linux 2.6 sind hier sehr groß, dargestellt sind Strukturen für Linux 2.6.

```
struct fb_info {
int node;
int flags;
```

```
struct fb_var_screeninfo var; /* Current var */
struct fb_fix_screeninfo fix; /* Current fix */
struct fb_monspecs monspecs; /* Current Monitor specs */
struct work_struct queue; /* Framebuffer event queue */
struct fb_pixmap pixmap; /* Image hardware mapper */
struct fb_pixmap sprite; /* Cursor hardware mapper */
struct fb_cmap cmap; /* Current cmap */
struct list_head modelist; /* mode list */
struct fb_videomode *mode; /* current mode */
struct fb_ops *fbops;
struct device *device;
struct class_device *class_device;/* sysfs per device attrs
struct fb_tile_ops *tileops; /* Tile Blitting */
char *screen_base; /* Virtual address */
unsigned long screen_size;/* Amount of ioremapped VRAM or 0
void *pseudo_palette; /* Fake palette of 16 colors and
the cursor's color for non palette mode */
u32 state; /* Hardware state i.e suspend */
void *fbcon_par; /* fbcon use-only private area */
/* From here on everything is device dependent */
void *par;
};
```

Die Struktur par
Die Daten in der Struktur **par** dienen der eindeutigen Beschreibung eines einzelnen Videomodus. Sie sind deshalb hardwarespezifisch.

10.3 Erfahrungen mit NanoX auf uClinux

10.3.1 Motivation

Insbesondere die leichte Portierbarkeit, die Wiederverwendbarkeit von Grafik-Applikationen, die Testmöglichkeiten auf dem Hostsystem sowie die verhältnismäßig geringe Größe sprechen für die Verwendung von NanoX als Grafiksystem auf Prozessoren ohne MMU.
NanoX ist bereits im **user/**-Zweig der uClinux-Distribution enthalten. Da uClinux im vorliegenden Fall bereits auf der verwendeten Hardware läuft, scheint eine Nutzung von NanoX eine gute Alternative zur Verwendung anderer Grafiksysteme oder der Entwicklung eigener Möglichkeiten auf Applikations-Ebene zu sein.

10.3.2 Vorgehensweise in der Praxis

Der einfachste und sicherste Weg, NanoX zusammen mit uClinux zu verwenden, führt über die Verwendung von Standardtreibern des uClinux-Kernels – von der direkten Steuerung der Hardware durch nanoX sollte Abstand genommen werden. Auf den oben genannten Systemen kommt hierfür ein Framebuffer-Treiber für den uClinux-Kernel 2.4 bzw. 2.6 zum Einsatz, der den Grafik-Controller steuert.
Gibt es für die verwendete Hardware noch keinen solchen Linux-Framebuffer-Treiber, muss dieser erstellt werden. Vor dem Schreiben eines solchen Treibers sollte man jedoch in jedem Fall prüfen, ob vom Hersteller Treiber-Sourcecode für Linux angeboten wird. Gibt es diesen, muss er allerdings immer noch hinsichtlich seiner Verwendbarkeit und Portierbarkeit in uClinux untersucht werden. Eventuell finden sich dazu Anhaltspunkte und Vergleichsmöglichkeiten in den anderen Treibersourcen der uClinux-Distribution (hier sollten auch die Quellen des Kernels 2.0.x mitberücksichtigt werden). Oftmals finden sich wenigstens Treiber für ältere Versionen des Controllers oder für ähnlich aufgebaute Typen.
Bei der Recherche nach Beispielcode sollte man auch andere freie Projekte mit einbeziehen, die oft vor vergleichbaren Aufgaben stehen. Hier seien beispielsweise (Embedded) Bootloader genannt, wie etwa der „Universal Bootloader (U-Boot)“ [64]. Wenn dann ein entsprechender Treiber geschrieben ist und zufriedenstellend funktioniert, kann dieser in die NanoX-Architektur eingebunden werden. An dieser Stelle sollten die entscheidenden Probleme gelöst sein, da die Schichten oberhalb der Hardware-Treiber als gut getestet und stabil angesehen werden können.

10.3.3 NanoX kompilieren

Damit bei der Erstellung des uClinux-Images auch NanoX mit eingebaut wird, muss nach der Eingabe von **`make config_menuconfig`** im uClinux-Verzeichnis Folgendes unternommen werden. Im Menü MicroWindows sind folgende Auswahlen zu treffen:

MicroWindows durch Auswahl dieses Punkts ergeben sich erst die weiteren Unterpunkte

Compiling Options je nach Entwicklungsstadium kann hier Debugging oder Optimierung gewählt werden

Libraries/Microwin	die Win32-artige Library; die verwendeten Anwendungen entscheiden, welche Libraries erforderlich sind
Libraries/NanoX	die X11-artige Library
Demos	gerade zu Beginn der Entwicklung und zur Verifikation ist es oft sinnvoll, Demoprogramme zu verwenden
Applikation/NanoWM	kompiliert den Window Manager mit ein; sinnvoll, wenn mehrer GUI-Applikationen gleichzeitig laufen
ScreenPixtype	hier wird das Speicherlayout der Pixel festgelegt; für RGB-TrueColor ist **`Packed-32bit-8/8/8`** zu wählen
Have FileIO	erforderlich für Dateihandling, damit für den Framebuffer
Have *???*	je nachdem, welche Libraries zusätzlich vorhanden sind, kann hier auf diese Library hingewiesen werden; sollten ausgewählte Libraries nicht vorhanden sein, so kommt es zu einem Compilerfehler
Display Config/Frame Buffer Display	damit NanoX auch mit dem uClinux-Framebuffer-Treiber kommuniziert, ist diese Auswahl nötig
Mouse/Touch	legt fest, welche Art Maus oder Touchscreen verwendet wird; mit „No Mouse“ fällt die Unterstützung hierfür weg
Keyboard	legt fest, welche Art Keyboard verwendet wird
Install these Applikation	weitere Demo- und Test-Programme können hier ausgewählt werden; zum Ausprobieren sei herzlich eingeladen

10.3.4 Verifizierung und Tests

Die Implementierung und Verwendung von NanoX muss noch ausführlich getestet werden. Insbesondere ist zu untersuchen, ob die „MMU-Losigkeit" der hier eingesetzten Architektur die Verwendung von NanoX als Grafiksystem sicher zulässt. Hier könnte sich insbesondere bei Anwendungen mit langen Laufzeiten, wie sie in Embedded Systemen typisch sind, und intensivem Gebrauch von Window-Management-Routinen, eine Fragmentierung des Speichers einstellen – siehe hierzu auch Abschnitt 7.1.2.

10.3.5 Weiterführende Hilfe zu NanoX

Für weiterführende Hilfe zu NanoX sei zuallererst auf die Projekthomepage [64] verwiesen. Hier findet sich eine Menge an Dokumentation über das System. Außerdem existiert eine (englische) Mailing-Liste **`nanogui@linuxhacker.org`**, wo man Fragen stellen und Anregungen geben kann. Ein Archiv dieser Liste ist ebenfalls verfügbar.

11 Nützliche Tipps auf dem Linux-Host

You would if you could but you can't so you won't.

Das folgende Kapitel soll einige Tools und Möglichkeiten vorstellen, die auch dem Benutzer mit einigen Linux-Vorkenntnissen die tägliche Arbeit erleichtern können.

11.1 Kleine Helfer

11.1.1 Der Befehl „`find`“

Der Befehl „**`find`**“ ist ein sehr nützlicher Helfer auf dem Linux-Host. Er kann alleine oder in Verbindung mit anderen Programmen und Tools eingesetzt werden. Hier einige Beispiele:

```
find . -name '*.[ch]' -exec cat {} \;
```

(Finde unterhalb des aktuellen Verzeichnisses alle Dateien mit den Endungen c oder h und zeige sie an.)

```
find uClinux -type f | xargs grep CONFIG_COBRA5272
```

(Finde alle Dateien unterhalb des Verzeichnisses uClinux und durchsuche diese nach CONFIG_COBRA5272. Hinweis: **`xargs`** erstellt aus seinem Standard-Input eine für andere Programme verarbeitbare Kommandozeile.)

```
find ~ -type t -exec chmod 755 {} \;
```

(Setze alle Verzeichnisse unterhalb des Heimatverzeichnisses auf den Modus 775.) Für weitere Optionen des „**find**"-Befehls siehe **man find**.

11.1.2 Das Programm „sed"

Der so genannte „Stream-Editor" „**sed**" kann ebenfalls eine ziemliche Arbeitserleichterung bei der Änderung und Pflege von Programmcode oder anderen Textdateien darstellen:

```
sed "s/CONFIG\_senTec/CONFIG\_COBRA5272/g" .config >↵
                                             .config-neu
```

(Ersetzt in der **.config** den Eintrag **CONFIG_senTec** durch **CONFIG_COBRA5272** und schreibt alles in **.config-neu**.)

Das folgende Beispiel entstammt (grob) dem Script **config/setconfig** der uClinux-Distribution. Man kann es im Toplevel der Distribution nachvollziehen:

```
$ KERNEL="`grep '^CONFIG_DEFAULTS_KERNEL_.*=y' \
.config`"
$ echo $KERNEL
CONFIG_DEFAULTS_KERNEL_2_6=y
$ KERNEL=${KERNEL##CONFIG_DEFAULTS_KERNEL_}
$ echo $KERNEL
2_6=y
$ KERNEL=${KERNEL%%=y}
echo $KERNEL
2_6
$ KERNEL="`echo ${KERNEL} | sed -e 's/_/./g'`.x"
$ echo $KERNEL
2.6.x
```

11.1.3 Das Programm „**wget**"

Das Programm „**wget**" kann zum Download aus dem Internet via HTTP oder FTP verwendet werden. Die Syntax ist wie folgt:

```
wget [OPTIONEN]... [URL]...
```

Hilfreiche Optionen dabei sind:

-c	„continue" – unterbrochenen Download fortsetzen
-r	rekursiv downloaden (mit Vorsicht verwenden!)
-N	nur neuere Dateien als die lokalen downloaden
--passive-ftp	„passives" FTP verwenden
--http-user=USER	Authentifizieren als USER
--http-passwd=PASS	Authentifiziere dich mit Passwort PASS

Beispiele:

E-Mail-Listenarchiv der ColdFire-Liste von 2002 downloaden:

```
wget -r -nc -nH -np -nv
http://www.wildrice.com/Coldfire/Arc/2002/
```

Eine Datei aus einem mit Usernamen und Passwort geschützten Verzeichnis vom Webserver auf dem Target downloaden:

```
wget --http-user=hede --http-passwd=Test
http://192.168.100.2/hede/dummy24.dat
```

Für die Optionen siehe **man wget**.

11.1.4 Die Programme „**diff**“ und „**patch**“

Die Programme „**diff**“ und „**patch**“ sind sehr nützlich für die Pflege und Weitergabe von Code. Mit **diff** werden Unterschiede in Dateien oder Verzeichnissen ausgegeben, die man dann in einer Datei aufzeichnen kann. Mit **patch** können solche Änderungen dann auf andere Codestellen übernommen werden.

Aufrufe:

```
$ diff -Naur verz1 verz2 > verz.diff
```

(Änderungen zwischen den beiden Verzeichnissen in Datei schreiben)

```
$ cd verz1
$ patch -p1 < ../verz.diff
```

Hier dürfen nur Meldungen der Art „**patching...**“ kommen! Gibt es Fehler, so sind die entsprechenden Dateien ggf. per Hand anzupassen!
Die beiden Verzeichnisse sollten jetzt gleich sein.

11.1.5 Das Programm „**file**“

Mit „**file**“ lässt sich der Typ einer Datei ermitteln.

Beispiele:

```
$ file autoconf.h
autoconf.h: ASCII C program text
```

Hilfreich ist das z. B. dann, wenn aus unerklärlichen Gründen ein Make-Prozess nicht läuft oder beim Kompilieren unerwartete (und scheinbar unbegründete) Parser-Fehler kommen. Man sollte dann z. B. einmal den File-Typ überprüfen. Kommt dabei z. B. die folgende Ausgabe:

```
$ file Makefile
Makefile: ASCII English text, with CRLF line terminators
```

so sind die Zeilenende-Zeichen falsch. So etwas kann z. B. passieren, wenn die Dateien einmal von/über Windows-Systeme kopiert wurden, oder man bei einem FTP-Download den falschen Übertragungsmodus gewählt hatte.

11.1.6 Die „**recode**“-Bibliothek

Mit der „**recode**“-Bibliothek können Dateien in verschieden kodierte Zeichensätze umgewandelt werden. Der wohl häufigste Einsatzfall ist der oben im Abschnitt über **file** beschriebene. Ist also z. B. das o. g. Makefile mit den Zeilenendungen von Windows kodiert, so kann es z. B. durch Aufruf von

```
recode ibmpc..lat1 Makefile
```

in das unter Unix übliche Format umgewandelt werden. Anders herum geht es natürlich auch: Möchte man eine Datei unter Windows weiterverwenden (und weiß z. B. nicht, dass man sie in jedem Fall mit Wordpad öffnen kann), so kann man sie mit

```
recode lat1..ibmpc Makefile
```

mit den für Windows notwendigen Zeilenendungen versehen.

Hier wären z. B. folgende Alias-Einträge in der **~/.bashrc** hilfreich:

```
alias dos2unix='recode ibmpc..lat1'
alias unix2dos='recode lat1..ibmpc'
```

Somit kann man dann im letzten Fall **unix2dos** Makefile aufrufen, was sich doch etwas leichter merken lässt als die andere Befehlszeile.

11.1.7 Tipps zu „tar“

Der „Tape **AR**chiver“ **tar**, wird zum Archivieren von Verzeichnissen und Dateien verwendet. Einige nützliche Aufrufe sind:

```
$ tar -zxvf uClinux-dist-20030305.tar.gz
```

(entpacke den Tarball, -z: durch zip leiten)

```
$ tar -czvfh uClinux-dist-20030305.tar.gz uClinux-dist
```

(Archiv anlegen (-c), Links nachgehen (-h))

```
$ tar lcf - .|(cd /mnt/temp; tar xpvf - )
```

(Gesamtes aktuelles Verzeichnis nach **/mnt/temp** kopieren. Dies kann z. B. für ein Backup eingesetzt werden, wobei hier auch die Verwendung anderer Tools, wie **tob**, **afio**, **cpio**, ... möglich ist.)

11.1.8 Das Programm „script“

Mit dem Tool „**script**“ kann die Textein- und -ausgabe in einem Terminal mitprotokolliert werden. Ein Beispielaufruf sieht etwa so aus:

```
$ script ftpsession.log
Script started, file is ftpsession.log
```

Hier können beliebige Befehle und deren Antwort erscheinen. Ist alles, was man protokollieren wollte, ausgeführt worden, beendet man die Session mit:

```
exit
Script done, file is ftpsession.log
```

Die Ausgaben stehen nun in **`ftpsession.log`**.

11.1.9 Packen mit „`gzip`“

Das Tool „**`gzip`**“ kann z. B. auch für das Erzeugen eines komprimierten Images verwendet werden. Um beispielsweise den Kernel mit **`gzip`** zu packen, ist etwa folgende Zeile ausreichend:

```
gzip -9 -c image.bin > imagez.bin
```

Hier wird die größtmögliche Kompression gewählt (Option -9), die Ausgabe nach **`stdout`** geleitet (Option -c), und dann alles in die Datei **`imagez.bin`** geschrieben.

11.1.10 Das Programm „dd“

Mit „**dd**“ werden eigentlich Dateien konvertiert und kopiert. Man kann dieses Tool aber z. B. auch benutzen, um sich Testdateien anzulegen. So legt beispielsweise der folgende Befehl eine Datei der Größe 24 MByte an:

```
dd if=/dev/zero of=dummy24.dat bs=1024 count=24576
```

11.2 Die Shell als Arbeitserleichterung

11.2.1 Grundaufgaben mit der Shell

Dateien mit Namen **`testfile-n.c`** anlegen, wobei *n* eine Zahl von 1 bis 9 ist:

```
for i in `seq 0 9`;
do touch testfile-$i.c;
done

ls -al
total 8
drwxr-xr-x 2 heiko heiko 4096 26. Mär 21:10 .
drwxr-xr-x 4 heiko heiko 4096 26. Mär 20:36 ..
-rw-r--r-- 1 heiko heiko 0 26. Mär 21:10 testfile-0.c
-rw-r--r-- 1 heiko heiko 0 26. Mär 21:10 testfile-1.c
-rw-r--r-- 1 heiko heiko 0 26. Mär 21:10 testfile-2.c
-rw-r--r-- 1 heiko heiko 0 26. Mär 21:10 testfile-3.c
-rw-r--r-- 1 heiko heiko 0 26. Mär 21:10 testfile-4.c
-rw-r--r-- 1 heiko heiko 0 26. Mär 21:10 testfile-5.c
-rw-r--r-- 1 heiko heiko 0 26. Mär 21:10 testfile-6.c
-rw-r--r-- 1 heiko heiko 0 26. Mär 21:10 testfile-7.c
-rw-r--r-- 1 heiko heiko 0 26. Mär 21:10 testfile-8.c
-rw-r--r-- 1 heiko heiko 0 26. Mär 21:10 testfile-9.c
```

Alle Files **`*.c`** umbenennen in **`*.cpp`**:

```
for f in *.c; do
mv $f ${f%c}cpp
done

ls -al
total 8
drwxr-xr-x 2 heiko heiko 4096 26. Mär 21:13 .
drwxr-xr-x 4 heiko heiko 4096 26. Mär 20:36 ..
-rw-r--r-- 1 heiko heiko 0 26. Mär 21:10 testfile-0.cpp
-rw-r--r-- 1 heiko heiko 0 26. Mär 21:10 testfile-1.cpp
-rw-r--r-- 1 heiko heiko 0 26. Mär 21:10 testfile-2.cpp
```

```
-rw-r--r-- 1 heiko heiko 0 26. Mär 21:10 testfile-3.cpp
-rw-r--r-- 1 heiko heiko 0 26. Mär 21:10 testfile-4.cpp
-rw-r--r-- 1 heiko heiko 0 26. Mär 21:10 testfile-5.cpp
-rw-r--r-- 1 heiko heiko 0 26. Mär 21:10 testfile-6.cpp
-rw-r--r-- 1 heiko heiko 0 26. Mär 21:10 testfile-7.cpp
-rw-r--r-- 1 heiko heiko 0 26. Mär 21:10 testfile-8.cpp
-rw-r--r-- 1 heiko heiko 0 26. Mär 21:10 testfile-9.cpp
```

11.2.2 Arbeiten mit der Befehls-History der bash

History anzeigen

```
$ history
1 cd ..
2 find . -name *.c
3 find . -name *.h
4 history
```

Tipp: Um nun den zweiten Befehl nochmals auszuführen, genügt die Eingabe von `!2` (gefolgt von <Return>)!

History in Datei schreiben
Dies kann z. B. dann nützlich sein, wenn man weiß, dass man diese History immer wieder brauchen kann:

```
$ history -w ~/history_useful
```

Diese Datei kann dann z. B. mit einem Editor nachbearbeitet werden, bis sie nur die nützlichsten Kommandos enthält:

```
vim ~/history_useful
```

History löschen

```
$ history -c
```

History einlesen

```
$ history -r ~/history_useful
$ history
1 history -r ~/history_useful
2 find . -name *.c
3 find . -name *.h
4 history
```

11.2.3 Shell-Aliase

Durch Aliase lässt sich die tägliche Arbeit dahingehend vereinfachen, dass man z. B. Kommandos, die kompliziert einzugeben sind, die man sich schwer merken kann oder die man etwas „absichern“ will, durch andere Buchstabenfolgen „ersetzen“ kann.
So könnte z. B. in der **`~/.bashrc`** stehen:

```
...
alias ls='ls --color=auto'
alias rm='rm -i'
...
```

11.2.4 Eingabevervollständigung in der bash

Die meisten Shells bieten heutzutage eine sogenannte „tag completion“. Will man beispielsweise in das Verzeichnis /home/ wechseln, genügt meist die Eingabe von **`cd /ho<TAB>`** (<TAB> steht hier für die Tabulator-Taste!). Daraufhin sollte die Shell, wenn es nur ein Verzeichnis mit diesen Anfangsbuchstaben gibt, die Eingabe korrekt zu **`cd /home/`** vervollständigen. Kann keine eindeutige Zuordnung vorgenommen werden,

bewirkt erst das nochmalige Betätigen der Tab-Taste die Anzeige aller möglichen Ergänzungen. Es müssen dann nur so viele Buchstaben eingegeben werden, bis eine eindeutige Zuordnung möglich ist.
Die Vervollständigung gilt übrigens nicht nur beim Verzeichniswechsel, sondern bei jeder Eingabe. Als Test zeigt die Eingabe von **`a<TAB><TAB>`** alle ausführbaren Programme bzw. Befehle, die mit „a“ beginnen.

11.3 Beschaffung von Systeminformationen

11.3.1 Logfiles

Standardmäßig führt Linux eine große Anzahl von Dateien, die Meldungen von Programmen sowie laufenden Prozessen enthalten. Diese liegen zumeist unterhalb des Verzeichnisses **`/var/log/`**, entweder in gesonderten Verzeichnissen für die Dienste oder als „normale“ Logfiles.
Hier dürften vor allem folgende Dateien für eine etwaige Fehlersuche interessant sein:

`/var/log/messages`	Meldungen für das gesamte System
`/var/log/dmesg`	größtenteils Bootmeldungen des Systems (siehe **`man dmesg`**)
`/var/log/kern.*`	Meldungen des Kernels
`/var/log/auth.*`	Meldungen bzgl. Authentifizierung
`/var/log/mail.*`	Meldungen des Mail-Systems

Die hier angegebenen Dateien finden sich auf einem Debian 3.0 System. Für andere Distributionen können die vorhandenen Dateien variieren.

11.3.2 Umgebungsvariablen

Wert von Umgebungsvariablen ermitteln: `env, set, echo $varname`

Beispiel:

```
$ echo $LC_MESSAGES
C
```

Setzen von Umgebungsvariablen: `export`, `set` (je nach Shell)

Beispiele:

```
$ cat gibtesnicht.txt
cat: gibtesnicht.txt: No such file or directory
$ export LC_MESSAGES=de_DE@euro
cat gibtesnicht.txt
cat: gibtesnicht.txt: Datei oder Verzeichnis nicht gefunden
```

Dauerhaftes Setzen von Umgebungsvariablen:

a) systemweit

```
/etc/environment
/etc/profile
systemweite .profile für Bourne Shell und↵
                        kompatible (sh, bash, ksh...)
/etc/bash.bashrc
systemweite .bashrc für interaktive Bash-Shells
```

b) nutzerbasiert

```
~/.bash_profile für Login-Shells
~/.bash_login
~/.profile
~/.bashrc Wenn keine Login-Shell
```

11.3.3 Benutzer

Angemeldete Benutzer etc.:

```
who, w
```

(aktuell angemeldete Benutzer, nicht an virtuellen Terminals!)

Listing der zuletzt angemeldeten Benutzer:

```
last, lastlog
```

11.4 Weitere Tricks

11.4.1 Finden von Hilfe (lokal)

Manual-Seiten anzeigen: `man`

Beispiel:

```
$ man man
```

Info-Dokumente anzeigen: `info`

Beispiel:

```
$ info info
```

Beschreibung von Manual-Seiten anzeigen: `whatis`

Beispiel:

```
$ whatis whatis
whatis (1) - display manual page descriptions
```

In Manual-Seiten nach Schlüsselwörtern suchen: `apropos`

Beispiel:

```
$ apropos ioctl
console_ioctl (4) - ioctl's for console terminal and
virtual consoles
ioctl (2) - control device
blockdev (8) - call block device ioctls from the
command line
console ioctl (4) [console_ioctl] - ioctl's for
console terminal and virtual consoles
ioctl_list (2) - list of ioctl calls in Linux/i386
kernel
```

11.4.2 Zusätzliche IP-Adresse mit „`ifconfig`“

In manchen Fällen kann es notwendig oder ratsam sein, der Netzwerkkarte des Hosts eine zweite IP-Adresse zu geben. Beispielsweise könnte der Host-PC über die IP 192.168.100.1 ins lokale Netz eingebunden sein. Möchte man nun das Target nicht ebenfalls im lokalen Netz einbinden, kann man über den Befehl

```
ifconfig eth0:0 192.168.10.1
```

eine weitere IP-Adresse an die Netzwerkkarte vergeben. Somit braucht man dann nur dafür zu sorgen, dass jeweils das entsprechende Kabel verwendet wird, um entweder das lokale Netz oder den Target zu erreichen.

11.4.3 Verwendung eines „Sniffers“

Ein „Sniffer“ ist ein Protokollanalysator z. B. für Netzwerk-Traffic. Seine Verwendung ist oft sehr hilfreich. Er kann beispielsweise dann eingesetzt werden, wenn trotz vermeintlich korrekter Einstellungen des Hosts und Targets keine Netzwerkkommunikation zustande kommt. Hier ein kurzes Beispiel bei

Verwendung von **`tethereal`** (der Kommandozeilen-Version von **`ethereal`**):

```
# tethereal -n -i eth1
Capturing on eth1
0.000000 00:50:fc:5f:61:7c -> ff:ff:ff:ff:ff:ff ARP Who has
192.168.100.2? Tell 192.168.100.1
0.000452 00:00:00:00:00:01 -> 00:50:fc:5f:61:7c ARP 192.168.100.2
is at 00:00:00:00:00:01
0.000470 192.168.100.1 -> 192.168.100.2 ICMP Echo (ping) request
0.016291 192.168.100.2 -> 192.168.100.1 ICMP Echo (ping) repl
```

Hier wurde vom Host ein **`ping -c 1 192.168.100.2`** ausgeführt, um mit Hilfe von ICMP zu testen, ob die Verbindung funktioniert. Man erkennt die Auflösung der Ethernet-Adresse zur IP via ARP sowie die gesendete Anfrage und deren Antwort.
In **Bild 11.1** ist das Fenster der grafischen Version von **`Ethereal`** [58], die es auch für einen Windows-Host gibt, zu sehen.

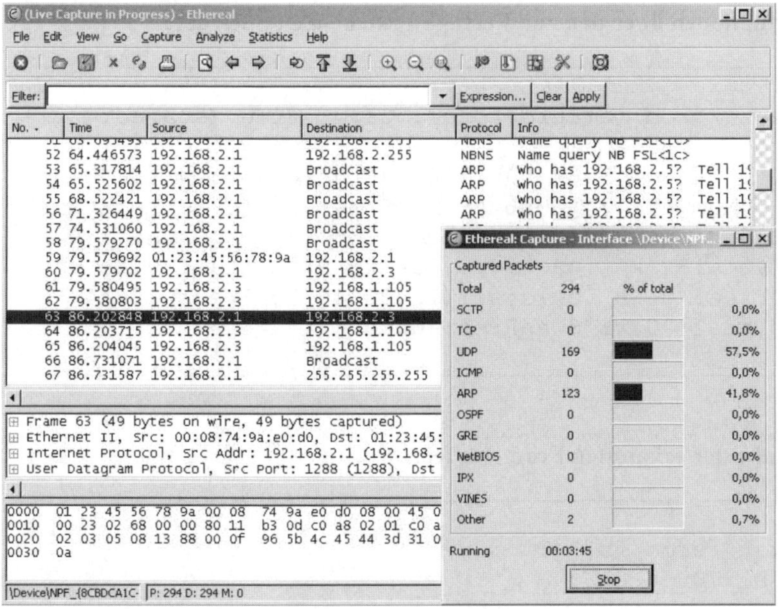

Bild 11.1 Grafische Ausgabe von **`Ethereal`**

11.4.4 Systeminformationen auf dem Target

Auf dem uClinux-Target gibt es ebenfalls eine große Anzahl von Möglichkeiten, sich über den aktuellen Systemstatus zu informieren. Prinzipiell können auch hier Programme und Daemons verwendet werden, die die Statusmeldungen in Dateien oder Verzeichnisse unterhalb von **`/var/log/`** schreiben, wie etwa **`klogd`** oder/und **`syslogd`**. Eine weitere Schnittstelle für die Ermittlung von Systeminformationen wird von Linux durch das (virtuelle) Verzeichnis **`/proc/`** bereitgestellt. Hier einige Beispiele:

Informationen über die benutzten Interrupts:

```
/> cat /proc/interrupts 66: 3 fec(MII) 72: 1127
ColdFire Timer 73: 787 ColdFire UART 74: 0 ColdFire
UART 86: 1 fec(RX) 87: 1 fec(TX) 88: 25 fec(OTHER) />
```

Informationen über den zur Verfügung stehenden Speicher:

```
/> cat /proc/meminfo total: used: free: shared:
buffers: cached:
Mem: 14331904 1064960 13266944 0 188416 241664 Swap:
0 0 0 MemTotal: 13996 kB MemFree: 12956 kB MemShared:
0 kB Buffers: 184 kB Cached: 236 kB SwapCached: 0 kB
Active: 184 kB Inactive: 236 kB HighTotal: 0 kB
HighFree: 0 kB LowTotal: 13996 kB LowFree: 12956 kB
SwapTotal: 0 kB SwapFree: 0 kB />
```

Ausgabe der erkannten Framebuffer:

```
/> cat /proc/fb
0 S1D13706
/>
```

11.4.5 Versionskontrolle

Versionskontrolle ist bei größeren Software-Projekten heutzutage unumgänglich. Für kleinere Projekte ist das alleinige Führen eines CHANGES-Headers in den Dateien oder für das Projekt insgesamt meist noch ausreichend.
Die großen Softwareprojekte verwenden allerdings Tools wie **`cvs`** („Concurrent Versions System").

- Projekte sind in „Repositories" organisiert
- jedem Stand einer Datei ist eine Version zugeordnet
- Stände können markiert werden (mit so genannten „Tags")
- es wird möglich, jeden Stand zu jedem Zeitpunkt wieder herzustellen
- mehrere Entwickler können gleichzeitig am Projekt arbeiten
- jeder holt eine Version („**`checkout`**"), arbeitet daran und spielt die Änderungen ein („**`checkin`**")
- CVS erkennt Konflikte und weist darauf hin

11.4.6 ISO-Images mit „`mkisofs`" erstellen

Mit „**`mkisofs`**" kann man unter Linux ISO-Images für CDs erzeugen. Diese lassen sich dann z. B. über das Loop-Device mounten und testen, ehe man sie auf einen Rohling brennt:

Beispiel:

```
$ mkisofs -r -J -l -D -hide-rr-moved -relaxed-filenames\
-V "uClinux-Consulting" -pad\
-P "senTec Elektronik GmbH <linux@sentec-elektronik.de>"\
-A "uClinux-Consulting-20030331"\
-o uClinux-Consulting.iso\
schulungs-cd/
```

11.4.7 Fortune

Das Programm „Fortune" ist ein in Linux eingebauter „Sprücheklopfer". Mit der Kommandozeilen-Eingabe „**`fortune`**" bekommt man einen (mehr oder weniger originellen) Spruch aus der integrierten Datenbank ausgeworfen. Die

Sprüche am Anfang eines jeden Kapitels dieses Buches wurden auf diese Weise generiert. Die Optionen des Programms kann man sich mit „`man fortune`" anzeigen lassen.

12 coLinux

The mealting pot

coLinux [39] bietet die Möglichkeit, Linux in einem generischen Windows-Prozess auszuführen. Das Linux ist dabei voll funktionsfähig und Linux-Programme können ohne Änderungen und Recompile ausgeführt werden.

Linux hat sich unter den Embedded Betriebssystemen als feste Größe etabliert. Zur Entwicklungsarbeit an Linux sind jedoch spezielle Tools wie die Toolchain, Debugger und andere Hilfsprogramme auf dem Entwicklungshost unabdingbar. Diese Programme sind in erster Linie für Rechner mit Linux als Betriebssystem entwickelt worden.

In den Entwicklungsabteilungen sind aber oft nur Windows-Rechner verfügbar. Eine oft anzutreffende Möglichkeit ist es, einen extra Rechner, vielleicht ein ausgemustertes älteres Modell, mit einem Linux-Betriebssystem zu versehen. Doch ist die Entwicklung auf einem extra Rechner, den sich vielleicht mehrere Entwickler teilen müssen, nicht sehr komfortabel. Man denke außerdem an den Internetzugang und E-Mails, mittels derer man vielleicht einmal Hilfe von der Open-Source-Community von diesem Rechner aus in Anspruch nehmen möchte. Auch wird ein solcher Rechner oft sehr stiefmütterlich behandelt, was zu weiteren Schwierigkeiten führt.

Bild 12.1
coLinux-Logo

Die Einrichtung eines Dualboot-Systems weist dieselben Schwierigkeiten auf. Hierbei ist außerdem immer nur ein Betriebssystem verfügbar, und häufiges Hin- und Herschalten mit jeweiligem Reboot ist reine Zeitverschwendung.
Die Diskussion zeigt, dass in vielen Entwicklungsabteilungen der Betrieb von Linux nativ auf einem Rechner nur mit großen Schwierigkeiten verbunden ist.
Daraus ergibt sich der Zwang, die Entwicklungstools innerhalb von Windows ausführen zu können.

Die Möglichkeiten von Cygwin [37] wurden in Kapitel 1 kurz beschrieben. Die Praxis hat jedoch gezeigt, dass das Erstellen von Binaries für Cygwin erhebliche

Probleme bereitet. Die verfügbaren, vorcompilerten Pakete decken leider nur einen sehr kleinen Teil der benötigten Funktionen ab. Insbesondere aktuelle Cross-Toolchains sind nicht verfügbar.
Eine weitere Möglichkeit bietet die Emulation eines Rechners und die Installation von Linux in einer solchen Instanz. Hierfür geeignete Software ist zum Beispiel VMware [38]. Auch dieses Vorgehen soll hier nicht näher betrachtet werden. Jedoch ist diese Variante der Lösung mittels coLinux am nächsten. Im Gegensatz zu coLinux ist für VMware eine Lizenz zu erwerben. coLinux ist GNU-GPL-lizenziert.

12.1 Was ist coLinux?

coLinux ermöglicht den Betrieb eines leicht modifizierten Linux im Prozess eines anderen, so genannten Host-Betriebssystems. Das Host-Betriebssystem für coLinux ist Windows XP/2000. Parallel zu Windows kann also Linux betrieben werden. Innerhalb dieses kooperativen Linux können nun Programme betrieben werden, die nur für Linux verfügbar sind. Die Schnittstelle zwischen Linux-Kernel und den Linux-Applikationen ist in coLinux nicht anders als in nativen Linux-Umgebungen. Eine Änderung der Programme oder ein Neucompilieren ist also nicht erforderlich, siehe auch **Bild 12.2**.

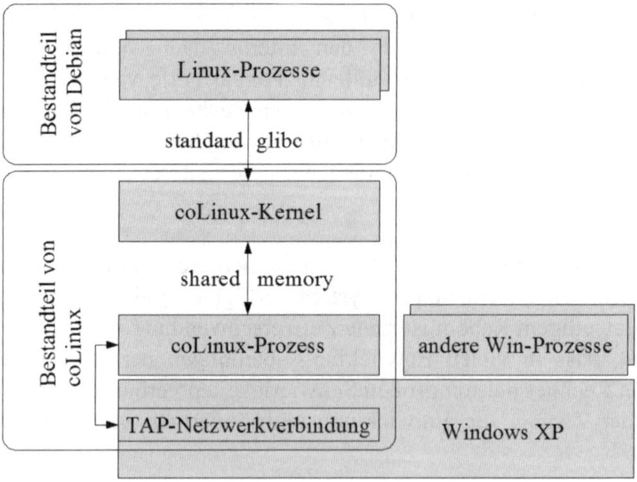

Bild 12.2 Zusammenspiel von Windows und coLinux

Der einzige Bestandteil eines Linux-Systems, der Anpassungen bedarf, um mit coLinux zusammenzuarbeiten, ist der Linux-Kernel. Alle anderen Bestandteile können unverändert bleiben. So kann zum Beispiel eine Standard-Linux-Distribution unter coLinux betrieben werden. Das coLinux-Rootfilesystem-Image, das aus dem Internet zur Entwicklung mit uClinux unter WindowsXP geladen werden kann, basiert auf Debian Sarge. Innerhalb von coLinux sind also alle Programme, die Debian anbietet, verfügbar. Das sind über 15000 Softwarepakete.

Üblicherweise kommunizieren Betriebssysteme über die Hardware mit der Außenwelt. coLinux kann dies nicht tun, da die Hardware von Windows im exklusiven Zugriff ist. Aus diesem Grund wird die Kommunikation zwischen coLinux und Windows über virtuelle Hardware geregelt. Die Zahl der verfügbaren Treiber für diese virtuelle Hardware ist nur sehr beschränkt. So gibt es Treiber nur für ein virtuelles Netzwerkinterface, für die Konsole, Image-Files und für den Dateizugriff. Es gibt keine Interfaces für Sound und Grafik. Da Linux aber über sehr gute Netzwerkfähigkeiten verfügt, können diese Funktionen über das Netzwerk abgebildet werden.

12.2 Installation von coLinux

Wenn Sie über einen Windows-XP-Rechner verfügen und noch etwa 4,5 GByte Speicher freihaben, können Sie coLinux aus dem Internet laden und installieren. Die coLinux-Website ist unter [39] zu finden. Folgen Sie den Downloadlinks, wählen Sie das Package **`coLinux-stable`**, und laden Sie die aktuelle Version der Datei mit der Endung **`.exe`** herunter. Führen Sie anschließend diese Datei aus, um die Installation in bekannter Windowsmanier durchzuführen. Ein Rootfilesystem wird später heruntergeladen.

Nach dem Doppelklick auf die heruntergeladene exe-Datei erscheint ein Fenster entsprechend **Bild 12.3**. Klicken Sie auf „Next“, und akzeptieren Sie die Bestimmungen der GPL auf der nachfolgenden Maske.

Nun können Sie die zu installierenden Komponenten auswählen (siehe **Bild 12.4**). Lassen Sie nur die obersten drei aktiviert. Den Download eines Rootfilesystem-Images brauchen Sie nicht durchzuführen, da ein vorkonfiguriertes Image später aus dem Internet geladen wird. Die Installation von WinPcap ist nicht unbedingt erforderlich. Das Installationsverzeichnis können Sie beliebig wählen (**Bild 12.5**). Es wird jedoch empfohlen, den vorgeschlagenen Pfad nicht zu verändern.

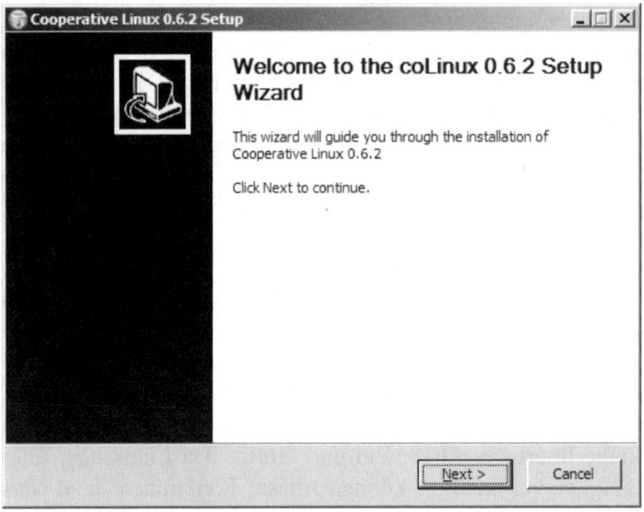

Bild 12.3 Startfenster des Setup Wizards von coLinux

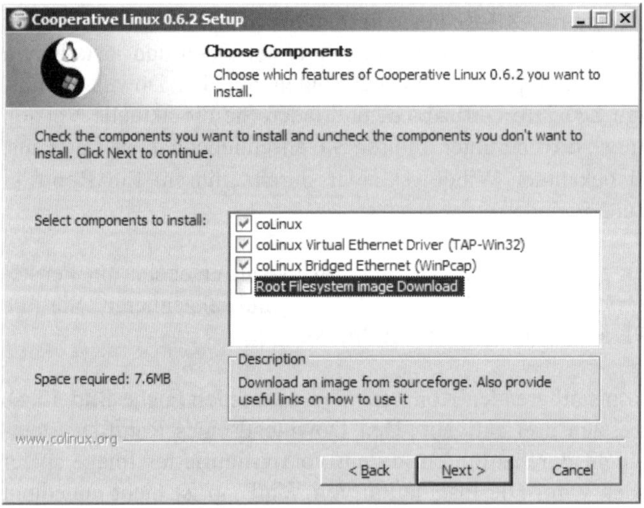

Bild 12.4 Auswahl der zu installierenden Komponenten

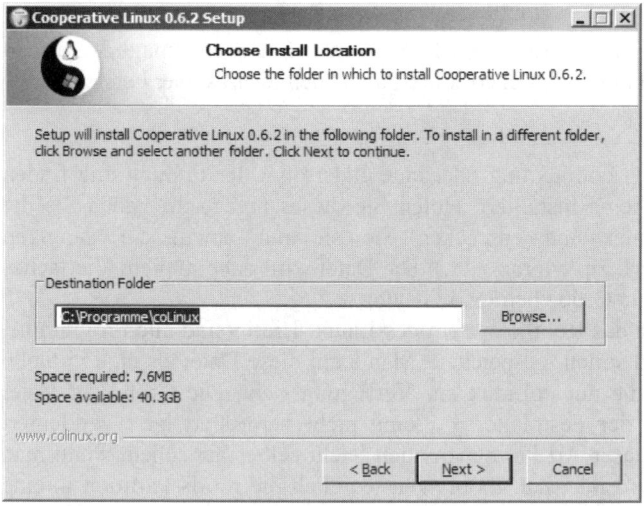

Bild 12.5 Auswahl des Installationsverzeichnisses

Den nachfolgenden Hinweis zur „WinPCap-Library" können Sie ohne weitere Beachtung übergehen und einfach auf Next klicken.
Nun werden die benötigten Dateien kopiert und der TAP-Win32-Treiber wird installiert. Dieser Treiber besteht nicht den Windows-Logo-Test, und eine entsprechende Warnung wird angezeigt. Klicken Sie auf „Installation fortsetzen".
Die Installation ist nun erfolgreich abgeschlossen. Für einen ersten Start von coLinux unter Windows ist es aber noch zu früh – lesen Sie weiter.

12.3 Bestandteile oder: Was habe ich da installiert?

Es werden kurz einige der installierten Dateien beschrieben. Diese liegen in dem Verzeichnis, das Sie zuvor für die Installation verwendet haben, typischerweise `c:\Programme\coLinux`.

`colinux-net-daemon.exe`
Diese Applikation baut eine Infrastruktur auf, innerhalb der Linux gestartet wird. Je nach Konfiguration wird ein neues Fenster für die Konsole geöffnet, oder die vorhandene Windowskonsole wird für die Linux-Konsole verwendet.

`vmlinux`

Dieses ist das Linux-Kernel-Binary im ELF-Format. Solch ein Image kann man mit einer GNU-Toolchain und dem coLinux-Patch auch leicht selber herstellen.

`colinux.img`

Sollten Sie keine Datei colinux.img oder eine andere mit der Endung img finden können, so ist noch keine installiert. Holen Sie dieses nun nach. Laden Sie die Datei „XXX“ herunter und entpacken Sie sie mit einem der gängigen Entpackprogramme (winzip/winrar o. Ä.). Die Datei wird dabei um ein Vielfaches wachsen. Ihre entpackte Größe beträgt 4 GByte.
Diese Datei beinhaltet das Rootfilesystem des Linux. Hierin sind alle Programme, die unter Linux laufen sollen, gespeichert. Man kann diese Datei als eine virtuelle Festplatte auffassen, die nur coLinux zur Verfügung steht. Die Größe der Datei entspricht der Größe der Festplatte. Sie kann nicht vergrößert oder verkleinert werden. Eine Datei dieser Art kann man auch leicht selber herstellen, wenn man bereits ein installiertes Linux hat. Es braucht lediglich die rootfs-Partition in eine Datei kopiert zu werden. Diese Datei wird dann als rootfs-image verwendet.
Durch die reduzierte Menge an verfügbarer Hardware unter coLinux kann es jedoch zu Fehlern beim Start eines solchen Images kommen, insbesondere grafische Oberflächen werden hiervon betroffen sein.
Um genügend Platz für alle Zwischenprodukte eines Compilevorgangs zu haben sollte eine solche Imagedatei über genügend freien Speicher verfügen. 4 GByte bilden hier eine untere Grenze.

`config.xml`

Über diese Datei wird das Verhalten von coLinux gesteuert. Sie ist in XML geschrieben und kann einfach von Hand modifiziert werden. Öffnen Sie sie in einem Editor ihrer Wahl, und ändern Sie Einträge, löschen sie oder fügen welche hinzu.
Auf einige generelle Parameter, die in dieser Datei konfigurierbar sind, soll hier eingegangen werden:

Das Rootfilesystem-Image:

```
<block_device index="0" ↵
path="\DosDevices\C:\coLinux\deb.img" enabled="true"/>
```

Parameter:

`index`	fortlaufender Zähler über alle **`block_device`**-Tags
`path`	Image Datei
`enabled`	Option ein/ausschalten

Die Imagedatei ist im coLinux dann als Blockdevice verfügbar. Der Parameter index gibt dabei vor, welches Blockdevice verwendet wird. Im Beispiel ist das Imagefile unter **/dev/cobd0** eingebunden.
Auch coLinux kann ein Kernel-Commandline-String wie jedem Linux-Kernel übergeben werden. Der Tag für die Konfigurationsdatei sieht wie folgt aus:

```
<bootparams>root=/dev/cobd0</bootparams>
```

Es kann ein beliebiger String übergeben werden, dieser wird dann vom Kernel ausgewertet. Mindestens sollte mit *root* der Ort des Rootfilesystems angegeben werden. Aus der Kombination von **<bootparams>** und **<block_device>** ergibt sich, welche Datei als Rootfilesystem-Image Verwendung findet.

Das Kernelimage wird mit **<image>** konfiguriert:

```
<image path="vmlinux"/>
```

Parameter:

path der Dateiname des Kernelimages

Speicher:

```
<memory size="128"/>
```

Parameter:

size die Größe des Speichers für coLinux in MByte

Weitere Konfigurationsparameter, die Schnittstellen zwischen coLinux und Windows betreffend, werden im Folgenden beschrieben.

12.4 coLinux starten

Dies ist nun ein guter Zeitpunkt, um coLinux das erste Mal zu starten. Öffnen Sie eine Windows-Textkonsole. Start->Ausführen ...->„cmd“.
Wechseln Sie in das coLinux-Verzeichnis: **cd c:\programme\colinux\.**
Lassen Sie sich alle im Verzeichnis enthaltenen Dateien mit *dir* anzeigen, und überzeugen Sie sich, dass eine Image-Datei mit dem Namen colinux.img dort liegt.
Starten Sie coLinux nun mit:

```
colinux-net-daemon.exe -c  config.xml -n fltk
```

Einige Bootmeldungen des startenden Kernels werden nun im Konsolenfenster angezeigt, und ein neues Fenster öffnet sich (siehe **Bild 12.6**). Das neue Fenster ist die Konsole von coLinux. Hierin geben Sie alle Befehle für coLinux ein. Nachdem der Bootvorgang abgeschlossen ist, werden Sie zur Eingabe eines Usernamens und Passworts aufgefordert.

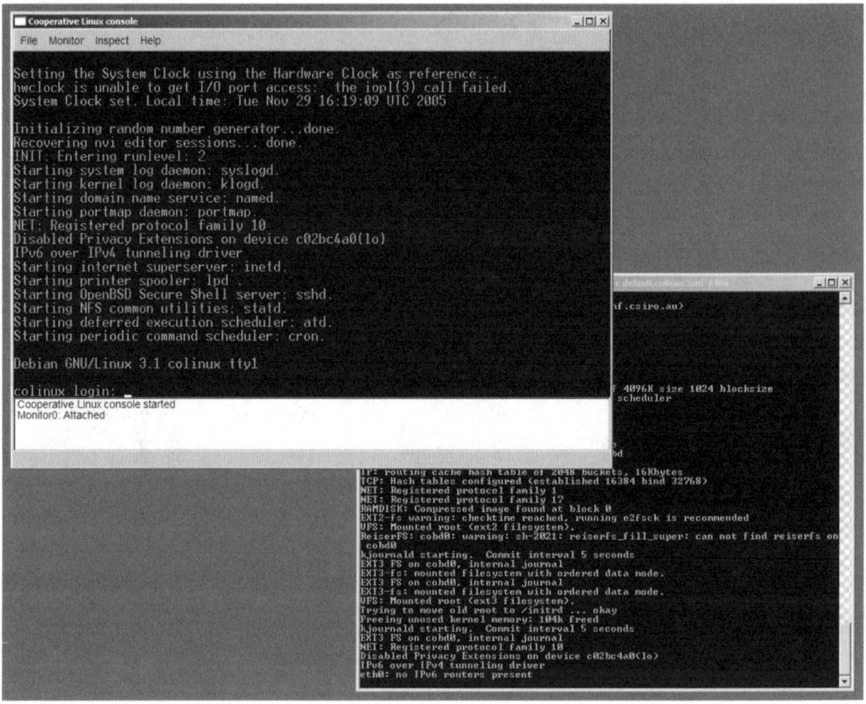

Bild 12.6 Konsolenfenster von coLinux

Loggen Sie sich als User **root** mit dem Passwort **root** ein. Sie sind nun der Systemadministrator. Sie haben alle Rechte, auch das Recht, alles zu löschen und zu zerstören.

Wiederherstellen

Sollte es einmal zu einem folgenschweren Fehler in coLinux gekommen sein, und einige wichtige Dateien wurden gelöscht oder das System wurde irgendwie „verkonfiguriert", so ist dies leicht wiederherzustellen.

Ersetzen Sie einfach die defekte Image-Datei durch eine funktionierende Version. So können Sie mit coLinux alles Mögliche anstellen, was Sie sich bisher noch nicht mit einem Linux getraut haben, und mit ein paar Mausklicks ist es wieder behoben.
Es empfiehlt sich also vor großen Änderungen, eine Sicherheitskopie der Image-Datei zu machen. Diese Sicherheitskopie kann dann wieder verwendet werden, wenn die Änderungen doch nicht so geworden sind, wie es gewünscht war.
An dieser Stelle sollen Sie ermutigt werden, Linux einmal kennen zu lernen. coLinux ist die ideale Spielwiese. Keine noch so forsche Änderung kann ihren Rechner oder ihr Produktivsystem beschädigen. Alle Änderungen wirken sich nur auf den Inhalt des aktuell verwendeten Images aus. Dieses können Sie aber immer wieder durch Umbenennen oder Kopieren austauschen, und im absoluten Notfall haben Sie immer noch eine funktionierende Version auf der CD-ROM.
coLinux ist auch ein hervorragender Einstiegspunkt für Embedded Linux. Denn auch auf einem Embedded System werden Sie nur in seltenen Ausnahmefällen eine grafische Oberfläche haben. Meist werden Sie auf eine Konsole über die serielle Schnittstelle angewiesen sein. Genauso ist es bei coLinux der Fall, solange Sie über das Netzwerk noch keinen Xserver kontaktieren können.

12.5 Schnittstellen zwischen coLinux und Windows

coLinux hat nur eine beschränke Zahl von Schnittstellen zu Windows. Jede Schnittstelle erscheint dabei als Hardware, die der coLinux-Kernel ansteuern kann.

12.5.1 Konsole/Terminal

Diese Schnittstelle ist standardmäßig immer aktiv. Sie bietet die Möglichkeit, mit dem coLinux überhaupt zu interagieren. Es handelt sich hierbei um ein reines textorientiertes Terminal, die Maus wird hierzu nicht benötigt. Beim Start von coLinux wird diese Schnittstelle automatisch geöffnet. Als erstes zeigt sie die Bootmeldungen des Kernels, wenig später die Meldungen von den startenden Linux-Diensten und zum Schluss einen Login-Prompt. Nach erfolgreichem Login können hier Shellbefehle eingegeben werden.

12.5.2 COFS

Über die COFS-Schnittstelle kann ein Verzeichnis unter Windows in coLinux eingeblendet werden. Hierüber ist ein Dateiaustausch zwischen coLinux und Windows leicht zu bewerkstelligen.

Konkret liegen die Dateien in einem Windowsverzeichnis, und COFS bietet Linux lediglich einen Zugriff auf diese Windowsdateien. Aus diesem Grunde ist es nicht möglich, die Dateien mit allen Linux-typischen Attributen (Zugriffsrechte, Owner, Group, Flags) zu versehen. Diese Attribute können nur global beim Einbinden gesetzt werden, sie sind somit für alle Dateien gleich. Es kann also z. B. nicht zwischen ausführbaren und nicht-ausführbaren Dateien unterschieden werden. Dieser Umstand macht es leider unmöglich, einen build-Vorgang direkt in einem COFS-Verzeichnis auszuführen. Kopieren Sie daher die Quelldateien immer in ein normales, nicht per COFS eingebundenes coLinux-Verzeichnis, und starten Sie dort den Buildvorgang.

Achtung: Diese Schnittstelle ist noch in Entwicklung, und es kann zu Fehlern sowohl in coLinux als auch in Windows kommen. Auch STOP-Fehler (Blue-Screens) des Windows-Host-Betriebssystems können provoziert werden. Deshalb sollte das Einblenden des Verzeichnisses, in dem sich die coLinux-Dateien (Kernel-, Root-Filesystem-Image) befinden, vermieden werden.
Beim Austausch von Dateien wie Sourcen oder Binaries, die nicht direkt mit coLinux zu tun haben (alle Dateien in **`c:\colinux`**), zeigte sich diese Schnittstelle sehr robust und zuverlässig.

Der Konfigurationstag „**`cofs_device`**" ist für die Einstellungen verantwortlich:

```
<cofs_device index="0" path="\DosDevices\c:\" ↵
                              type="flat" enabled="true" />
```

Parameter:

`index`	vorlaufender Zähler über **`cofs_device`**-Tag
`path`	das Verzeichnis unter Windows, das in coLinux verfügbar sein soll
`type`	zz. nur „flat" verfügbar
`enabled`	Option ein/ausschalten

Einbinden in coLinux:

```
colinux:~# mount cofs<index> <mountpoint> -t cofs
```

Ersetzen Sie **`<index>`** durch den in der Configdatei vergebenen Wert und **`<mountpoint>`** durch das coLinux-Verzeichnis, in das eingeblendet werden soll. Durch einen entsprechenden Eintrag in **`/etc/fstab`** kann dieser Schritt automatisiert werden.

12.5.3 Netzwerk

Die vielfältigste Schnittstelle ist die Netzwerkschnittstelle. Sie ist jedoch auch am schwierigsten einzurichten, da hierbei auch Konfigurationen an Windows vorgenommen werden müssen.
Die Schnittstelle ermöglicht den Transfer von Ethernetpaketen zwischen Windows und coLinux. Hierfür ist es jedoch erforderlich, einen Netzwerktreiber unter Windows einzurichten. Dies wird aber schon bei der Installation von coLinux durch den Installer erledigt. Windows kennt dann eine Netzwerkverbindung namens TAP. Solange coLinux nicht gestartet ist, gibt der Treiber vor, es sei kein Kabel eingesteckt.
Die Netzwerkgegenstelle zu TAP in coLinux heißt `eth0`.
Der Tag `<network>` konfiguriert das Netzwerk:

```
<network index="0" type="tap" name="TAP"/>
```

Parameter:

`index`	vorlaufender Zähler über network-Tag, befindet sich in eth<index>
`type`	zz. nur TAP
`name`	der Name der Schnittstelle unter Windows, ist evtl. anzupassen

Damit auch IP-Pakete über diese Verbindung fließen können, müssen die Netzwerkinterfaces noch zueinander passende IP-Adressen bekommen. Eine gute Wahl sind immer Adressen aus dem privaten Bereich 192.168.x.x. Geben Sie der Windows-Seite z. B. 192.168.123.1 und der coLinux-Seite 192.168.123.2 und beiden die Netzmaske 255.255.255.0. Achten Sie bei der Vergabe auf die schon vorhandenen Adressen des Windows-Rechners. Fragen Sie im Zweifelsfalle den Administrator.
Klicken Sie mit der rechten Maustaste auf die *TAP*-Netzwerkverbindung in Netzwerkverbindungen und dann auf Eigenschaften. Sie erhalten eine Ansicht gemäß **Bild 12.7**. Markieren Sie „Internetprotokoll (TCP/IP)“ und klicken Sie auf „Eigenschaften“. Es öffnet sich ein Fenster gemäß **Bild 12.8**. Standardmäßig soll die IP-Adresse automatisch bezogen werden. Für diese Netzwerkverbindung ist dies jedoch mit einfachen Mitteln nicht möglich. Es muss eine feste IP-Adresse zugewiesen werden. Wählen Sie „Folgende IP-Adresse verwenden:“ und geben Sie eine IP-Adresse ein. Es empfiehlt sich eine Adresse aus dem privaten Bereich 192.168.0.0 bis 192.168.255.255 zu verwenden. Als Netzmaske bietet sich der Wert 255.255.255.0 an. Die gezeigten Werte sollen nur Beispiele sein; in bestimmten Konfigurationen können diese Werte zu Problemen im LAN führen. Verwenden Sie in jedem Fall Adressen, die noch nicht im LAN verwendet wurden.

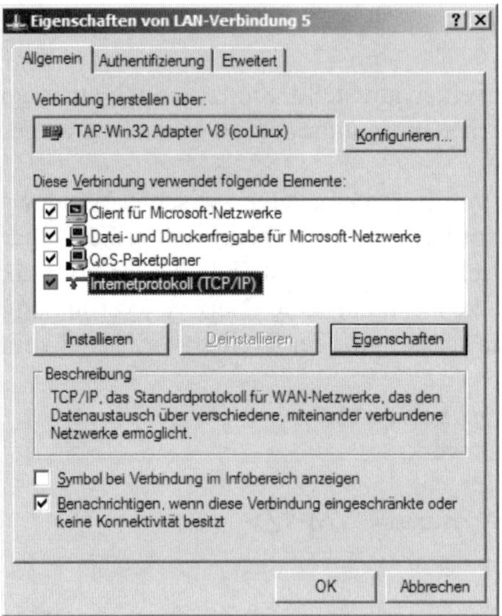

Bild 12.7 Eigenschaften der TAP-Netzwerkverbindung

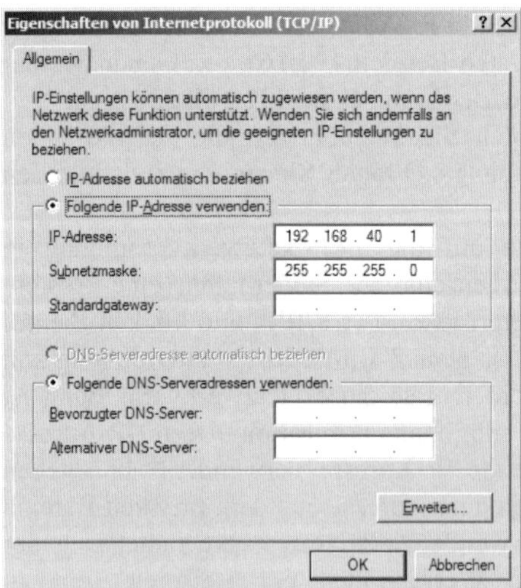

Bild 12.8 Eingabe der IP-Adresse

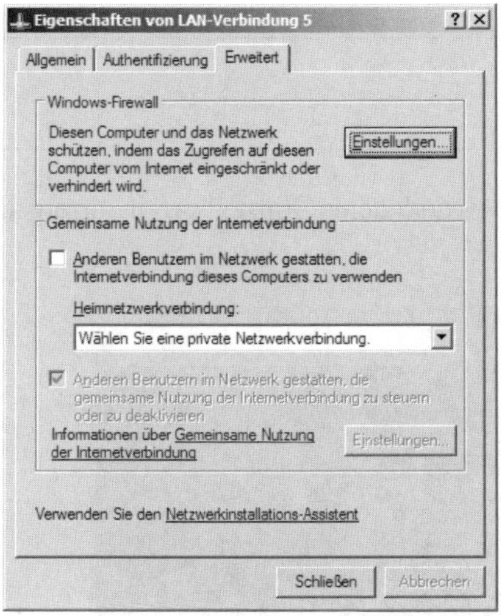

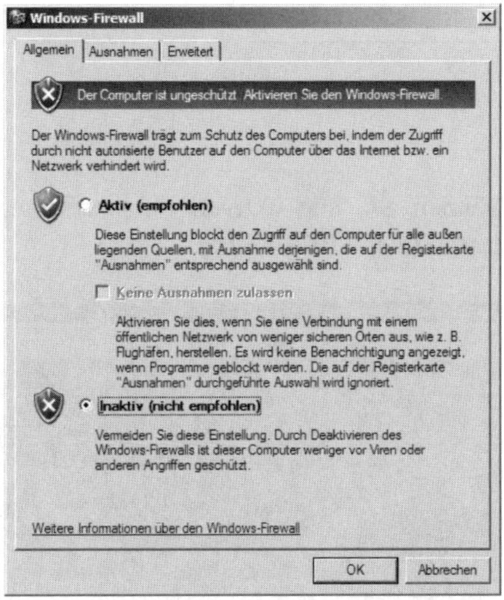

Bild 12.9 Ausschalten der Firewallfunktion

Klicken Sie OK und wechseln sie in den Reiter „Erweitert“. Klicken Sie in der Box „Windows-Firewall“ auf „Einstellungen ...“. Schalten Sie die Firewallfunktion für die TAP-Netzwerkverbindung aus („Inaktiv“ – siehe **Bild 12.9**).

Angriffe aus coLinux heraus sind nicht zu erwarten bzw. unterliegen Ihrem Einfluss. Daher ist die Firewallfunktion für diese Verbindung nicht notwendig und würden einen reibungslosen Austausch nur behindern. Für andere Netzwerkinterfaces lassen Sie die Einstellungen unverändert.

Konfigurieren Sie nun das Netzwerkinterface von coLinux. Geben Sie dazu Folgendes auf der coLinux Kommandozeile ein:

```
colinux:~# ifconfig eth0 192.168.40.2 netmask ↵
                                    255.255.255.0
```

Mit der einfachen Eingabe von

```
colinux:~# ifconfig
```

können Sie alle aktiven Netzwerkinterfaces und deren Einstellungen anzeigen lassen (siehe **Bild 12.10**).

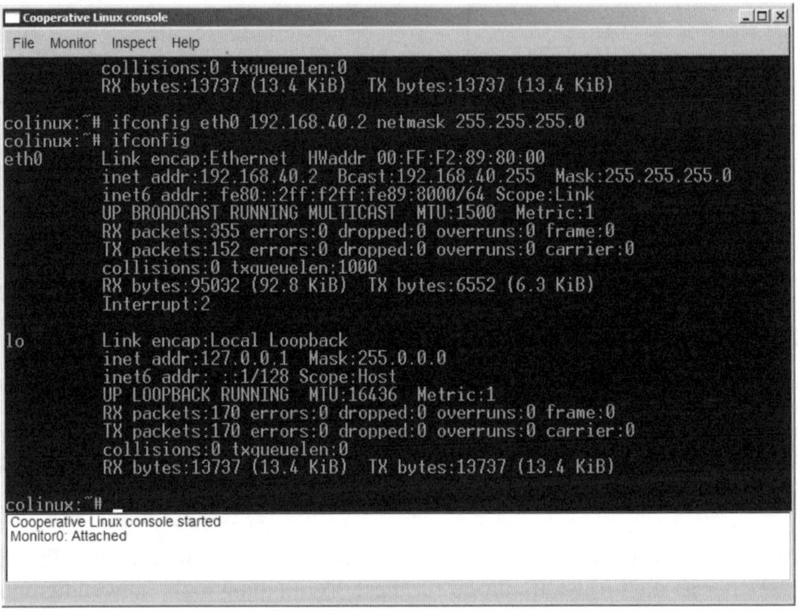

Bild 12.10 Anzeige der aktiven Netzwerkinterfaces

Beachten Sie, die IP-Adressen von coLinux und Windows sind verschieden, liegen aber im selben Segment. Das Segment, in dem eine IP-Adresse liegt, ergibt sich aus der UND-Verknüpfung der IP-Adresse mit der Netzmaske. Sind die Segmentwerte von zwei IP-Adressen gleich, so befinden sie sich im selben Segment und können direkt miteinander sprechen.
Nun können wechselseitig Ping-Pakete versendet werden: coLinux an Windows (**Bild 12.11**) und Windows an coLinux (**Bild 12.12**). Diese Verbindung bietet nun weitere Möglichkeiten der Interaktion.

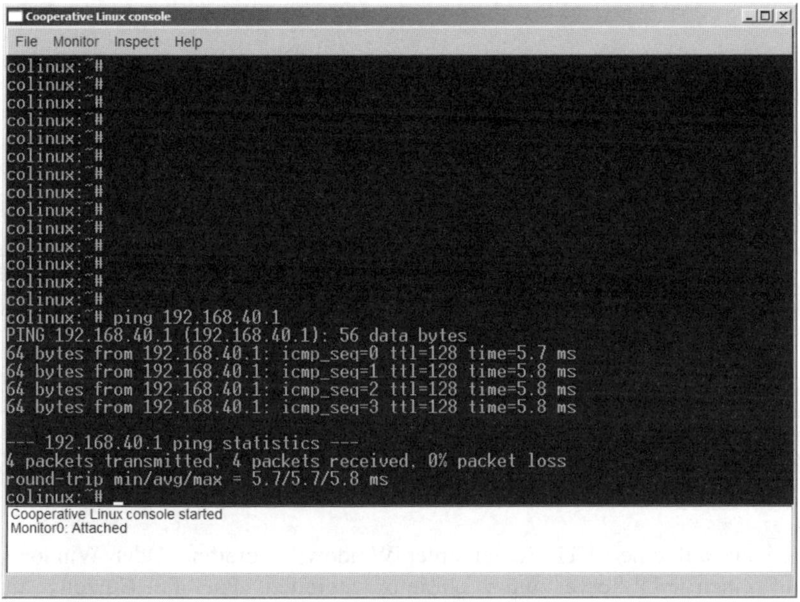

Bild 12.11 Versenden von Ping-Paketen von coLinux an Windows

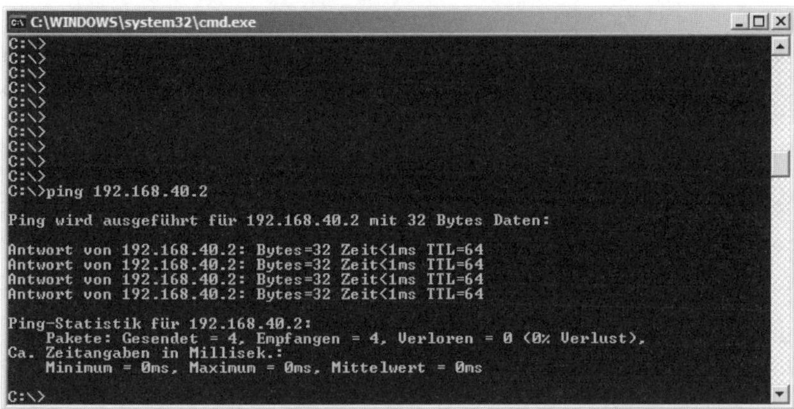

Bild 12.12 Versenden von Ping-Paketen von Windows an coLinux

Samba/cifs

coLinux kann eine Windows-Freigabe über das Netzwerk einbinden. Dieses ist mit einem Samba-Server auf der coLinux-Seite auch in umgekehrter Richtung möglich. Zur Einrichtung eines Samba-Servers sei an die entsprechende Dokumentation verwiesen.
Eine Freigabe unter Windows kann man unter **<mountpoint>** einbinden mit:

```
colinux:~# mount -t smbfs -o ↵
              username=<username>,password=<password> ↵
                //<Win-IP>/<Freigabename> /<mountpoint>
```

ftp

coLinux kann auf einen FTP-Server unter Windows zugreifen. Oder Windows kann auf einen FTP-Server unter coLinux zugreifen. Für die Nutzung als Entwicklungssystem sind diese Möglichkeiten des Dateiaustausches nicht weiter von Interesse und sind hier nur der Vollständigkeit halber aufgeführt.

X

X-Applikationen unter coLinux können auf einen Xserver unter Windows zugreifen. Hierfür ist es jedoch erforderlich, einen XServer unter Windows in Betrieb zu nehmen. Darauf soll an dieser Stelle nicht eingegangen werden. Es sei jedoch auf den kostenlosen Cygwin Xserver verwiesen.

Geben Sie coLinux folgende Befehle, um den grafischen Debugger *DDD* im Xserver anzeigen zulassen.

```
colinux:~# export DISPLAY=<Win-IP>:0.0
colinux:~# ddd
```

Alternativen zu Cygwin sind: WinaXe, X-Win32.

putty

coLinux kann mittels der putty-Programme angesteuert werden. pscp.exe bietet die Möglichkeit, Dateien in beide Richtungen zu kopieren. Mit putty ist es möglich, sich auf coLinux einzuloggen.

12.5.4 coLinux im Internet

Die Netzwerkkommunikation lässt sich auch über das Windows-Host-Betriebssystem hinaus ausdehnen, sodass coLinux auch mit dem Netzwerk, mit dem der Host verbunden ist, kommunizieren kann, z. B. mit dem Internet. Hierzu gibt es zwei Ansätze: NAT, das sicherer und einfacher ist, aber weniger flexibel. Bridging ist die zweite Möglichkeit. Sie ist flexibler, aber auch weniger sicher.

NAT

Bei der Network-Adress-Translation (NAT) tritt der Windows-Host als Standardgateway auf und leitet Anfragen aus coLinux unter seinem Namen weiter. Zugehörige Antworten werden an coLinux durchgereicht.

Windows-Host als Standardgateway des coLinux einrichten:

```
colinux:~# route add default gw <Win-IP>
```

Netzwerkverbindung zum externen Netzwerk (nicht die TAP-Verbindung) freigeben:

Klicken Sie mit der linken Maustaste auf die externe Netzwerkverbindung, z. B. die Internetverbindung. Wählen Sie den Reiter „Erweitert“ und setzen Sie den Haken wie in **Bild 12.13** erkennbar. Als Heimnetzwerkverbindung legen Sie das TAP-Netzwerk zum coLinux fest. Klicken Sie abschließend auf „OK“.
Achtung: Prüfen Sie hiernach noch einmal die IP-Adressen für die TAP-Verbindung. Windows ändert diese häufig nach den Einstellungen zur gemeinsamen Nutzung einer Netzwerkverbindung.
Bei dieser Methode ist es nicht möglich, auf coLinux aus dem Netzwerk heraus zuzugreifen. Dies wird jedoch auch nur sehr selten benötigt.

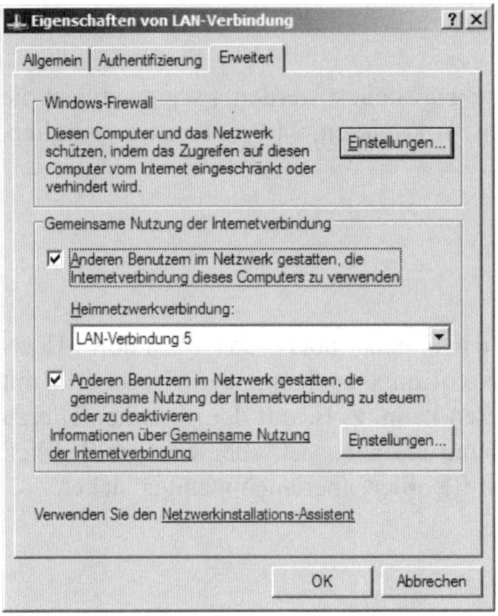

Bild 12.13 Einstellung der Network-Adress-Translation (NAT)

Bridging

Bei dieser Methode bekommt coLinux vom Windows-Host eine eigene Mac-Adresse zugewiesen. Sie ist ungleich der der Netzwerkkarte, aber vom angeschlossenen Netzwerk aus erreichbar. Die gesamte Netzwerkkommunikation von coLinux verwendet diese Mac-Adresse. coLinux kann sich nun also eine eigene IP-Adresse von einem DHCP-Server holen und mit dieser im externen Netzwerk auftreten. Aus diesem Netzwerk heraus ist es möglich, Pakete an coLinux zu versenden. Ein Login von einem anderen Rechner im Netzwerk via ssh auf coLinux ist machbar. Der hierfür notwendige SSH-Server wird beim Booten des Images gestartet.

Um das Bridging zu aktivieren, nehmen Sie zunächst die Änderungen bzgl. NAT zurück. Markieren Sie nun die Netzwerkverbindung des PCs ins LAN und die TAP-Netzwerkverbindung von coLinux zusammen. Klicken Sie mit der rechten Maustaste und wählen Sie „Verbindung überbrücken" aus (**Bild 12.14**). Nach kurzer Wartezeit ist das Bridging aktiviert. Beachten Sie jedoch: auch Windows hat nun eine neue MAC-Adresse bekommen, dies könnte Probleme mit einem DHCP-Server im Netzwerk verursachen. Fragen Sie im Zweifelsfalle den Administrator.

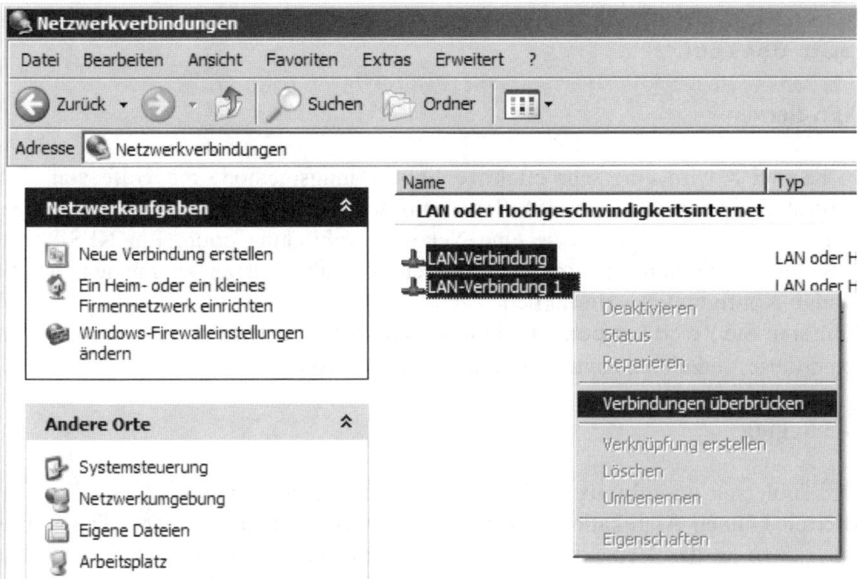

Bild 12.14 Überbrücken der Netzwerkverbindungen zum Bridging

Die IP-Adresse von coLinux finden Sie mit **ifconfig** heraus.
Im Allgemeinen ist aus Sicherheitsgründen die Möglichkeit NAT der Bridge vorzuziehen.

apt

Das apt-System ermöglicht das Updaten oder Hinzufügen von Softwarepaketen über das Internet. Die Pakete werden dabei dem Debian-Projekt entnommen. Nach erfolgreicher Konfiguration von NAT oder Bridge ist ein solches Update über das Internet möglich.
Neue Pakete werden installiert mit:

```
colinux:~# apt-get install <paket-name>
```

Zum Verwalten der Softwarepakete bietet sich das Konsolenprogramm **dselect** an. Es bietet auch eine Suchfunktion nach Paketen für den Fall, dass man den

Namen nicht genau weiß. Zur Bedienung sei hier auf die **man-page** verwiesen: „**man dselect**".

NFS-Server

In Kapitel 8 wird eine sehr effektive Entwicklungsmethode mit Hilfe von NFS dargestellt. Hierzu sind ein NFS-Server auf dem Host und ein NFS-Client-fähiger Kernel auf dem Target sowie eine Netzwerkverbindung nötig. Ein NFS-Server lässt sich auch unter coLinux installieren. Um ihn nutzen zu können, ist die Bridge-Konfiguration erforderlich.
Editieren Sie **/etc/exports** wie in Kapitel 8 beschrieben und mounten Sie das exportierte Verzeichnis unter Verwendung der IP von coLinux.

Debugging

Zur Toolchain im coLinux gehört unter anderem auch ein m68k-Cross-Debugger. Hiermit können Applikationen über das Netzwerk gedebugt werden. Das Target muss dazu an das Netzwerk angeschlossen sein, und coLinux muss in der Lage sein, es zu erreichen. Dies kann mit **ping** überprüft werden. Starten Sie zum Debuggen **gdb-server** und **gdb** wie in Kapitel 8 beschrieben. Um grafische Debug-Tools nutzen zu können, muss ein Xserver unter Windows gestartet und bereit sein, eine Verbindung anzunehmen.
Da es jedoch keinen Zugriff auf den Parallelport für coLinux gibt, kann nicht mit dem BDM-Interface gedebugt werden, da hierzu ein Zugang zum Parallelport erforderlich ist. Das aber wäre zum Debugging des Kernels oder Bootloaders notwendig.

12.6 Möglicher Arbeitsablauf

Wie sieht nun ein beispielhafter Arbeitsablauf mit coLinux aus? Welche Dateien müssen zwischen Windows und coLinux hin und her transferiert werden? Welche Windowsprogramme sind außer coLinux notwendig?
Nachdem Sie coLinux mit dem Root-Filesystem-Image erfolgreich installiert haben, steht Ihnen unter **c:\colinux\daten** ein Verzeichnis zur Verfügung, das in coLinux unter **/Windows/** eingeblendet ist. Dieses Verzeichnis dient dem Dateitransfer. Das coLinux-Rootfilesystem beinhaltet bereits eine Cross-Toolchain für m68k- und ARM-Prozessoren ohne MMU. Außerdem ist unter **/root/uCLinux/** bereits eine uClinux-Distribution installiert.

Um ein binäres Image für das Target zu erstellen, starten sie zunächst coLinux. Loggen Sie sich als **root** mit dem Passwort **uclinux** ein. Sie befinden sich zuerst im home-Verzeichnis des Benutzers **root**, also im Verzeichnis **/root/**. Hier liegt bereits eine ausgepackte uClinux-Distribution. Bauen Sie nun ein Image für Ihr Board wie in Kapitel 3 beschrieben. Nach erfolgreichem Bau wird das fertige Image nach **/windows/** kopiert:

```
colinux:~# cp /root/uclinux/images/image.bin /windows/
```

Nun kann es mit Windows-Tools auf das Board gebracht werden. Die Benutzung des Freescale-CFFlashers ist eine Möglichkeit, sie ist jedoch nur auf ausgewählten Boards möglich und sehr zeitraubend. Haben Sie auf dem Board bereits einen Bootloader, der über eine tftp-loader-Funktion verfügt, so können Sie folgendermaßen ein Image sehr schnell transferieren:
Installieren Sie einen TFTP-Server z. B. **http://tftpd32.jounin.net/**.
Wählen Sie als Current Directory: **c:\colinux\daten**.

Nun kann der Bootloader auf dem Board via Ethernet alle Dateien in diesem Verzeichnis abrufen. Eine genauere Beschreibung hierzu finden Sie im Kapitel 9.

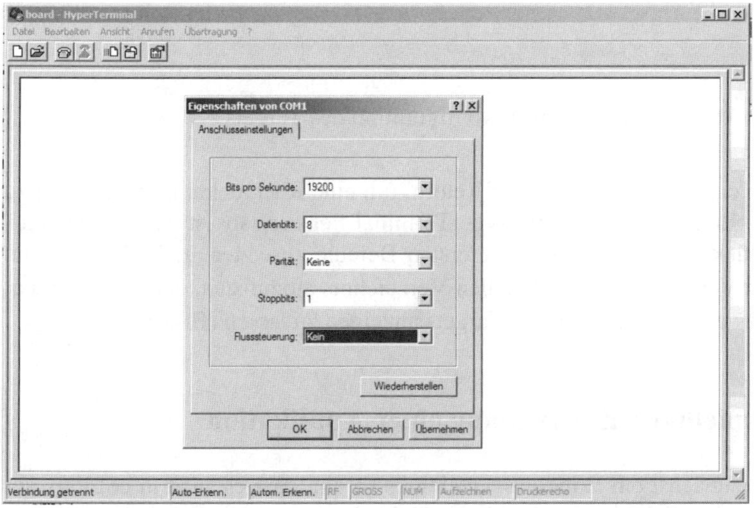

Bild 12.15 Einstellen der Kommunikationsparameter im Hyperterminal

Um mit dem uClinux nun über die serielle Schnittstelle interagieren zu können, bedarf es des HyperTerminals, das standardmäßig jeder Windows-Installation beiliegt. Richten Sie eine neue Verbindung ein.
Wählen Sie hierzu die richtige serielle Schnittstelle und Baudrate (**Bild 12.15**). Setzen Sie die Flusskontrolle auf keine. Sollten Sie zunächst keine Anzeige im HyperTerminal sehen, so sind die Bootmeldungen des Boards wahrscheinlich schon gesendet worden, als HyperTerminal noch nicht empfangsbereit war.

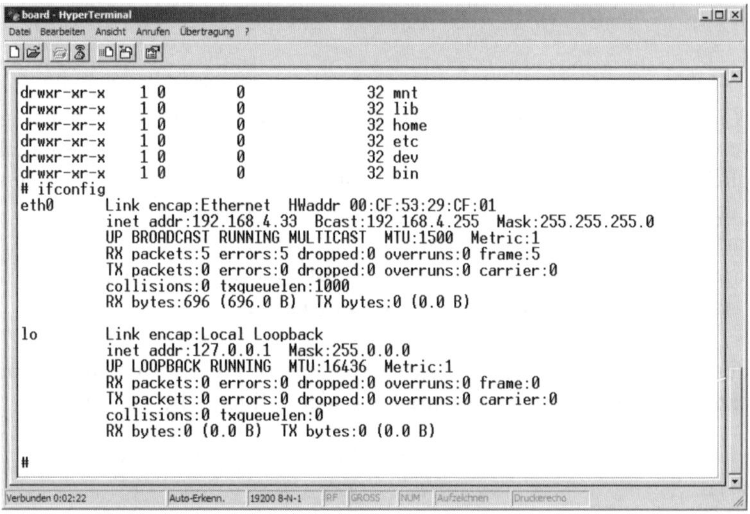

Bild 12.16 Anzeigen der Netzwerkkonfiguration des Targets

Drücken sie einfach einige Male auf Return, um eine Rückmeldung vom Board zu bekommen. Erscheinen „#“ im HyperTerminal-Fenster, so ist die Kontaktaufnahme geglückt, und Sie können die ersten Befehle absetzten, z. B. **`ls -l`**, um Dateien und Verzeichnisse im aktuellen Verzeichnis aufzulisten, oder **`ifconfig`**, um die Netzwerkkonfiguration des Targets anzeigen zu lassen (**Bild 12.16**).

12.7 Beispielhafte Entwicklung einer Applikation

Richten Sie zunächst ein Windowsverzeichnis so ein, dass es auch in coLinux zur Verfügung steht. Siehe hierzu Abschnitt COFS in diesem Kapitel. Legen Sie nun mit einem Texteditor Ihrer Wahl in diesem Verzeichnis ein Beispielprogramm an.

Nehmen Sie dazu doch einfach eines der Beispiele aus Kapitel 6, Kasten Quelltext editieren in **Bild 12.17**.

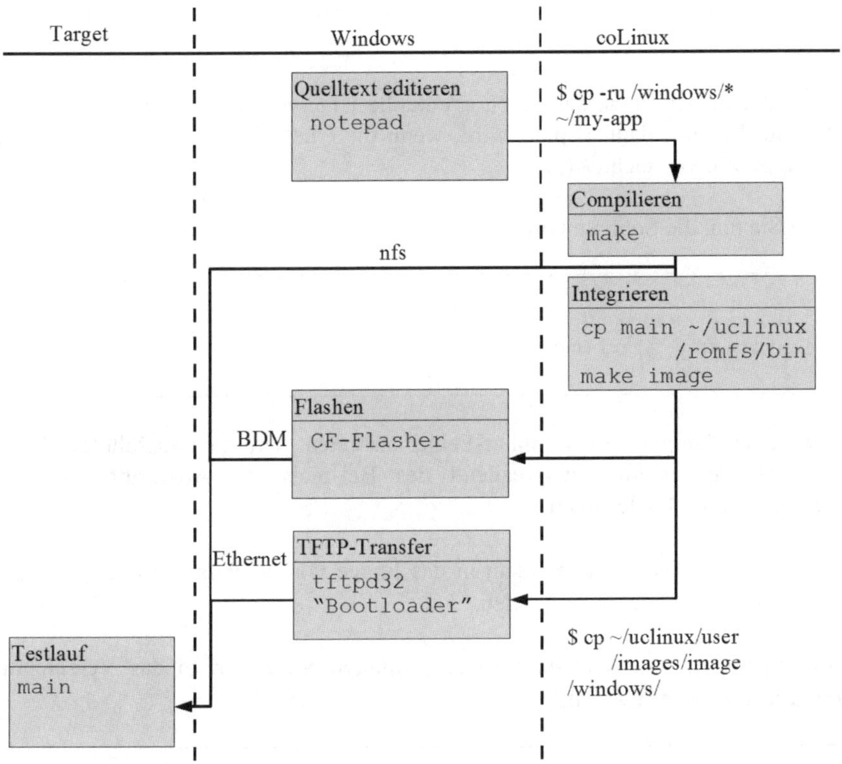

Bild 12.17 Entwicklungsablauf mit coLinux

Starten Sie nun coLinux. Die Dateien können Sie von coLinux aus unter **/windows/** sehen.

Legen Sie zunächst ein neues Verzeichnis in Ihrem home-Verzeichnis an.

```
colinux:~# cd ~
colinux:~# mkdir my-app
```

Kopieren Sie ihre Sourcen nun in dieses Verzeichnis:

```
colinux:~# cp -ru /windows/* ~/my-app/
```

Die Parameter bewirken, dass auch eventuelle Unterverzeichnisse kopiert werden („r“) und dass nur dann kopiert wird, wenn die Quelledateien neuer sind als die Dateien im Zielverzeichnis („u“).

Lassen Sie nun die Sourcen kompilieren:

```
colinux:~# cd ~/my-app
colinux:~/my-app# make
```

Wenn keine Compiler- oder Linker-Fehler auftreten, wird eine ausführbare Datei im Flatformat erstellt. Entsprechend des Beispiels aus Abschnitt 7.4 wird angenommen, sie hieße **`main`**.

Die entstandene Datei **`main`** kann in das Image von uClinux integriert oder per *NFS* auf das Target gebracht werden.

Zum Integrieren in das uClinux-Image kopieren Sie **`main`** in das Verzeichnis **`~/uclinux/romfs/bin/`**.

```
colinux:~/my-app# cp main ~/uclinux/romfs/bin/
colinux:~/my-app# cd ~/uclinux/
colinux:~/uclinux# $ make image
```

Das Image heißt nun **`~/uclinux/images/image.bin`**. Kopieren Sie es nach **`/windows/`**, um es auf das Board einzuspielen.

```
colinux:~/uclinux# cp ~/uclinux/images/image.bin ↵
                                                  /windows/
```

Sobald das neue coLinux-Image auf dem Board installiert und gestartet ist, können Sie ihre Applikation testen. Funktioniert Sie nicht so wie geplant, dann nehmen Sie die Anpassungen im Quelltest vor. Beginnen Sie den nächsten Durchlauf mit dem Kopieren der Quelledateien, wie es oben beschrieben ist, und wiederholen Sie alle Folgeschritte. Bei dieser Variante der Entwicklung wird immer ein vollständiges Image für das Target generiert, das daraufhin auf das Target zu übertragen ist. Dieses Vorgehen ist sehr zeitaufwändig und damit auch fehleranfällig. Schnell ist mal ein Schritt irrtümlicherweise übersprungen worden, und die falsche Version der Applikation wird auf dem Target installiert.

Eine schnellere und effizientere Arbeit ist mit einem per NFS gemounteten Verzeichnis möglich. Hierzu muss für das Netzwerk die Variante Bridge gewählt werden. Das Rootfilesystem-Image enthält einen NFS-Server, der das Home-Verzeichnis des Users **root** **/root/** exportiert. Möchten Sie ein anderes Verzeichnis per NFS „exportieren", so ist die Datei **/etc/exports** anzupassen. Nehmen Sie die vorhandenen Zeilen als Beispiel, und/oder lesen Sie **man exports**.

Um das Verzeichnis auf dem Target verfügbar zu machen, gehen Sie genauso wie in Kapitel 8 vor. Die IP-Adresse des NFS-Servers können Sie in coLinux mit **ifconfig** herausfinden. Haben Sie das Verzeichnis **/root/** erfolgreich auf dem Target unter **/mnt/** gemountet, so können Sie auf dem Target Ihre Applikation testen. Geben Sie hierzu auf dem Target ein:

```
# cd /mnt/my-app/
# main
```

Entspricht das Ergebnis nicht ihren Vorstellungen oder sind weitere Änderungen nötig, so nehmen Sie diese unter Windows im Texteditor vor, und kopieren Sie die Sourcen danach in coLinux.

```
colinux:~/my-app# cp -ru /windows/* ~/my-app/
```

Lassen Sie die Sourcen neu kompilieren:

```
colinux:~/my-app# make
```

Starten Sie nun einen weiteren Testlauf auf dem Target:

```
# main
```

12.8 Debugging der Applikation

Starten Sie die Applikation im *gdbserver* auf dem Target:

```
# cd /mnt/my-app/
# gdbserver <Win-IP>:<port> main
```

Setzen Sie für **`<Win-IP>`** die IP des Windowsrechners ein, da er stellvertretend für coLinux die Verbindung aufnehmen wird. Die Portnummer <port> kann frei gewählt werden; um Kollisionen zu vermeiden, sollte sie größer als 1024 sein. Außerdem ist auf Firewall-Einstellungen zu achten, die bestimmte Portnummern blockieren.

Starten Sie den **gdb**-Debugger im coLinux, und verbinden Sie mit dem Target:

```
colinux:~# cd ~/my-app/
colinux:~/my-app# m68k-elf-bdm-gdb main.gdb
(gdb) target remote <targetip>:<port>
```

Möchten Sie mit einem grafischen Debugger arbeiten, so richten Sie einen Xserver unter Windows ein. Starten Sie dann anstelle des **gdb** den **ddd** mit:

```
colinux:~/my-app# ddd --debugger m68k-elf-bdm-gdb -gdb ↵
                                                    main.gdb
```

13 Hinweise zum Umgang mit der beiliegenden CD

You have an unusual equipment for success. Be sure to use it properly.

13.1 Die beiliegende CD

Dem vorliegenden Buch liegt eine CD bei, die „uCknoppix" in der Version 2.0 enthält. Dies ist ein Live-Linux-System mit uClinux-Entwicklungsumgebung (GNU Tools und uClinux-Sourcen). Diese Version von uCknoppix wurde speziell für die Arbeit mit dem vorliegenden Buch erstellt. Sie basiert auf Knoppix 5.0.1 [4]. Knoppix ist eine komplett von CD lauffähige Version von Debian GNU/Linux [5], die keinerlei Installation auf der Festplatte benötigt.
Obwohl uCknoppix auf der ursprünglichen Knoppix-Distribution basiert, handelt es sich um ein eigenständiges Projekt. Bei Fragen zu uCknoppix wenden Sie sich daher bitte an: **`uCknoppix@uCknoppix.org`**.
Auf der uCknoppix-CD befinden sich neben dem lauffähigen Knoppix mit all den Standard-Linux-Tools wie Editoren, NFS usw. die gesamten uClinux-Quellen, die GNU-Tools für 68k/ColdFire-Prozessoren, ein Simulator für den ColdFire 5206 sowie weitere nützliche Hilfsprogramme. Um Platz für diese Programme zu schaffen, wurden einige der ursprünglichen Knoppix-Bestandteile, insbesondere aus den Bereichen Multimedia, Büroprogramme und Spiele, entfernt.
Bitte beachten Sie Folgendes: Dies ist eine experimentelle Software. Die Benutzung erfolgt auf eigene Gefahr. Die Autoren des Buches können unter keinen Umständen haftbar gemacht werden für Schäden an Hard- und Software, verlorene Daten und andere direkt oder indirekt durch die Benutzung der Software entstehenden Schäden. Wenn Sie mit diesen Konditionen nicht einverstanden sind, dürfen Sie die Software nicht verwenden oder weitergeben.
Bitte beachten Sie, dass es sich bei der aktuellen uCknoppix-CD um eine Evaluierungsversion handelt. Diese wurde erstellt, um die prinzipielle Verwendbarkeit von Knoppix als portable Entwicklungsumgebung für uClinux zu bewerten. Naturgemäß können sich bei einer solchen Evaluierungsversion noch kleinere Fehler oder Ungereimtheiten einschleichen. Wir arbeiten jedoch daran, diese im Laufe der Zeit zu beseitigen. Bitte beachten Sie auch, dass die Autoren des Buches keinen kostenlosen Support für uCknoppix bieten können. Sie können jedoch Ihre Verbesserungsvorschläge und Inputs an die folgende E-Mail-Adresse senden: **`uCknoppix@uCknoppix.org`**.

Wir danken für alle Inputs und werden uns bemühen, diese in die nächsten Versionen von uCknoppix mit einfließen zu lassen. Hinweise zu der jeweils aktuellen Versionen von uCknoppix können Sie auf der Homepage des uCknoppix-Projekts finden [66].
Im Folgenden werden einige grundlegende Schritte beschrieben, die Ihnen beim Einstieg in die Arbeit mit uCknoppix helfen sollen. Die Beschreibung ist allerdings noch nicht vollständig und wird stetig verbessert. Jede Rückmeldung ist also höchst willkommen.

13.2 uCknoppix starten

uCknoppix 2.0 basiert auf Knoppix 5.0.1 vom 01.06.2006. Knoppix ist ein komplett von CD lauffähiges GNU/Linux-System. Es verfügt über eine ausgezeichnete automatische Hardware-Erkennung, die das PC-System während des Boot-Vorgangs initialisiert und konfiguriert. In einigen seltenen Fällen kann es bei exotischer oder sehr neuer Hardware zu Problemen mit der automatischen Erkennung kommen. Für diese Fälle gibt es auf der Original-Homepage des Knoppix-Projekts [66] umfangreiche Hinweise.

13.2.1 Von der CD booten

Der PC sollte so eingestellt sein, dass er von der CD bootet. Falls Ihr PC nicht die Möglichkeit bietet, von der CD zu booten, oder falls die CD nicht als bootfähig erkannt wird, schauen Sie bitte nach Tipps und Hinweisen hierfür auf die Website des Knoppix-Projekts [4].

13.2.2 Bootoptionen am ersten Prompt eingeben

Am ersten Prompt kann man verschiedene Optionen zum Bootvorgang eingeben (**Bild 13.1**). Falls Sie nicht wissen, welche Optionen Sie eingeben sollen, drücken Sie einfach ENTER. Mit F2 können Sie sich diverse Boot-Optionen, z. B. verschiedene Bildschirmauflösungen, anzeigen lassen. Eine Beschreibung der Optionen ist in der Datei **`knoppix-cheatcodes.txt`** (im Verzeichnis Knoppix) enthalten. Mit der Eingabe von „**`knoppix dma`**" kann man beispielsweise den Zugriff auf die Laufwerke mittels DMA beschleunigen.

Bild 13.1 Der Boot-Prompt

13.2.3 Start der (grafischen) Oberfläche

Die grafische Nutzeroberfläche von uCknoppix beruht auf dem KDE-Desktop und ermöglicht eine einfache und intuitive Bedienung des Linux-Betriebssystems.
Bitte beachten Sie, dass beim Start von uCknoppix automatisch zwei Benutzer auf dem System angelegt werden:

- „knoppix" (ein Benutzer mit „normalen" Rechten)
- „root" (der Benutzer mit allen erweiterten Rechten)

Hinweis: Bei uCknoppix sind – genau wie beim Original-Knoppix – alle Passwörter standardmäßig abgeschaltet.

13.3 Das uClinux-Image ablegen

Das Original-Knoppix kann ganz ohne Schreibzugriffe auf die Festplatte des PCs auskommen, was ja eine der Besonderheiten dieser Linux-Variante ist. Bei uCknoppix handelt es sich aber um eine Entwicklungsumgebung, sodass Schreibzugriffe auf die Festplatte des Host-PCs trotzdem notwendig werden:

- Der Linux **`make`**-Prozess erfordert einen schreibenden Zugriff auf das Verzeichnis, in dem sich die Quelltexte und das Makefile befinden.
- Die Resultate der Arbeit sollen eventuell zur weiteren Nutzung gespeichert werden können.

Das uClinux-Image, das sich auf der aktuellen uCknoppix-CD in der Datei **`/opt/uCknoppix/uClinux.img`** befindet, muss auf eine beschreibbare Partition abgelegt werden. Damit diese Partition sowohl unter Linux als auch unter Windows genutzt werden kann, sollte also z. B. eine FAT32-Partition verwendet werden.

Prinzipiell wären auch schreibende Zugriffe auf NTFS-Partitionen möglich. Dies wird aber derzeit unter Linux nur experimentell unterstützt und ist sehr gefährlich. Deshalb sollte keine NTFS-Partition verwendet werden.
Die zu verwendende Partition muss man gegebenenfalls vorher anlegen. Sie sollte so groß sein, dass sie das etwa 1.2 GByte große uClinux-Image fassen kann, also etwa 1.3 MByte. Diese Partition muss dann auch schreibbar gemountet werden, was allerdings nicht automatisch erfolgt, wenn man sie vom Desktop aus über den Datei- Browser öffnet.

Bitte beachten Sie auch folgenden Hinweis für Windows-Nutzer: Unter KDE werden Aktionen mit der Maus (beispielsweise das Starten einer Anwendung) üblicherweise durch einen einfachen Klick (keinen Doppelklick) hervorgerufen. Dies ist – wenn nötig – über das „Kontrollzentrum“ konfigurierbar.

13.3.1 Root-Konsole öffnen

Als erster Schritt muss eine Kommandozeilen-Konsole für den Benutzer **`root`** auf dem Bildschirm geöffnet werden. Das geht am besten auf grafischem Weg im Knoppix-Menü (unten auf dem Bildschirm, der Pinguin links): Klicken Sie auf das Symbol, und wählen Sie dann den Eintrag „Root Shell“.

Das Ergebnis ist in **Bild 13.2** zu sehen.

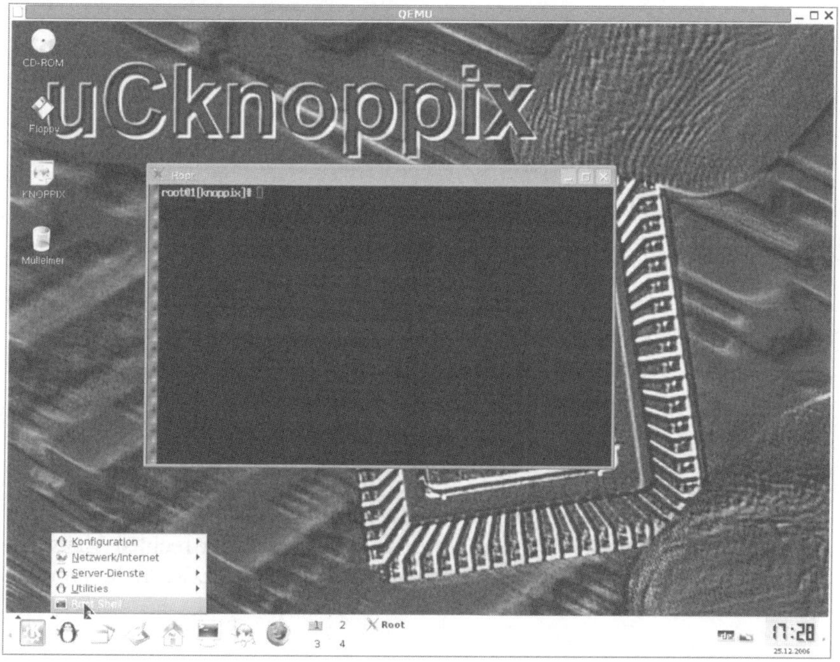

Bild 13.2 uCknoppix mit geöffneter Root-Konsole

13.3.2 Passende Partition finden

Nun muss nachgesehen werden, welche Partition für die Ablage des Images geeigent ist:

```
fdisk -l /dev/hda
```

Bei der Verwendung von anderen Festplatten muss entsprechend **/dev/hdb** oder **/dev/sda** bei SCSI-Platten abgefragt werden.
Geeignet sind alle Partitionen mit dem Dateisystemtyp „Win95“ oder „FAT32“ und entsprechender Größe. Falls nicht vorhanden, muss eine entsprechende Partition vorher angelegt werden.

13.3.3 Partition mounten

Für das vorliegende Beispiel nehmen wir hier **/dev/hda1**, die erste Partition der ersten IDE-Festplatte. Diese mounten wir entweder gleich als **root**-Benutzer mit:

```
mount /dev/hda1 /mnt/hda1 -o rw,uid=1000
```

oder, wenn wir sie bereits aus dem Datei-Browser heraus gemountet hatten, remounten wir sie, ebenfalls als **root**, mit:

```
mount /dev/hda1 /mnt/hda1 -o remount,rw,uid=1000
```

Hinweis: Die Kommata sind wichtig, keine Leerzeichen einfügen!
Alternativ kann man die Partition auf dem Desktop mit der rechten Maustaste anklicken und in dem sich öffnenden Menü unter „Lese-/Schreibmodus ändern" einstellen, dass die Partition schreibbar sein soll.

13.3.4 Image-Datei kopieren

Nun kann die Datei **/opt/uCknoppix/uClinux.img** kopiert werden, entweder im Datei-Browser oder mit der Eingabe:

```
cp /opt/uCknoppix/uClinux.img /mnt/hda1
```

13.3.5 Verzeichnis anlegen

Wenn es noch nicht vorhanden ist, muss als Benutzer **root** ein Verzeichnis **/mnt/uClinux** angelegt werden:

```
mkdir /mnt/uClinux
```

13.3.6 Image einbinden

Nun sollte das uClinux-Image an dieses Verzeichnis gebunden werden. Dies geschieht wieder als **`root`** mit:

```
mount /mnt/hda1/uClinux.img /mnt/uClinux -o loop
```

Mit der Option „**`loop`**" sagen wir, dass dies über das so genannte Loop-Device erfolgen soll, da es sich bei dieser Datei nicht um ein Block-Device handelt.

13.4 Arbeiten mit uClinux

Im gerade eingebundenen Verzeichnis (z. B. **`/mnt/uClinux/`**) liegt jetzt die uClinux-Distribution im Verzeichnis **`uClinux-dist`**, aus der allerdings aufgrund des Platzbedarfs einige Pakete entfernt werden mussten (z. B. **`freeswan`**, **`openswan`**, der Kernel **`linux-2.0.x`** sowie unter **`user/`** die „großen" Pakete wie **`samba`**, **`mysql`** oder **`perl`**.
Es sind derzeit alle Bestandteile enthalten, die notwendig sind, um eine Entwicklung mit uClinux für 68k/ColdFire-Prozessoren durchzuführen. u. a.:

- uClinux-Quellen
- diverse Editoren
- GCC-Cross-Toolchain für 68k/ColdFire
- eine vorkonfigurierte serielle Konsole
- ein NFS-Server
- Flash-Zugriff
- der ColdFire-Simulator
- nützliche Werkzeuge für die Arbeit, z. B. für die Netzwerkanalyse

Die Erstellung eines uClinux-Images soll beispielhaft für den ColdFire-Simulator erfolgen. Dieser simuliert einen ColdFire 5206 auf einem Board des Herstellers Arnewsh.
Das Verzeichnis **`images/`** in der uClinux-Distribution enthält bereits ein kompiliertes Image für dieses System. Die folgenden Schritte sind nur dann notwendig, wenn dieses verändert werden soll. Von nun an kann man als normaler Benutzer mit dem Namen „knoppix" arbeiten.

In das Verzeichnis mit der uClinux-Distribution wechseln:

```
cd /mnt/uClinux/uClinux-dist
```

uClinux-Kernel konfigurieren und erzeugen:
Die Konfiguration und Erzeugung des Kernels erfolgt auf die herkömmliche Weise mit dem bekannten Konfigurations-Befehl:

```
make menuconfig
```

Dabei sollten Sie für den ersten Versuch alle Einstellungen auf den Default-Werten lassen.

Nachdem die Konfigurationen für den Kernel abgespeichert wurden, kann nun das Image mit den bekannten Befehlen gebaut werden.

```
make dep;make
```

Dabei sollte es keine Fehlermeldungen geben. Das fertige Image wurde dabei in das Verzeichnis **`images/`** kopiert.

13.5 Der ColdFire-Simulator

Die vorliegende uCknoppix-CD enthält ein Programm, das einen ColdFire-Prozessor 5206 simulieren kann.
Mit den in den uClinux-Quellen voreingestellten Werte der uCknoppix-CD wird ein Binär-Image für diesen Simulator erzeugt. Um das Image zu starten, sind folgende Schritte notwendig:

1. Den Simulator starten:

```
coldfire --board arnewsh-5206.board
```

2. Verbinden mit der seriellen Konsole des 5206:

Der Simulator stellt die beiden seriellen Schnittstellen des Arnewsh-Boards über zwei Netzwerk-Ports bereit, sodass sie per **`telnet`** erreichbar sind. Um sich mit der ersten Schnittstelle zu verbinden, gibt man folgendes ein:

```
telnet localhost 5206
```

3. Das Image laden und starten:

Im Simulator läuft eine (abgespeckte) Version des dBUG-Bootloaders. Um das Image zu laden und zu starten sind folgende Schritte notwendig:

```
dl images/image.bin
...
go 10000
```

Hinweis: Für die Image-Datei kann ein absoluter oder ein relativer Pfad angegeben werden. Für weitere Optionen siehe **`man coldfire`**.
Nun sollte in dem Fenster mit der telnet-Verbindung der Start-Up von uClinux zu sehen sein (siehe **Bild 13.3**).

13.6 Arbeiten mit echter Hardware

Falls Kontakt mit „echter“ Hardware aufgenommen werden soll, dann ist das mit der vorliegenden uCknoppix-CD ebenfalls möglich. Dazu kann u. a. eine bereits vorkonfigurierte serielle Konsole benutzt werden, die mit der Eingabe des folgenden Befehls gestartet wird:

```
minicom coldfire
```

Die serielle Verbindung, die nun aufgebaut wird, ist auf 8 Datenbit, keine Parität, 1 Stoppbit und 19200 Baud voreingestellt.

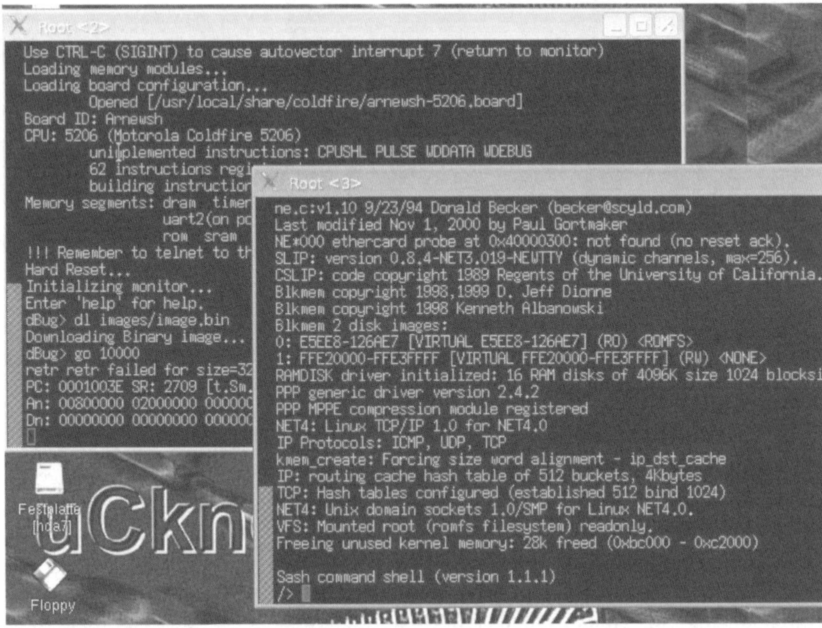

Bild 13.3 uCknoppix und der ColdFire-Simulator

13.6.1 Einstellungen für NFS-Export

Es ist bei Verwendung einer Unix-Arbeitsumgebung sehr komfortabel möglich, z. B. das Arbeitsverzeichnis des Host in den Verzeichnisbaum des Target einzubinden. Hierzu wird das „Network File System (NFS)“ verwendet. Sind die dafür notwendigen Einstellungen im Kernel-Image des Target vorgenommen worden, muss noch eine Freigabe durch den Host erfolgen.
Die Konfiguration der Netzwerkkarte (IP-Adresse) erfolgt menügesteuert oder mit einer Kommandozeileneingabe, z. B.:

```
ifconfig eth1 192.168.100.1 up
```

Mit diesem Befehl wird eine zweite Netzwerkkarte (eth1) mit der IP-Adresse 192.168.100.1 konfiguriert. Je nach vorhandener Hardware und gewünschter Netzwerk-Konfiguration ist dieser Befehl entsprechend anzupassen. Weitere Hinweise können aus **`man ifconfig`** entnommen werden.
Nun ist das Freigeben des Arbeitsverzeichnisses für NFS-Clients durch Eintrag der folgenden Zeile in die Datei **`/etc/exports`** erforderlich:

```
/mnt/uClinux 192.168.100.2(rw)
```

Dabei wird das Verzeichnis **`/mnt/uClinux`** für den Client mit der IP 192.168.100.2 zum Lesen und Schreiben freigegeben (siehe **`man exports`**).

Nun müssen die Netzwerkdienste gestartet werden.

Mit grafischer Menü - Unterstützung:

- auf das Icon Knoppix klicken
- Netzwerkdienste starten / konfigurieren
- die entsprechenden Einstellungen vornehmen

Eingabe über Konsole:
In der Datei **`/etc/hosts.allow`** muss eingetragen werden, dass die IP des Clients überhaupt Zugriff auf Dienste des PC erhalten soll. Hierzu müssen z. B. die folgenden Zeilen ergänzt werden:

```
ALL : 192.168.100.2 : ALLOW
/etc/init.d/portmap start
/etc/init.d/nfs-common start
/etc/init.d/nfs-kernel-server start
```

13.6.2 Einrichtung von tftp

Das „Trivial File Transfer Protocol (TFTP)“ wird dazu benutzt, um Dateien zwischen Host und Client zu transferieren. Ein typisches Beispiel hierfür ist der Download einer Image-Datei über Ethernet auf das Target. Dies kann z. B. folgendermaßen eingerichtet werden:

In der Datei **/etc/inetd.conf** muss eine Zeile ähnlich der folgenden vorhanden sein:

```
tftp  dgram  udp  wait  root  /usr/sbin/in.tftpd
in.tftpd -s /tftpboot
```

Der „Internet Super Daemon“ (**inetd**) muss gestartet werden:

```
/etc/init.d/inetd start
```

Für weitere Hinweise sei verwiesen auf **man inetd**, **man inetd.conf** und **man tftpd**.

13.7 Was verbleibt auf dem Rechner?

Da Linux bei der Verwendung der uCknoppix-CD nicht auf dem PC installiert wurde, verbleibt nach dem Herunterfahren des Systems lediglich das kopierte (und eventuell editierte) uClinux-Image in der ausgewählten Partition. Falls erwünscht, kann dieses ohne weitere Nebenwirkungen gelöscht werden. Sollen nutzerspezifische Konfigurationen und Einstellungen erhalten bleiben, kann im Knoppix-Menü (unter „Konfiguration“) ein „permanentes KNOPPIX-Image“ angelegt werden.

14 Anhang

If one cannot enjoy reading a book over and over again, there is no use in reading it at all.
– Oscar Wilde

14.1 Literatur- und Linkverzeichnis

[1] http://www.kernel.org
[2] http://www.gnu.org
[3] http://www.gnu.org/licenses/gpl.html
[4] http://www.knopper.net/knoppix
[5] http://www.debian.de
[6] http://www.novell.com/linux
[7] http://www.redhat.com
[8] http://www.ubuntu.com
[9] http://www.tldp.org/HOWTO/HOWTO-INDEX/howtos.html
[10] http://www.tldp.org/FAQ/
[11] http://www.tldp.org/guides.html
[12] http://linux.ctyme.com
[13] http://de.opensuse.org/SDBl
[14] http://www.linux-community.de
[15] news://de.comp.os.linux
[16] http://www.selflinux.org
[17] http://www.linuxfibel.de
[18] http://www.linuxwiki.de
[19] http://www.pingos.org
[20] Robert Schwebel: Embedded Linux Handbuch für Entwickler mitp-Verlag, Bonn, 2001
[21] Klaus-Dieter Walter: Messen, Steuern, Regeln mit Linux Franzis-Verlag, Poing, 2001
[22] Edmund Jordan: Embedded Systeme mit Linux programmieren Franzis-Verlag, Poing, 2004
[23] http://www.mvista.com
[24] http://www.sysgo.com
[25] http://www.denx.de
[26] http://www.freescale.com

[27] http://www.emlix.com
[28] http://www.uclinux.org
[29] http://www.ucdot.org
[30] http://www.trisoft.de/slc3200.htm
[31] http://cvs.uclinux.org
[32] http://www.uclibc.org
[33] http://www.mandriva.com
[34] http://www.uclinux.org/pub/uClinux/m68k-elf-tools/
[35] http://www.gnu.org/software/ddd
[36] http://sources.redhat.com/insight
[37] http://www.cygwin.com
[38] http://www.vmware.com
[39] http://www.colinux.org
[40] http://www.sentec-elektronik.de
[41] http:// www.espd-inc.com
[42] http://www.pemicro.com
[43] http://www.isystem.de
[44] http://www.abatron.ch
[45] http://www.freescale.com/files/soft_dev_tools/software_tools/↩ debuggers/BDMFLASHER.zip
[46] Usenet-Posting an die Gruppe comp.os.minix vom 25. August 1991
[47] http://elks.sourceforge.net
[48] http://www.uclinux.org/ports/coldfire/binary.html
[49] http://www.feith.de
[50] http://elmicro.com
[51] http://www.ssv-embedded.de
[52] http://www.armtwister.com
[53] http://www.analog.com/processors/blackfin
[54] http://blackfin.uclinux.org
[55] http://www.snapgear.de
[56] http://www.ebv.com/dragonfire
[57] http://www.xs4all.nl/~zippel/lc
[58] http://www.ethereal.com bzw. http://www.wireshark.org
[59] http://sourceforge.net/projects/bdm/
[60] Rubini, Corbet: Linux Device Drivers, http://www.oreilly.com
[61] http://valgrind.org
[62] http://www.busybox.net
[63] http://www.gnu.org/software/gdb
[64] http://sourceforge.net/projects/u-boot
[65] http://www.microwindows.org
[66] http://www.ucknoppix.org

14.2 Verzeichnis der Abkürzungen

AES	Advanced Encryption Standard
API	Application Programming Interface
ASIC	Application Specific Integrated Circuit
BDM	Background Debug Mode
BFLT	Binary Flat Format
BSD	Berkeley Software Distribution
BSP	Board Support Package
CAN	Controller Area Network
COBRA	ColdFire Board for Rapid Applications
CPU	Central Processing Unit
CVS	Concurrent Versions System
DES	Data Encryption Standard
DDD	Data Display Debugger
DHCP	Dynamic Host Configuration Protocol
DNS	Domain Name Service
DRAM	Dynamic Random Access Memory
DSP	Digital Signal Processor
EEPROM	Electrically Erasable Programmable Read Only Memory
ELF	Executable and Linkable Format
FAT	File Allocation Table
FAQ	Frequently asked Questions
FPU	Floating Point Unit
FS	File System
FTP	File Transfer Protocol
GCC	GNU Compiler Collection
GDB	GNU Debugger
GNU	GNU´s Not Unix (ein Open-Source-Softwareprojekt)
GPIO	General Purpose Input Output
GPL	GNU General Public License
GUI	Graphical User Interface
HTTP	Hypertext Transfer Protocol
IDE	Integrated Drive Electronics
I^2C	Inter IC Interface
IC	Integrated Circuit
IP	Internet Protocol
IRDA	Infra Red Data Access
IPC	Inter Process Communication
JTAG	Joint Test Access Group

KDE	K Desktop Environment
LED	Light Emitting Diode
LCD	Liquid Crystal Display
MAC	Media Access Controller
MII	Media Independent Interface
MIPS	Million Instructions per Second
MMU	Memory Management Unit
MTD	Memory Technology Devices
NAT	Network Address Translation
NFS	Networked File System
NTFS	New Technology File System
OSI	Open Systems Interconnect
PDA	Personal Digital Assistant
PHY	Physical Interface
PIC	Position Independent Code
PLL	Phase Locked Loop
POE	Power over Ethernet
POSIX	Portable Operating System Interface for Unix
RAM	Random Access Memory
RNG	Random Number Generation
ROM	Read Only Memory
SCI	Serial Communication Interface
SCSI	Small Computer System Interface
SDRAM	Synchronous Dynamic Random Access Memory
SRAM	Static Random Access Memory
SPI	Serial Peripheral Interface
SSH	Secure Shell
TAP	Test Access Port
TFTP	Trivial File Transfer Protocol
TCP	Transport Control Protocol
UART	Universal Asynchronus Receiver Transmitter
UDP	User Datagram Protocol
USB	Universal Serial Bus
VM	Virtual Memory
VPN	Virtual Private Network
XIP	Execute In Place
XML	Extensible Markup Language

14.3 Stichwortverzeichnis